新工科机器人工程专业系列

Fundamentals of Robotics

机器人学基础

周晓敏　郑莉芳　刘鸿飞　编著

清華大学出版社
北　京

内 容 简 介

本书是高等院校机器人学教材，比较系统地论述机器人学的基本原理及其应用，介绍国内外机器人学研究和应用的最新进展。全书共 6 章，主要内容包括工业机器人的产生与发展、机器人学的位姿几何基础、机器人位姿方程、机器人运动学基础、机器人静力和动力分析、机器人轨迹规划等。

本书适合作为普通高等院校本科生的"机器人学"基础课程教材，也适合从事机器人学研究、开发和应用的科技人员参考。

图书在版编目（CIP）数据

机器人学基础/周晓敏，郑莉芳，刘鸿飞编著．—北京：清华大学出版社，2023.7
新工科机器人工程专业系列教材
ISBN 978-7-302-63588-8

Ⅰ．①机… Ⅱ．①周… ②郑… ③刘… Ⅲ．①机器人学—高等学校—教材 Ⅳ．①TP24

中国国家版本馆 CIP 数据核字(2023)第 092784 号

责任编辑：许 龙
封面设计：常雪影
责任校对：欧 洋
责任印制：宋 林

出版发行：清华大学出版社
网　　址：http://www.tup.com.cn，http://www.wqbook.com
地　　址：北京清华大学学研大厦 A 座　　**邮　　编**：100084
社 总 机：010-83470000　　**邮　　购**：010-62786544
投稿与读者服务：010-62776969，c-service@tup.tsinghua.edu.cn
质量反馈：010-62772015，zhiliang@tup.tsinghua.edu.cn
印 装 者：三河市天利华印刷装订有限公司
经　　销：全国新华书店
开　　本：185mm×260mm　　**印　　张**：9.75　　**字　　数**：236 千字
版　　次：2023 年 7 月第 1 版　　**印　　次**：2023 年 7 月第1 次印刷
定　　价：35.00 元

产品编号：089176-01

前言

FOREWORD

机器人学作为一门高度交叉的前沿学科，近年来取得了快速发展，引起不同专业背景人们的广泛兴趣。本书是在吸收国内外先进理论和经验的基础上，结合作者的教学和科研工作编写而成，是一部内容比较系统的机器人学基础性教材。

全书共6章。第1章简述工业机器人的产生与发展，分析机器人的特点、结构与分类，探讨机器人的应用领域。第2章讨论机器人学的位姿几何基础，直接由刚体的位姿确定引出位姿矩阵即齐次坐标变换矩阵，并进行多种几何解释。第3章讨论机器人位姿方程，包括操作机两杆间位姿矩阵的建立和操作机位姿方程的正、逆解。第4章讨论机器人运动学基础，包括速度及加速度分析、雅可比矩阵及微分运动等。第5章讨论机器人静力和动力分析，动力分析中介绍了基于牛顿-欧拉方程、基于凯恩方程、基于拉格朗日方程三种常用的分析方法并说明其等价性。第6章讨论机器人轨迹规划，包括作业规划、关节坐标空间的轨迹规划和直角坐标空间规划等。

本书适合作为普通高等院校本科生教材，也适合从事机器人学研究、开发和应用的科技人员学习参考。

本书由周晓敏、郑莉芳、刘鸿飞编著。此外，孙浩参与了1.1节、1.2节和1.4节的编写工作。在本书撰写和出版过程中，得到很多专家、教授、同事和学生的热情鼓励和支持帮助，在此特向他们以及广大读者致以衷心的感谢。还要特别感谢部分国内外机器人学专著、教材和有关论文的作者们。

由于本书撰写时间仓促，书中一定有不足之处，希望得到各位专家和广大读者的批评指正。

作　者

2023年1月

目录

CONTENTS

第 1 章

导　论

本章简要介绍机器人的定义、发展、组成、分类及应用实例，目的在于使读者从总体上对机器人系统有一个初步的了解。

1.1　工业机器人及其产生和发展

1.1.1　工业机器人

机器人是"ROBOT"一词的中译名。ROBOT是捷克剧作中一个角色的名字，它是一个完全服从于主人并只能按主人的命令办事的奴隶。由于机器人这一名词中带有"人"字，再加上科幻小说或影视宣传，人们往往把机器人想象成为外貌像人的机械装置。但事实并非如此，特别是目前使用最多的工业机器人，与人的外貌毫无相像之处，通常只是仿效人体手臂功能的机械电子装置。

根据1989国标报批稿，工业机器人定义为："一种能自动定位控制、可重复编程的、多功能的、多自由度的操作机。能搬运材料、零件或操持工具，用以完成各种作业"。而操作机又定义为："具有和人手臂相似的动作功能，可在空间抓放物体或进行其他操作的机械装置。"

根据ISO 8373的定义，工业机器人是指面向工业领域的多关节机械手或多自由度的机器人。工业机器人与以前常说的机械手最主要的差别是工业机器人在控制系统中装有电子计算机，可通过改变软件的方法实现动作程序的变化，以完成多种作业要求。机械手没有电子计算机，动作程序通常不能改变，只能硬件稍加变更。所以，可以认为，机械手是电子计算机出现之前，程序固定的适合于大批量生产的专用自动机械。而机器人则是由电子计算机装备的、程序可编程的、适合于多品种小批量生产的通用自动机械。

1.1.2　工业机器人的产生和发展

1954年，美国人George C. Devol提出了一个关于工业机器人的技术方案，并注册成为专利。然后，Condec公司采用Devol的方案，于1960年推出了工业机器人的实验样机。不久Condec公司与Pulman公司合并，成立Unimation公司，并于1961年将它们制造的用于模铸生产的第一台工业机器人定名为"Unimate"，如图1-1所示。与此同时，美国的AMF

公司也推出了一台数控自动通用机电装置，商品名为“Versatran”，并以“industrial Robot”为商品广告投入市场。

工业机器人的发展在美国经历了如下几个阶段：1954—1967 年为研制定型阶段，这一阶段的最终成果是 Unimate 1900 型机器人；1968—1970 年为进入实际应用阶段，1969 年美国通用汽车公司用自行研制的 21 台 SAM 型机器人组成了点焊车身生产线；1970 年以后，机器人技术一直处于推广和发展阶段，如 1970 年 4 月在伊利诺斯理工学院召开了第一届全美工业机器人会议，当时美国已有 200 余台机器人应用于自动生产线上，同时还出现了用小型计算机控制 50 台工业机器人的系统；2011 年，奥巴马政府在先进制造计划基础上，启动了国家机器人计划(National Robotics Initiative，NRI)，该计划的总体目标是加速美国工业机器人的开发和使用，核心目标是建立美国在下一代机器人技术及应用方面的领先技术；美国政府又在 2016 年启动了国家机器人计划 2.0：无所不在的协作机器人(National Robotics Initiative：Ubiquitous Collaborative Robots，NRI-2.0)，该计划大幅扩展了 NRI 计划的范围和目标，重点是协作机器人，强调可扩展性和连接性，主要关注的方面包括多机器人协同、人机协同，机器人同其他设备、环境的合作，降低机器人使用门槛，以及建立整体的工作体系等。

日本丰田和川崎公司分别于 1967 年引进了美国的 Unimate 和 Versatran 机器人。随后，经过消化、仿制、改进、创新，到 1980 年机器人技术得到了很大普及。目前，日本在拥有工业机器人台数和制造技术方面都处于世界领先地位。其他诸如西欧、东欧地区及苏联/俄罗斯等国也都在大力发展机器人技术。

至今，在国外已经形成“欧系”和“日系”两大机器人阵营，包含众所周知的四大家族，即瑞典 ABB、德国 KUKA、日本 FANUC、日本 YASKAWA(图 1-2)。

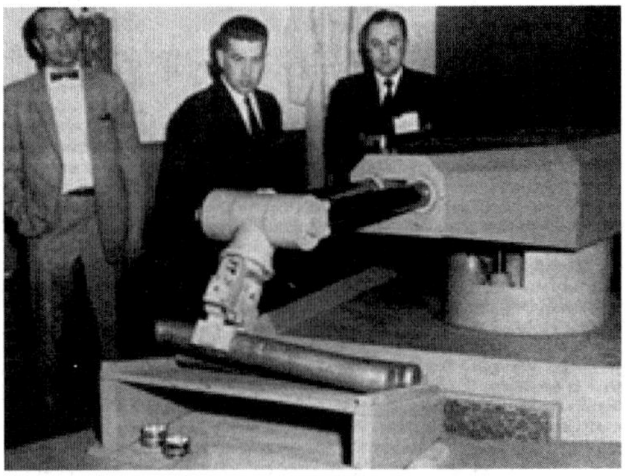

图 1-1 第一台用于模铸生产的机器人

图 1-2 YASKAWA 工业机器人

相较于工业水平发达的国家，我国工业机器人的研究和发展起步较晚。为赶超国外发达技术，20 世纪 80 年代，国家在高技术计划中安排了智能机器人的研究开发，已取得一批成果。90 年代初期，在国家“863”计划支持下，我国工业机器人又在实践中迈进一大步，具有自主知识产权的点焊、弧焊、装配、喷漆、切割、搬运、包装码垛等 7 种工业机器人产品相继问世，还实施了 100 多项机器人应用工程，建立了 20 余个机器人产业化基地。在 20 世纪 90 年代中期，国家已选择以焊接机器人的工程应用为重点进行开发研究。90 年代后半期实现了国产机器人的商品化，为产业化奠定基础。图 1-3 所示为我国国产品牌伯朗特工业机器人在从事搬运工作。

2008—2017年，我国工业机器人技术不断突破，销量不断攀升，已连续三年保持全球第一，并成为全球最大的工业机器人生产、消费市场。其销量由2001年的不到700台迅猛增长至2017年的约8.9万台，16年间增长超过127倍，年均增长率约为36%。“一带一路”倡议的提出，为我国制造业发展提供了更大的平台，同时也对我国自动化装备水平提出了新的要求。在新时代背景下，我国工业机器人产业规模不断壮大，销量不断攀升，全球市场占有率逐步推进，自2013年开始，该比例首次超过20%，2017年达到34.2%。随着国内工业机器人需求量的增加以及国产品牌的崛起，未来我国工业机器人市场占比有望持续走高。

随着原子能的利用、深海勘探和航天技术的需要，发展了遥控操作手。机器人技术是遥控操作(Remote Manipulation)技术和机床数控(Numerical Control)技术相结合而发展起来的。1948年研制了一台如图1-4所示的遥控操作手。它由两部分组成，一部分是由人操纵的具有六个自由度的主手；另一部分是装置在一定距离之外的从手。从手与主手几乎相似，也具有六个自由度，是进行工作的实体。当主手由人操作进行工作时，各关节位置检测装置的检测结果作为命令被传送到从手，去指挥相应关节的驱动器，从而使从手复现主手的运动，以完成预定的作业。这种遥控操作手(又称作主-从操作手)后来又发展成为从手可将部分力反馈到主手，使操作者具有力感觉的更先进的操作手，这种操作手至今还被广泛用于某些生产中。

图1-3 国产品牌伯朗特工业机器人

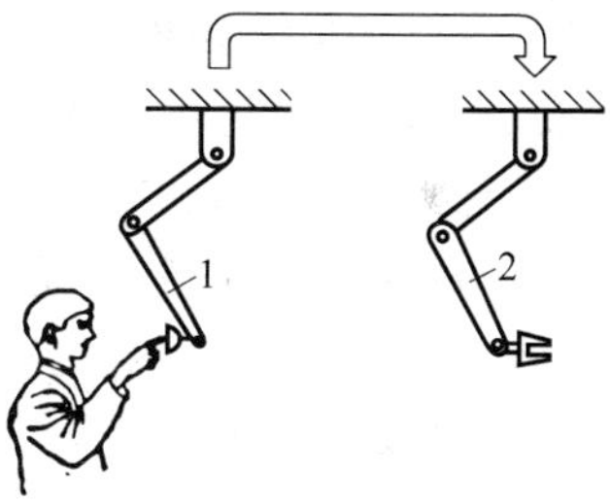

1—主手；2—从手。

图1-4 主-从操作手

数控机床是把伺服控制系统与数字计算机相结合而形成的新型机床，它根据程序进行工作。1953年美国麻省理工学院(MIT)放射实验室首次展示出了这种机床。工业机器人可看作按George C. Devol的示教再现(teach-in/playback)方案进行工作的数控系统与远控操作手的从手相结合的新型机电一体化系统。最初的示教方式是：人们用手抓住机器人的“手”，缓慢地进行示教工作。在示教过程中，机器人各关节的几何参数变化被检测出来，并进行存储。到工作时，再把这些存储的数据作为命令去指挥机器人的关节驱动器进行工作(称作再现)，从而复现已经进行过的示教运动。

目前，世界上很多工业机器人仍然是以示教再现方式进行工作。但示教方式不单是手把手示教，更多的采用了可以手持并移动的示教盒进行示教，示教盒是一个如图1-5所示的小型操作按钮“盘”，利用盒面上的不同按钮，可以慢速地使操作机单轴(关节)运动，或多关节联合运动以合成空间直线或圆弧运动，完成示教要求，示教也可在控制台的键盘上进行。

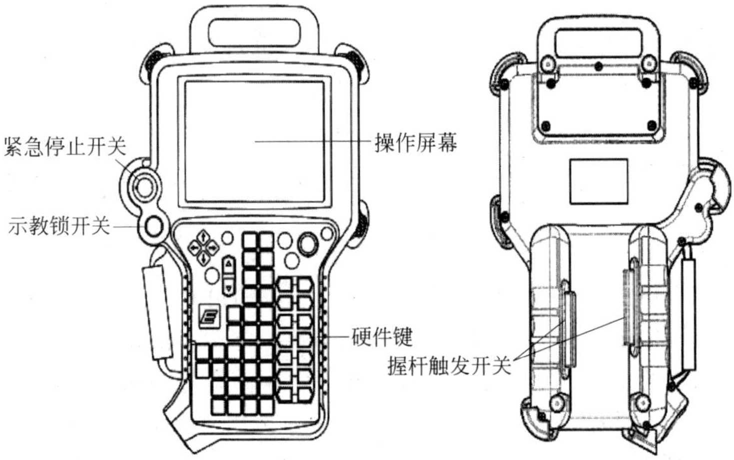

图 1-5 示教盒

示教实质上是在生产线上模拟作业过程，利用给定或控制计算机记忆的方法，取得作业要求的位姿、速度以及其他工艺要求的全部数据，并由控制系统的计算机生成作业程序，从而控制机器人运动，完成所模拟作业要求的全部动作。所以示教可以理解为以模拟生产的方式进行机器人控制程序的编制(国标称为在线编程)，但其速度较慢，影响生产。所以人们在大力研究与作业对象不发生直接联系的控制程序编制方法(国标称为离线编程)，但由于设备、控制和作业环境的各种误差，离线编出的程序往往不能直接用于生产，还需在作业过程中进行校正。这种只能对不同作业按不同程序重复工作，没有感知和环境信息反馈控制的机器人，常称为第一代机器人。

随着科学技术的发展，特别是传感技术的发展，以及工业生产对机器人的性能要求越来越高，带有触觉、力觉、视觉、听觉等简单智能的机器人应运而生，其中带有力传感器和简单“视”觉功能的机器人已用于工业生产，这种机器人常称为第二代机器人。

20 世纪 80 年代，机器人进入了普及期，随着制造业的发展，使工业机器人在发达国家走向普及，并向高速、高精度、轻量化、成套系列化和智能化发展，以满足多品种、少批量的需要。到了 20 世纪 90 年代，随着计算机技术、智能技术的进步和发展，第二代具有一定感觉功能的机器人已经实用化并开始推广，具有视觉、触觉、高灵巧手指、能行走的第三代智能机器人相继出现并开始走向应用。

2020 年，中国机器人产业营业收入首次突破 1000 亿元。“十三五”期间，工业机器人产量从 7.2 万套增长到 21.2 万套，年均增长 31%。从技术和产品上看，精密减速器、高性能伺服驱动系统、智能控制器、智能一体化关节等关键技术和部件加快突破，创新成果不断涌现，整机性能大幅提升，功能愈加丰富，产品质量日益优化。行业应用也在深入拓展，例如，工业机器人已在汽车、电子、冶金、轻工、石化、医药等 52 个行业大类、143 个行业中类广泛应用。据悉，重载 AGV(Automated Guided Vehicle)可用于航天、高压容器、大型基建工程、模块化建筑工程等行业。

1.2 工业机器人的组成

工业机器人通常由如图 1-6 所示的四部分组成，即执行机构、驱动装置、控制系统和智能系统。这些部分之间的相互作用，可用图 1-7 所示的方框图表示。对于第一代机器人，没有智能系统。

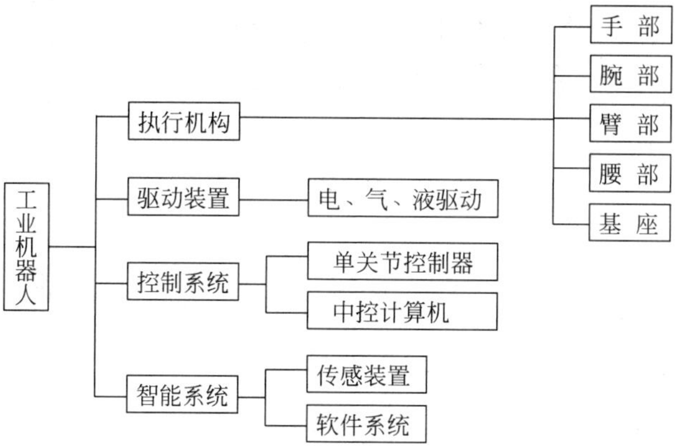

图 1-6 机器人的组成

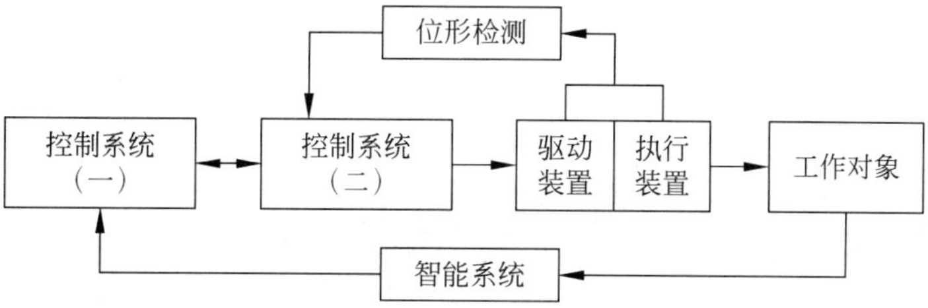

图 1-7 机器人各组成部分之间的关系

1.2.1 执行机构

执行机构是机器人赖以完成工作任务的实体，它通常由杆件和关节组成。从功能的角度可分为手部、腕部、臂部、腰部和基座，如图 1-8 所示。根据国标，执行机构称作操作机，又常称为本体。

1. 手部

手部，国标称作末端执行器，是工业机器人直接进行工作的部分，可以是各种夹持器、电焊枪、油漆喷头等。图 1-9 是一种常见的手部。

2. 腕部

腕部通过机械接口与手部相连。它通常有三个自由度，多数是复杂的轮系结构，如图 1-10 所示。它可以看作三个关节的组合，主要功用是带动手部完成任意姿势(或姿态)。

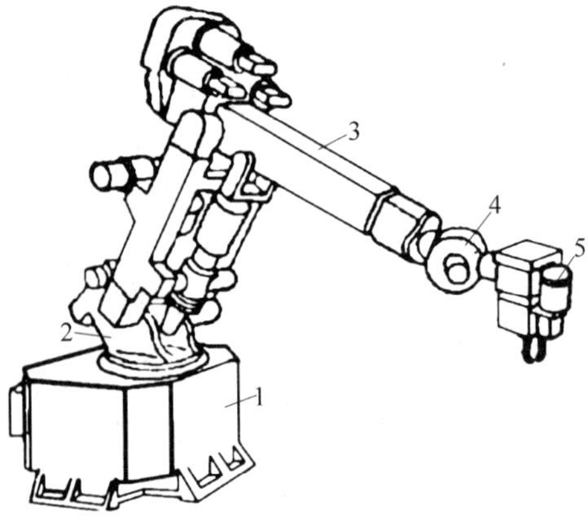

1—基座；2—腰部；3—臂部；4—腕部；5—手部。

图 1-8　机器人的执行机构

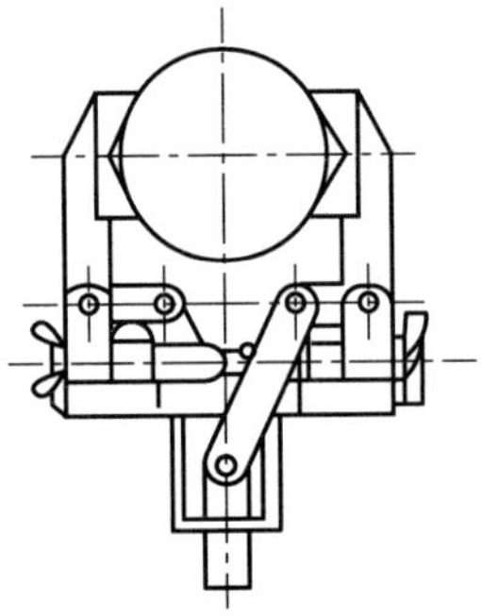

图 1-9　手部

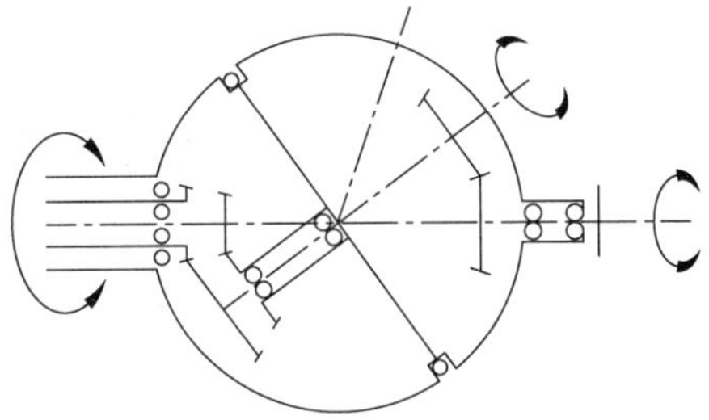

图 1-10　腕部传动简图

3. 臂部

臂用来连接腰部和腕部，通常由两个臂杆组成，从而带动腕部运动。

4. 腰部

腰部是连接臂部和基座的部件，通常是回转部件。由于它的回转，再加上臂部的运动，就能使腕部进行空间运动。腰部是执行机构(操作机)的关键部件，它的制造误差、运动精度和平稳性对机器人的定位精度有决定性的影响。

5. 基座

基座是整个机器人的支撑部分，有固定式和移动式两类。该部件必须有足够的刚度和稳定性。

1.2.2　驱动装置

驱动装置是向机械结构系统提供动力的装置。工业机器人的驱动装置包括驱动器和传动机构两部分，它们通常与执行机构联成一体。根据动力源不同，驱动系统的传动方式分为液压式、气压式、电气式和机械式四种。

早期的工业机器人采用液压驱动。由于液压系统存在泄漏、噪声和低速不稳定等问题，并且功率单元笨重和昂贵，目前只有大型重载机器人、并联加工机器人和一些特殊应用场合使用液压驱动的工业机器人。气压驱动具有速度快、系统结构简单、维修方便、价格低等优点。但是气压装置的工作压强低，不易精确定位，一般仅用于工业机器人末端执行器的驱动。气动手爪、旋转气缸和气动吸盘作为末端执行器可用于中、小负荷的工件抓取和装配。

电力驱动是目前使用最多的一种驱动方式，其特点是电源取用方便，响应快，驱动力大，信号检测、传递、处理方便，并可以采用多种灵活的控制方式，驱动电机一般采用步进电机或伺服电机，目前也有采用直接驱动电机；但是造价较高，控制也较为复杂，和电机相配的减速器一般采用谐波减速器、摆线针轮减速器或者行星齿轮减速器。由于并联机器人中有大量的直线驱动需求，直线电机在并联机器人领域已经得到了广泛应用。

1.2.3 控制系统

控制系统一般由控制计算机和驱动装置伺服控制器组成。后者控制各关节的驱动器，使各杆件按一定的速度、加速度和位置要求运动。前者则要根据作业要求完成编程，并发出指令控制各伺服驱动装置使各杆件协调工作，同时还要完成环境状况、周边设备(如电焊机、工卡具等)之间的信息传递和协调工作。图 1-11 是 PUMA 机器人的控制系统框图，它是由几个单片机控制的数字伺服系统和一台控制计算机组成的。

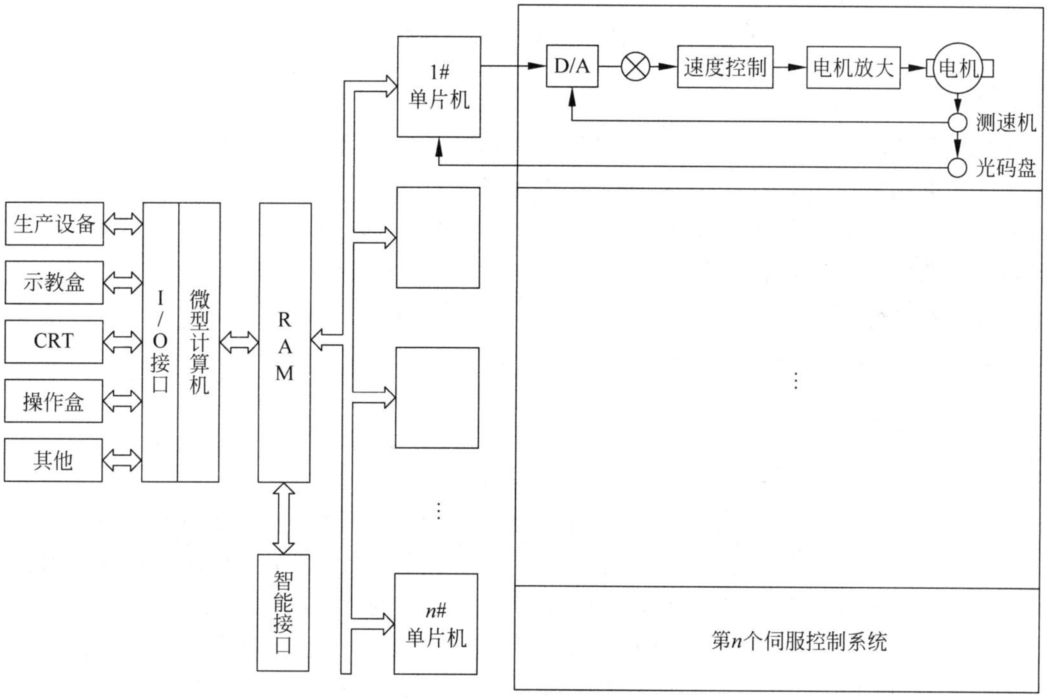

图 1-11 PUMA 机器人的控制系统

1.2.4 智能系统

智能系统是目前机器人系统中正在迅速发展的一个子系统。它主要由两个部分组成：一部分为感知系统；另一部分为分析-决策-规划系统。前者主要靠硬件(各类传感器)实现，后者主要靠软件(如专家系统和人工智能)实现。如已用于商品生产的六维力感觉传感器如图 1-12 所示。

它可装于机器人的手部,感知手部三个方向的力和三个方向的力矩。在装配作业中,机器人的控制系统可根据这一组力感觉信息,调整手部位姿,使装配作业得以顺利完成。在弧焊机器人系统中已运用了焊缝的红外线跟踪系统,具有视觉功能,能感知焊丝与焊缝之间的偏差,当偏差超过某一定值时,控制系统可自动调整焊丝位置,使焊接能够顺利地高质量进行。

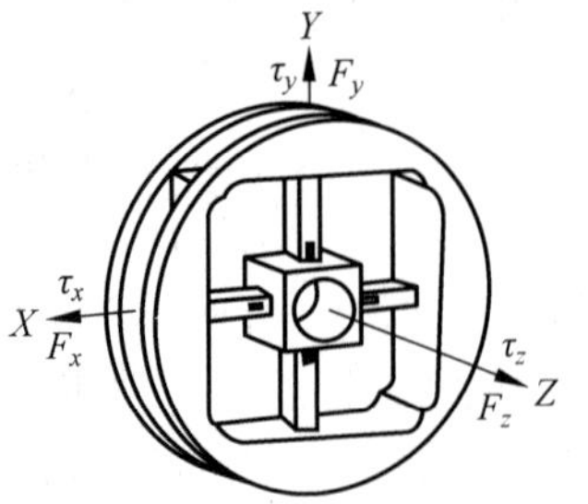

图 1-12 六维力感觉传感器

机器人感知系统把机器人各种内部状态信息和环境信息转变为机器人自身或者机器人之间能够理解和应用的数据和信息,除了需要感知与自身工作状态相关的机械量,如位移、速度和力等,视觉感知技术是工业机器人感知的一个重要方面。视觉伺服系统将视觉信息作为反馈信号,用于控制调整机器人的位置和姿态。机器视觉系统还在质量检测、识别工件、食品分拣、包装等各个方面得到了广泛应用。感知系统由内部传感器模块和外部传感器模块组成,智能传感器的使用提高了机器人的机动性、适应性和智能化水平。

1.3 工业机器人的机构

机器人的基本功能,归根结底在于按预定位置和姿态驱动手部运动,从而完成各种作业要求的工艺动作。如图 1-13 所示的物体,在空间任一方向的微小移动都可分解为沿三个坐标轴的移动,任一方向的微小转动,都可分解为绕三个坐标轴的转动。所以,任一自由的空间物体,有六个自由度,三个沿坐标轴的移动分量决定着物体的位置变化,三个绕坐标轴的转动分量决定着物体的姿态变化。

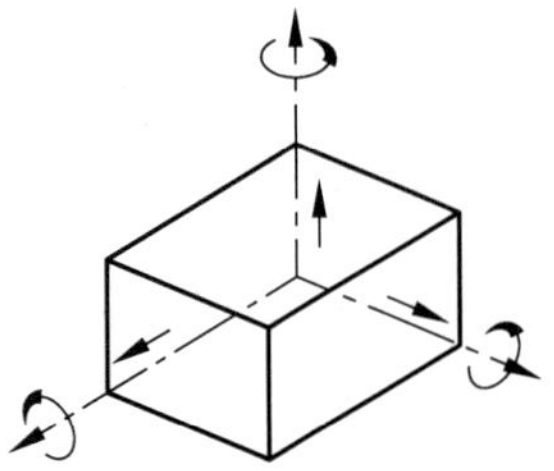
图 1-13 物体的六个自由度

工业机器人的操作机属于空间机构。由于结构上的原因,其运动副通常只有转动副和移动副两类。以转动副相连的关节称作转动关节(记作 R),以移动副相连则称为移动关节(记作 P)。这些关节之中,凡单独驱动的称主动关节,反之称从动关节。单独驱动的主动关节数目称作操作机的自由度数目。一般来说,运动链的自由度和手部运动的自由度在数量上是相等的,如图 1-14 所示的 PUMA 操作机,运动链是串联的六自由度开式链。

前三关节(即基座 1、腰部 2 和臂部 3)具有三个转动自由度,其功用是确定手部 5 在空间的位置,所以由这些部分所构成的机构称为操作机的位置机构。后三个关节(即腕部 4)主要功用是确定手部在空间的姿态,即手部 5 固联坐标系相对于参考坐标系的方向。这三个关节和连接它们的杆件所构成的机构,称作姿态机构。位置机构一般是确定操作机的空间工作范围。位置机构三关节的运动通常称作操作机的主运动。为了实现手部在空间某定点的运动,可有不同的运动组合,例如可以是三个互相垂直的直线运动的组合,可以是两个直线运动和一个圆弧运动的组合,可以是两个圆弧运动和一个直线运动的组合,也可以是多个圆弧运动的组合。因此,操作机的位置机构就设计成了不同的形式。常见的有直角坐标

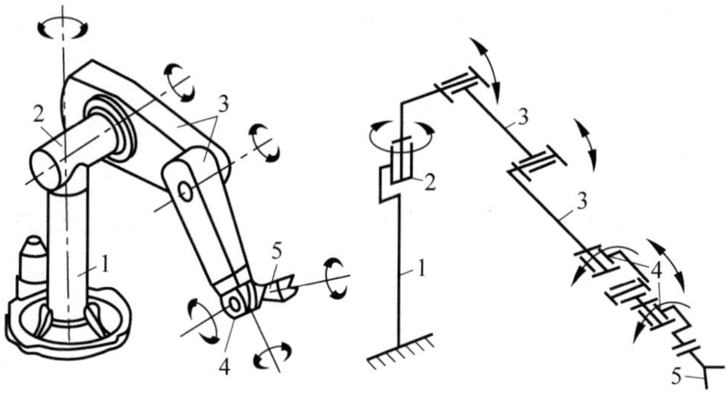

1—基座；2—腰部；3—臂部；4—腕部；5—手部。

图 1-14 PUMA 操作机

型、圆柱坐标型、球坐标型和关节型等。

1.3.1 直角坐标型

该类操作机是通过沿着三个互相垂直的轴线移动来改变手部的空间位置。其前三关节为移动关节(PPP),运动形式如图 1-15 所示。

直角坐标型操作机易于实现高定位精度,空间轨迹易于求解,但当具有相同的工作空间时,机体所占空间体积较大。

1.3.2 圆柱坐标型

该类操作机是通过两个移动和一个转动(RPP)来实现手部的空间位置变化,如图 1-16 所示。在相同的工作空间条件下,机体所占空间体积比直角坐标型要小。它是工业机器人中采用得较多的一种形式,结构简单,便于位姿计算,是搬运机器人的常用形式。

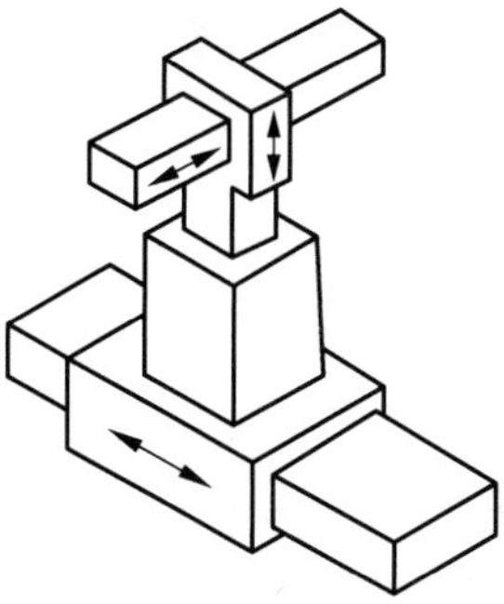

图 1-15 直角坐标型

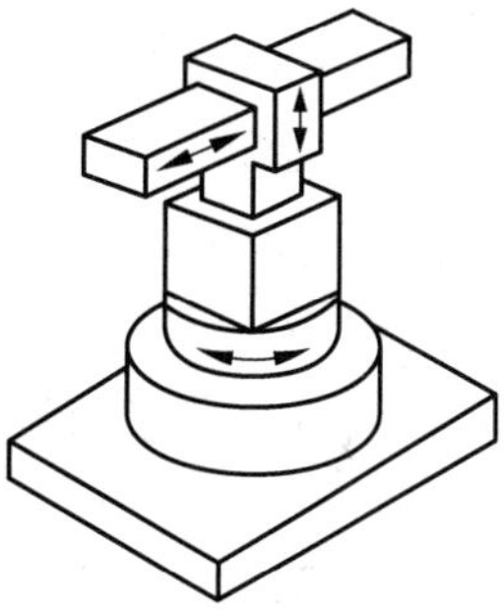

图 1-16 圆柱坐标型

1.3.3 球坐标型

该类操作机用两个转动和一个移动(RRP)来改变手部的空间位置。一般是腰关节可绕 z 轴转动,大臂可在 $z\text{-}x$ 平面内俯仰(转动),小臂可伸缩移动,如图 1-17 所示。著名的

Unimate 机器人就采取这种形式。其特点是操作机所占空间体积小,结构紧凑。

1.3.4 关节型

该类操作机是模拟人的上臂而构成的。它的前三个关节都是转动关节(RRR),腰关节绕 z 轴转动,臂的两个关节绕平行于 y 轴的两轴线转动,如图 1-18 所示。它利用三次圆弧运动来改变手的空间位置。其特点是结构紧凑,所占空间体积小,相对的工作空间大,还能绕过基座周围的一些障碍物。这是机器人中使用最多的一种结构形式,如 PUMA、ASEA、KUKA、Trallfa、Motoman 等都采用这种形式。

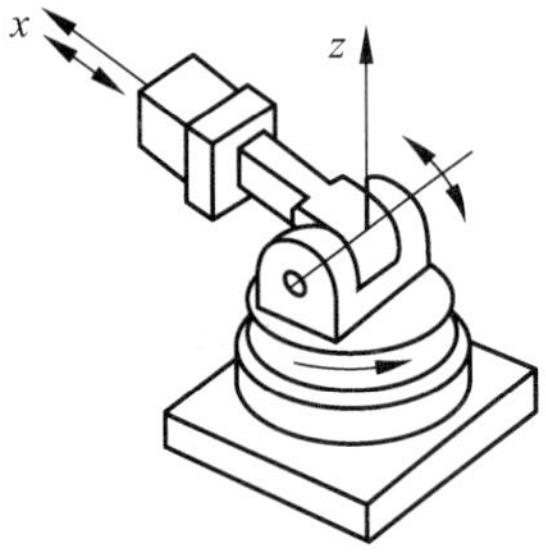

图 1-17 球坐标型

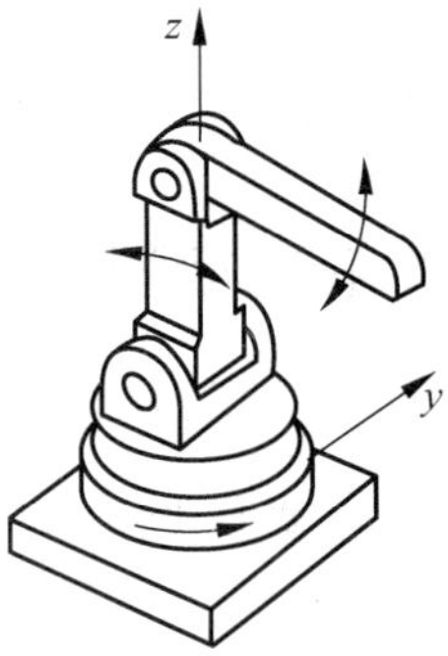

图 1-18 关节型

1.4 工业机器人的分类和应用实例

1.4.1 工业机器人的分类

目前还没有统一的机器人分类标准。根据不同的要求可进行不同分类。

1. 按驱动方式分类

按驱动装置的动力源,机器人可分为:

1) 液动式

液压驱动机器人通常由液动机(各种油缸、油马达)、伺服阀、油泵、油箱等组成驱动系统,驱动机器人的执行机构工作。它通常具有很大的抓举能力(高达百千克以上),其特点是结构紧凑,动作平稳,耐冲击、耐振动,防爆性好,但液压元件要求有较高的制造精度和密封性能,否则漏油污染环境。

2) 气动式

其驱动系统通常由气缸、气阀、气罐和空压机组成,其特点是气源方便、动作迅速、结构简单、造价较低、维修方便。但难以进行速度控制、气压不可太高,故抓举能力较低。

3) 电动式

电力驱动是目前机器人使用最多的一种驱动方式。其特点是供电方便,响应快,驱动力较大，信号检测、传递、处理方便，可以采用多种灵活的控制方案。驱动电机一般采用步进电机、直流伺服电机以及交流伺服电机。由于电机速度高，通常还须采用减速机构（如谐波传动、齿轮传动、螺旋传动和四杆机构等）。目前有些机器人已开始采用无需减速机构的特制电机进行直接驱动，既可使机构简化，又可提高控制精度。

其他还有采用混合驱动的，如液-气或电-气混合驱动等。

2. 按用途分类

1）搬运机器人

这种机器人用途非常广，一般只需点位控制，即被搬运零件无严格的运动轨迹要求，只要求始点和终点位姿准确。如机床用的上下料机器人、工件堆垛机器人等。

2）喷涂机器人

这种机器人多用于喷漆生产线，多为手把手示教型。其重复位姿精度要求不高，但由于漆雾易燃，一般采用液压驱动。目前这类机器人也有采用防爆电机或交流伺服电机驱动。

3）焊接机器人

这是汽车生产线上使用最多的一类机器人，它又可分为点焊和弧焊两类。点焊机器人负荷大、动作快，一般要有六个自由度，只需实现点位控制。弧焊机器人负载小、速度低，通常五个自由度即能很好地工作。对运动轨迹要求较严格，必须实现连续路径控制，即在运动轨迹的每一点都必须实现预定的位姿要求。

4）装配机器人

这类机器人要有较高的位姿精度，或者手腕具有较大的柔性。目前大多用于机电产品的装配作业。

5）其他用途的机器人

如航天用机器人、探海用机器人以及排险作业机器人等。

3. 按操作机的位置机构形式分类

操作机的位置机构形式是机器人的重要外形特征，故常用作分类的依据，按这一分类要求，机器人可分为直角坐标型、圆柱坐标型、球坐标型、关节型机器人等。

4. 按操作机的自由度数量分类

操作机本身的自由度数量最能反映机器人的工作能力，也是分类的重要依据。按这一分类要求，机器人可分为四自由度、五自由度、六自由度和七自由度机器人等。

上述的分类，常以技术要求的形式写在机器人特性表或说明书中。如图1-14所示的机器人，即为六自由度关节式机器人。

5. 其他分类方式

按控制方式可分为点位控制机器人和连续控制机器人。按负载大小可分为重型、中型、小型、微型机器人。按机座形式分为固定式和移动式机器人。按操作机运动链的形式分为开链式、闭链式、局部闭链式机器人等。

总之，机器人的类型很多，可根据不同的要求进行分类。同时，对于一个具体的机器人，按不同的分类方法，也可属于几种类型。

1.4.2 应用实例

工业机器人目前已广泛应用于产业部门，应用最多的是汽车工业和电子工业。从完成的作业内容来看，以工件的堆垛、机床的上下料、点焊和弧焊以及喷漆最为普遍。在我国，随着智能制造的大力推进，工业机器人在其他制造行业也得到了广泛应用。下面主要以弧焊和喷漆等为例，说明工业机器人的实际应用。

1. 弧焊机器人的应用

机器人弧焊系统中的机器人不能孤立地用于生产，必须与其他设备组成生产系统，如图 1-19 所示。在机器人弧焊系统中，最主要的是机器人、自动焊机和工作台。有时为了焊接复杂的零件，工作台也具有一两个自由度的运动。

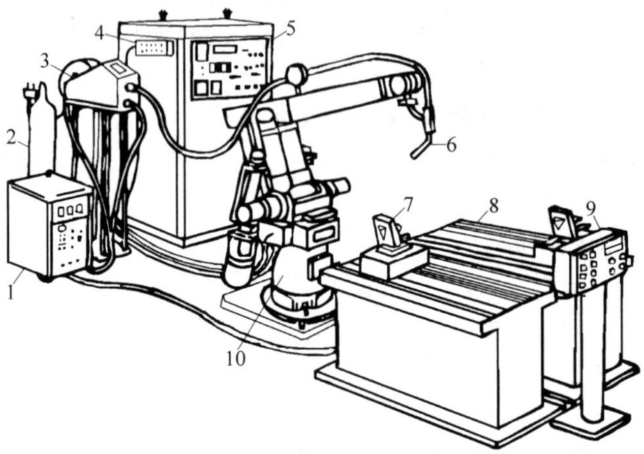

1—焊接电源；2—气瓶；3—焊丝送进装置；4—示教盒；5—控制柜；6—焊枪；7—工件；8—夹具；9—操作台；10—机器人。

图 1-19 机器人弧焊系统

对弧焊机器人具有以下要求：

(1) 弧焊机器人的控制计算机必须具有与电焊机和工作台控制系统相应的接口，并统一指挥焊机(送丝速度和焊接电流)和工作台(运动方式和运动速度)与操作机协调动作。

(2) 一般来说，操作机至少要有五个自由度。因为焊丝沿焊缝移动要有三个自由度。焊丝在焊缝的任一点都要有一定的姿态，即确定焊丝的方向，由于焊丝对称，其绕自身轴线的旋转自由度可以取消，故需再增加两个自由度。

(3) 机器人必须是连续轨迹控制，而且还要有附加的起弧、熄弧和焊丝的横摆运动。

(4) 为了提高焊缝质量，通常还要求有焊缝跟踪系统。

该机器人的操作机为 Motoman-L10 操作机，其立体图和正投影图如图 1-20 所示。其传动示意图如图 1-21 所示。

其腰部旋转(即 S 轴旋转)是由 400W 的直流伺服电机 3 通过谐波减速器 4 减速后带动回转壳 5 绕竖轴旋转实现的。

其下臂倾动(即 L 轴旋转)是由 400W 的直流伺服电机 1 带动滚珠丝杠 12，再由丝杠带动下臂杆 10 上的凸耳 11 驱动下臂杆前后倾动实现的。

其上臂俯仰(即 U 轴旋转)是由 400W 的直流伺服电机 1 带动另一滚珠丝杠再由滚珠丝杠带动平行四边形机构的主动杆摆动，借助于该四边形机构的拉杆强迫使上臂杆 19 以下

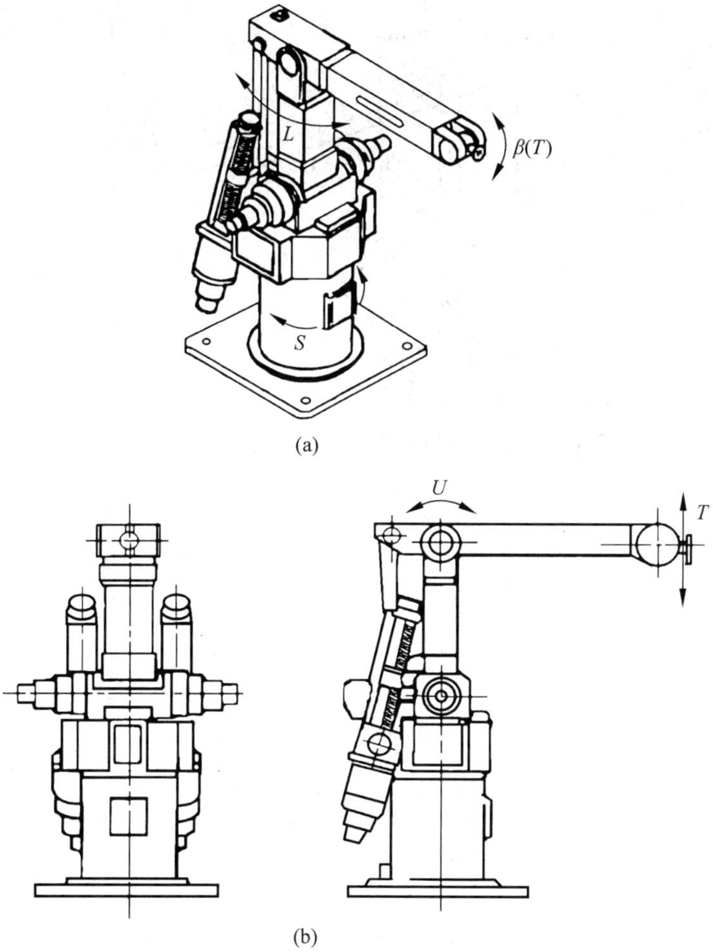

图 1-20 Motoman-L10 立体图及正投影图

臂杆上端的销轴 17 为支撑作上下俯仰运动实现的。

其腕摆运动(即 B 轴旋转)是由 200W 的直流伺服电机 24,通过谐波齿轮减速器 13 带动下臂杆内的链条运动,再通过下臂杆上面销轴上的一个双联链轮 16 带动上臂杆内的链条转动,从而带动与腕壳固联在一起的链轮 25,驱使腕壳 22 上下摆动实现的。

其手部回转(即 T 轴旋转)是使用 200W 的另一直流伺服电机 9 通过谐波齿轮减速器 8,带动下臂杆内的另一链条运动,再通过下臂杆上面销轴上的另一双联链轮 18 带动上臂杆内的另一链条,并带动腕壳内的链轮 20,该链轮与大锥齿轮 21 同轴固联,再带动小锥齿轮轴,最后带动手部固结法兰 23 旋转实现的。

由于使用了上述传动机构,故当下臂倾动时,不影响上臂的取向(姿态),上下臂一起运动或单独运动时不影响手部法兰的姿态,也就是手部姿态不变。又由于腕部采用差动轮系,故当腕摆动时,还会诱发手部回转。只有当腕部两链轮同向同速转动时(即两者无相对运动时),手部才不发生诱导回转运动。

该机器人的技术性能(未包括电气性能)如表 1-1 所示。

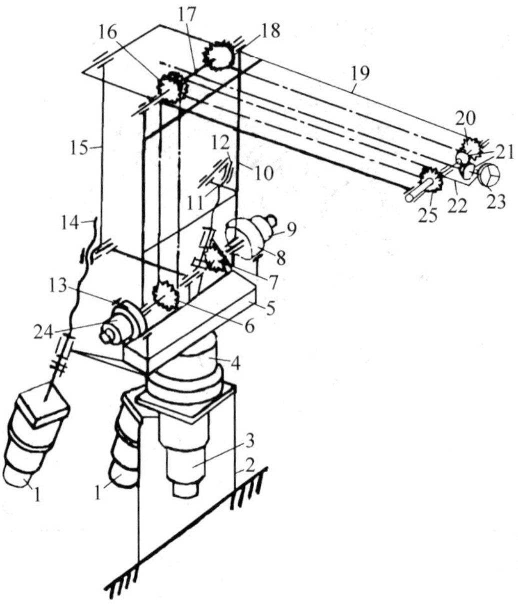

1—电机；2—基座；3—电机；4—谐波减速器；5—回转壳；6—链轮Ⅰ；7—链轮Ⅱ；8—谐波减速器；9—电机；10—下臂杆；11—凸耳；12—丝杠；13—谐波减速器；14—丝杠；15—拉杆；16—双联链轮Ⅰ；17—销轴；18—双联链轮Ⅱ；19—上臂杆；20—链轮；21—锥齿轮；22—腕壳；23—手部法兰；24—电机；25—链轮。

图 1-21 Motoman-L10 传动示意图

表 1-1 Motoman-L10 技术性能

自由度	5	
可搬重量	10kg	
重复位置精度	±0.2mm	
本体质量	400kg	
关节轴	动作范围	最大速度
旋回(S 轴)	0°～240°	90(°)/s
下臂(L 轴)	+40°～−40°	800mm/s
上臂(U 轴)	+20°～−40°	1100mm/s
腕回转(T 轴)	360°	300(°)/s
腕摆动(B 轴)	180°	200(°)/s

该机器人的焊接过程一般分作两步实施。首先针对批量生产的零件进行示教，其次进行试焊，示教完之后必须进行试焊，以检验示教结果并进行修改，当确认无误之后，再进行正式的批量焊接作业。

示教内容包括以下三项内容：

(1) 焊接工艺参数设定；

(2) 焊接轨迹示教；

(3) 焊接姿态示教。

这三项内容实际上都是在一次示教过程中完成的。

一般来说，对一般难度的焊缝，机器人的焊接速度和质量都高于人工焊接。但由于机器人的结构限制，对于必须具有特定位姿的焊缝，机器人无法完成，这主要是受机器人在它的工作空间各点灵活度的限制。为此往往需要工作台具有某些自由度以进行弥补。

2. 喷漆机器人的应用

1）喷漆机器人系统的构成

机器人的喷漆系统如图 1-22 所示。它除应有机器人及其控制柜、液压装置外，还有喷漆控制柜(具有选择漆料、控制喷吐量等功能)，工件输送带及其控制装置(用以进行工件的送进、悬挂、倒转、烘干、移出等作业)，理想的喷漆系统还应设有计算机及其外围设备、CRT 显示装置、数据计数器等。

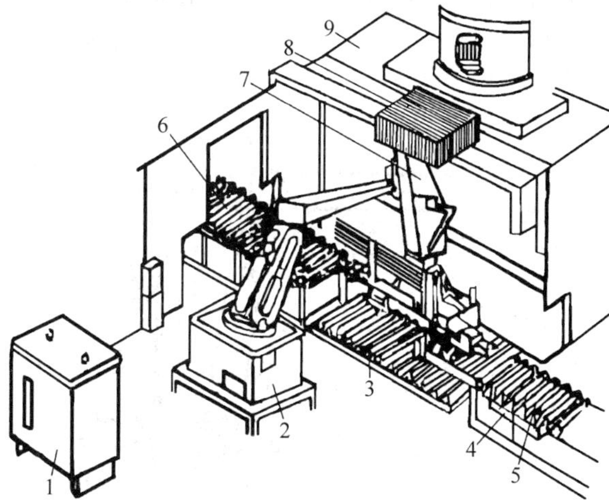

1—控制柜；2—机器人操作机；3—升降运输机；4—工件移出装置；5—移出侧运输机；6—移入侧运输机；7—天车支柱(工件)；8—回转装置；9—喷漆室。

图 1-22 喷漆系统的构成

该机器人的喷漆系统在生产线上的应用如图 1-23 所示。

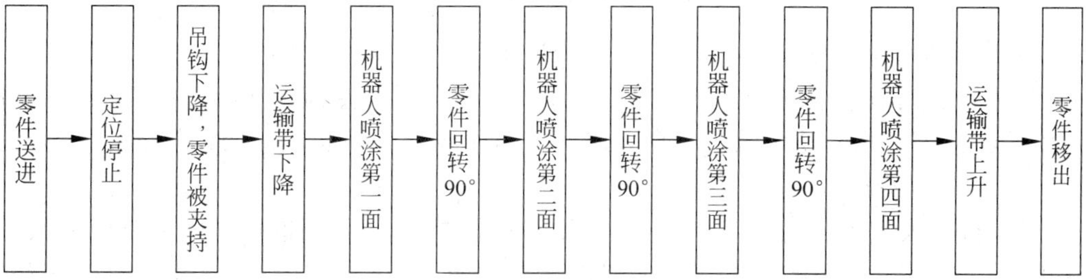

图 1-23 某喷漆生产线工艺流程

由于喷漆机器人是在易燃环境下工作，出于安全考虑，不宜采用直流伺服电机驱动。通常采用液压驱动，或采用防爆电机、交流伺服电机驱动。由于采用计算机管理，漆料的选择和调制、涂敷膜厚度等都可自动调节，漆膜的均匀程度可以得到改善，因而大大提高了生产效率和产品质量。

2）喷漆机器人的运动特点

喷漆机器人大多采用五自由度，因为喷嘴绕自身轴线的旋转就像焊丝绕自身轴线旋转一样可以省去。但也有采用六自由度的，这样使喷枪的姿态(取向)更加灵活。喷漆机器人要求动作范围大，位置精度要求不高(±2.5mm 即可)。由于喷漆机器人多采用手把手示教，故必须附有静力平衡装置，而且关节的反运转也必须灵活。下面以三菱-岩田公司的多关节型喷漆机器人 ARB-510C 为例，作一简单介绍。

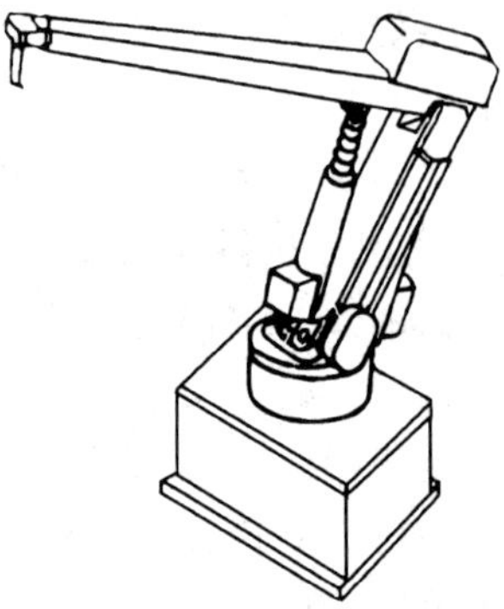

图 1-24 ARB-510C 机器人

该机器人的立体图如图 1-24 所示，正投影图如图 1-25 所示。它用于喷涂大型建筑机械的立柱，工件高达 2m 左右，且表面凸凹不平、形状复杂。而喷漆作业又要求喷枪必须垂直工件表面，因此该机器人拥有六个自由度，各关节均采用液压驱动，手腕一般结构小巧灵活，以适合于喷漆作业的高速度及圆滑的轨迹要求。

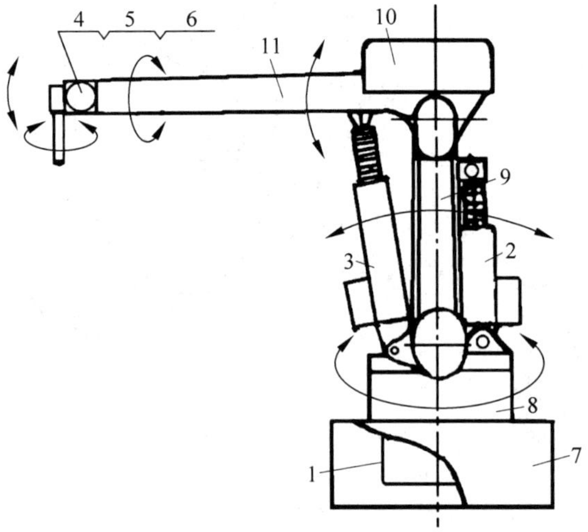

1、2、3、4、5、6—电液伺服驱动装置；7—基座；8—回转盘；9—下臂；10—电液伺服阀；11—上臂。

图 1-25 ARB-510C 机器人正投影图

该类机器人本体由基座、腰、垂直臂(下臂)、俯仰臂(上臂)、手腕等组成，分别由 1、2、3、4、5、6 所表示的电-液伺服驱动装置驱动。1、2、3 分别是腰回转、下臂摆动、上臂俯仰运动的驱动装置，4、5、6 分别是让手腕沿三个方向回转的回转缸驱动装置。上臂与下臂的运动由液压缸(直线缸)驱动。

此外，机器人在示教时利用转换液压回路的转换阀，可以使驱动器处于自由状态。又由于臂部装有重力平衡机构，所以示教时轻巧灵活，当电源切断时，各臂可以停在任意位上。

该机器人的性能如表 1-2 所示。

3) 喷漆作业

与弧焊作业一样，喷漆作业也必须先进行示教、试喷，然后才能进行喷漆作业。喷漆机器人的示教，可以手把手示教[图 1-26(a)]，也可用示教盒或控制台示教[图 1-26(b)]。示教时必须同时完成喷流速度(漆流量)和漆料调配的给定，另外还必须与零件的输送配合。

表 1-2 ARB-510C 技术性能

<table>
<tr><td rowspan="15">机器人操作机</td><td colspan="3">项　　目</td><td>规　　格</td></tr>
<tr><td rowspan="6">动作范围</td><td colspan="2">腰回转</td><td>100°</td></tr>
<tr><td colspan="2">腰前后</td><td>75°</td></tr>
<tr><td colspan="2">上臂上下</td><td>72°</td></tr>
<tr><td colspan="2">手腕上下摆</td><td>210°</td></tr>
<tr><td colspan="2">手腕水平回转</td><td>210°</td></tr>
<tr><td colspan="2">手腕回转</td><td>90° ON,OFF 控制</td></tr>
<tr><td colspan="3">最大速度</td><td>1.7m/s</td></tr>
<tr><td colspan="3">重复定位精度</td><td>±7mm</td></tr>
<tr><td colspan="3">再现精度</td><td>±2mm</td></tr>
<tr><td colspan="3">额定负荷</td><td>5kg</td></tr>
<tr><td colspan="3">油压</td><td>7MPa</td></tr>
<tr><td colspan="2" rowspan="3">质量</td><td>本体</td><td>500kg</td></tr>
<tr><td>油压装置</td><td>200kg</td></tr>
<tr><td>控制盘</td><td>135kg</td></tr>
</table>

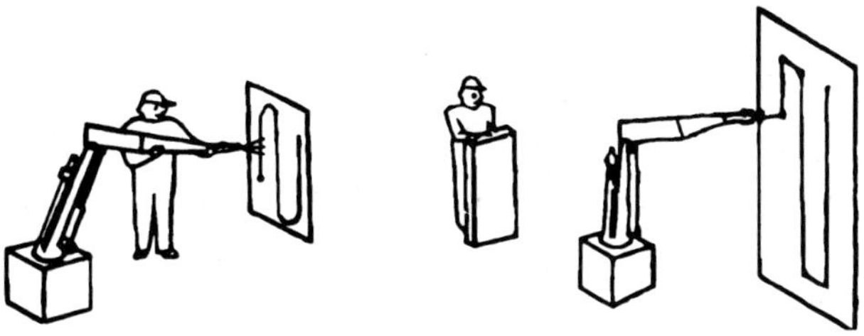

(a)　　(b)

图 1-26 喷漆机器人的示教

(a) 手把手示教；(b) 用示教盒或控制台示教

示教之后就要进行检验、修正性作业，最后才能进行正式批量作业。

由于零件大多需要多面喷涂，故输送装置中大都具有转换面功能。图 1-27 所示的是多面喷涂时的固定式翻转输送线，该零件只需由运输轨道空间形状的改变，再附以机器人操作机的腰部回转以达到转换面的目的。

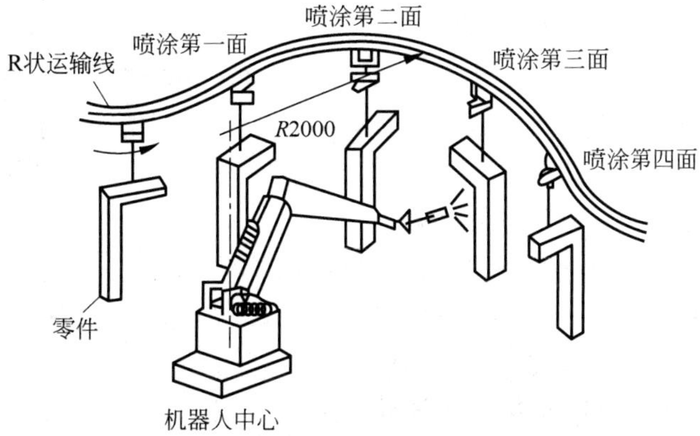

图 1-27 喷涂件的翻转换面

3. SCARA 型装配机器人的应用

SCARA 是 Selective Compliance Assembly Robot Arm 的缩写，意思是具有选择顺应性的装配机器人手臂，这种机器人在水平方向有顺应性，而在垂直方向则具有很大的刚性。由于各个臂都只沿水平方向旋转，故又称水平关节型机器人。图 1-28 表示用 SCARA 机器人进行某电器底盖装配并拧钉的生产线。待装电器外壳由链式输送机 2 运来，并用定位钳 8 固定在特定位置上。然后机器人用带有吸盘的手爪在底板输送机上取下底板，盖到被固定的壳体上，再用同一手爪吸取螺钉，并用手爪内的螺丝刀将螺钉拧紧，从而固定底板完成装配作业。

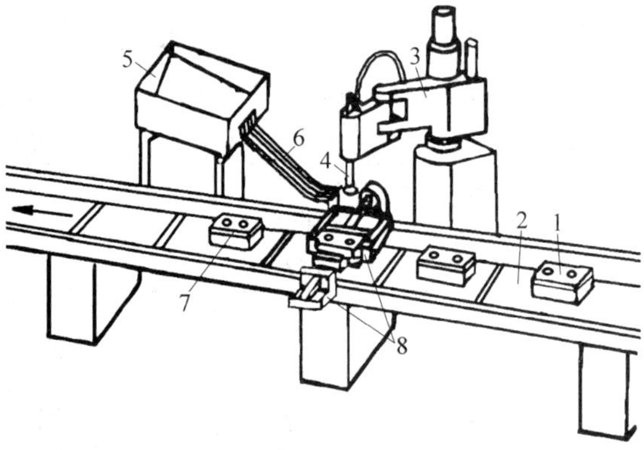

1—工件(待拧螺钉)；2—运输机；3—机器人；4—取钉拧紧手；5—螺钉箱；6—螺钉；7—拧钉后的成品；8—定位钳。

图 1-28　机器人拧螺钉装配系统示意图

1）对装配机器人的要求

装配作业通常要求机器人从备品台(线)上抓取零件，然后在装配线上进行装卡、插入、旋拧或铆作业。装配作业对机器人工作空间容量要求不大，但却要求有尽可能大的加、减速度，以获得高生产率。因此，对操作机要求刚性与固有频率高，对伺服马达要求具有高功率变化率或高功率密度，对控制装置要求具有较高的电流容量。

图 1-29 是采用伺服电机驱动的装配机器人(日本 DAIKIN)的立体图。该机器人操作机从停止状态到最高速度时所用加速时间仅 0.2s 左右，而由最高速度到停止时所用减速时间为 0.15s 左右。

水平关节型机器人的两个水平旋转的臂(即图中的大臂及小臂)形成类似于人的手臂构造，当进行轴向孔内插入作业时，即使中心稍有偏离，也能正确插入。这是因为当轴与孔的倒角部位接触时，就会产生水平方向的反作用力，在这种反作用力的作用下，该机器人的 θ_2 轴就会产生移位，轴不需倾斜就可移向孔中心，即它可以被动地对准孔中心。所以采用水平关节式机器人，即使机器人示教不十

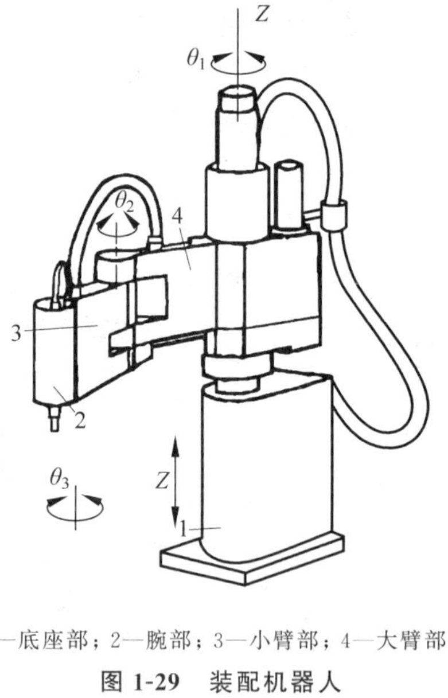

1—底座部；2—腕部；3—小臂部；4—大臂部。

图 1-29　装配机器人

分准确也可以顺利地进行轴与孔的装配操作。

2）水平关节型机器人的传动特点

SCARA 型机器人大多采用四自由度机器人操作机，这是由于装配操作对姿态的要求只需绕 Z 轴的转动，故一般由四个关节组成。根据装配作用的要求，少部分操作机在手腕处再增加一个沿 Z 轴的微小移动。这里仅以日本 DAIKIN 的 S1400 通用型机器人操作机为例，说明其传动特点。

图 1-30 为该操作机外形的正投影图。整个大小臂的升降，是位于底座内的伺服电机通过齿形带驱动滚珠丝杠来实现的。大臂回转是由 θ_1 轴上的电机通过谐波减速器直接带动。小臂回转，是由固定在 θ_1 轴右侧的电机，经过谐波传动减速后带动平行四杆机构实现对 θ_2 轴的转动而得到的。手腕的回转是由装在小臂内的带减速装置的电机经齿形带使其绕 θ_3 轴转动。

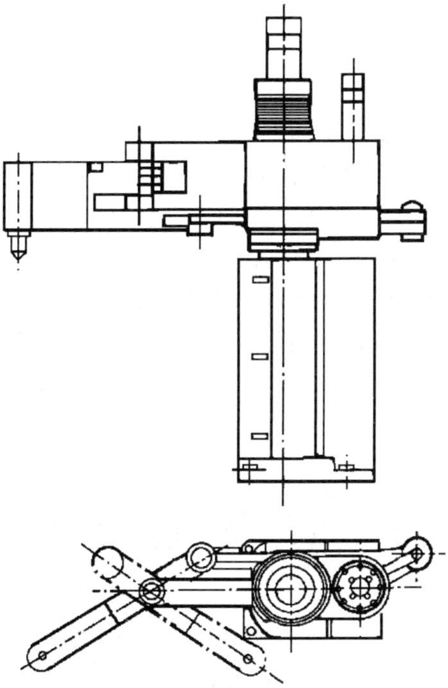

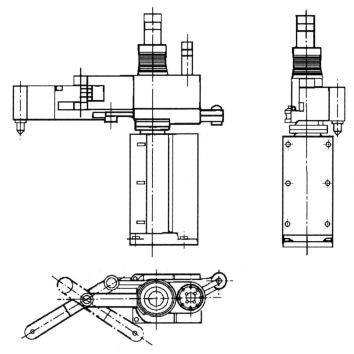

图 1-30 S1400 操作机正投影图

该机器人操作机的技术性能如表 1-3 所示。

表 1-3 装配机器人操作机技术性能

自由度	4	
可搬重量	15kg	
关 节 轴	动 作 范 围	动 作 速 度
Z 轴上下	300mm	300mm/s
θ_1 轴回转（水平）	350mm×250°	1500mm/s
θ_2 轴回转（水平）	300mm×115°	1000mm/s
θ_3 轴手腕回转	±180°	360(°)/s
重复定位精度	±0.05mm	
本体质量	115kg	

由前面的三个实例可以看出，为了发挥机器人的效能必须配置相应的辅助装置，而且操作机的结构、驱动方式亦不相同，与其应用场合紧密相关，其采用的自由度数目也需根据作业的不同要求来选定。图 1-31 所示为一应用在金属加工机械上，将钢管弯曲的简易机器人，从工艺动作要求来看，它只需管子的送进及将管子绕某轴回转弯曲的两个运动即可，故只采取了两个自由度，成为一种简单的专用机械。在此机械上还采用油压装置将管子卡紧，并用计算机控制孔径大小及弯曲半径，因此大大提高了产品质量及产量，且极易实现多品种小批量生产的要求。

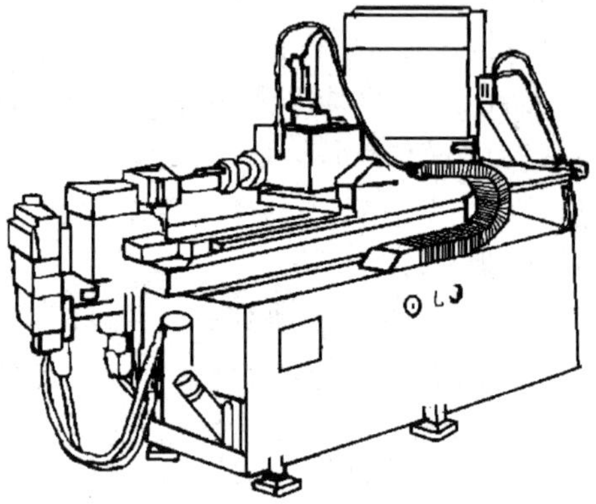

图 1-31 弯管机械

目前，机器人已广泛应用到各个领域中，如在各类工厂的码垛方面，自动化极高的机器人被广泛应用，搬运机器人能够根据搬运物件的特点，以及搬运物件所归类的地方，在保持其形状和物件的性质不变的基础上，进行高效的分类搬运，使得装箱设备每小时能够完成数百块的码垛任务，在生产线上下料、集装箱的搬运等方面发挥极其重要的作用。

机器人还具有多维度的附加功能。它能够代替工作人员在特殊岗位上的工作，比如在高危领域如核污染区域、有毒区域、核污染区域、高危未知区域进行探测。另外，在人类无法到达的地方，如患者患病部位的探测、工业瑕疵的探测、在地震救灾现场的生命探测等方面均有建树。只有把它们恰当地置于完整的应用场景和系统中，并对其功能进行开发，才能收到高生产率或高质量完成任务的效果。

1.5 工业机器人的主要技术指标

工业机器人的技术指标是机器人生产厂商在产品供货时所提供的技术数据，反映了机器人的适用范围和工作性能，是选择机器人时必须考虑的问题。尽管机器人厂商提供的技术指标不完全相同，工业机器人的结构、用途和用户的需求也不相同，但其主要的技术指标一般为自由度(灵活度)、工作精度、工作空间、额定负载、最大工作速度等。

1. 自由度(灵活度)

自由度是衡量机器人动作灵活性的重要指标。自由度是整个机器人运动链所能够产生的独立运动数，包括直线运动、回转运动、摆动运动，但不包括执行器本身的运动(如刀具旋转等)。机器人的每一个自由度原则上都需要有一个伺服轴驱动其运动，因此在产品样本和说明书中，通常以控制轴数来表示。

机器人的自由度与作业要求有关，自由度越多，执行器的动作就越灵活，机器人的通用性也就越好，但其机械结构和控制也就越复杂。因此，对于作业要求基本不变的批量作业机器人来说，运行速度、可靠性是其最重要的技术指标，自由度则可在满足作业要求的前提下适当减少；而对于多品种、小批量作业的机器人，通用性、灵活性指标显得更加重要，这样的机器人就需要有较多的自由度。

若要求执行器能够在三维空间内进行自由运动，则机器人必须能完成在 X、Y、Z 三个方向的直线运动和围绕 X、Y、Z 轴的回转运动，即需要有 6 个自由度。换句话说，如果机器人能具备上述 6 个自由度，执行器就可以在三维空间任意改变姿态，实现对执行器位置的完全控制。目前，焊接和涂装作业机器人大多为 6 或 7 个自由度，搬运、码垛和装配机器人多为 4～6 个自由度。

2. 工作精度

机器人的工作精度主要指定位精度和重复定位精度。定位精度指机器人末端参考点实际到达的位置与所需要到达的理想位置之间的差距。重复定位精度指机器人重复到达某一目标位置的差异程度。重复定位精度也指在相同的位置指令下，机器人连续重复动作若干次其位置的分散情况。它是衡量一系列误差值的密集程度，即重复度。

3. 工作空间

工作空间又称为工作范围、工作行程，它是衡量机器人作业能力的重要指标。工作空间越大，机器人的作业区域也就越大。机器人样本和说明书中所提供的工作空间是指机器人在未安装末端执行器时，其参考点(手腕基准点)所能到达的空间工作范围的大小。它取决于机器人各个关节的运动极限范围，与机器人的结构有关。

4. 额定负载

额定负载是指机器人在作业空间内所能承受的最大负载。其含义与机器人类别有关，一般以质量、力、转矩等技术参数表示。例如，搬运、装配、包装类机器人指的是机器人能够抓取的物品质量；切削加工类机器人是指机器人加工时所能够承受的切削力；焊接、切割加工的机器人则指机器人所能安装的末端执行器质量等。机器人的实际承载能力与机械传动系统结构、驱动电动机功率、运动速度和加速度、末端执行器的结构与形状等诸多因素有关。

5. 最大工作速度

最大工作速度指在各轴联动情况下，机器人手腕中心所能达到的最大线速度。最大工作速度越快，生产效率就越高；工作速度越快，对机器人最大加速度的要求越高。

习　　题

1-1　国内外机器人技术的发展有何特点?

1-2　什么是工业机器人?什么是智能机器人?

1-3　什么是机器人的自由度?试举出一两种你知道的机器人的自由度数，并说明为什么需要这个数目。

1-4　有哪几种机器人分类方法?是否还有其他的分类方法?

1-5　工业机器人的技术指标都有哪些?

1-6　机器人学与哪些学科有密切关系?机器人学及其发展将对这些学科产生什么影响?

1-7　随着“智能制造”的逐步升级，工业机器人特别是智能机器人的应用受到了高度重视。谈谈你对智能机器人的理解。

第 2 章

位姿几何基础

本章是机器人运动学的几何基础，直接由刚体位姿表示的需要，引出位姿矩阵(坐标变换矩阵)。并从多角度介绍了位姿矩阵的意义，特别是从几何学的观点分析了位姿矩阵左右乘的区别问题，还介绍了几种重要的旋转矩阵和欧拉角表示。

2.1 刚体位姿的确定

2.1.1 确定刚体位姿的矩阵方法

刚体的位置、姿态可由其上的任一基准点(通常选作物体的质心)和过该点的坐标系相对于参考坐标系的相对关系来确定。

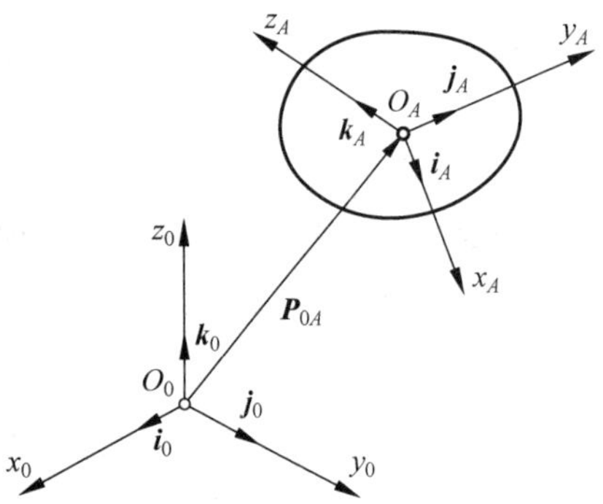

图 2-1 刚体 A 的位姿确定

设有一物体 A，选其上的某点 O_A 为基准点。过 O_A 置坐标系(又称标架)$S_A(O_A-x_Ay_Az_A)$。再选一参考坐标系 $S_0(O_0-x_0y_0z_0)$，如图 2-1 所示。

于是，物体 A 的空间位置和姿态可由向量 $\boldsymbol{P}_{0A}$ $(=\overrightarrow{O_0O_A})$ 和 S_A 的向量基 $\boldsymbol{i}_A$、$\boldsymbol{j}_A$、$\boldsymbol{k}_A$ 相对于 S_0 的关系来确定(或表示)，即

$$\boldsymbol{P}_{0A}^0=(O_0O_A)^0=\begin{bmatrix}x_{0_{0A}}\\y_{0_{0A}}\\z_{0_{0A}}\end{bmatrix}=\begin{bmatrix}p_{x_0}\\p_{y_0}\\p_{z_0}\end{bmatrix}\tag{2-1}$$

式中，$\boldsymbol{P}_{0A}^0$ 为 O_A 点的向径 $\boldsymbol{P}_{0A}$ 在坐标系 S_0 中的表示，是 3×1 阵列(位置阵列)。

$$\boldsymbol{R}_A^0=\begin{bmatrix}\boldsymbol{i}_{A_{x0}} & \boldsymbol{j}_{A_{x0}} & \boldsymbol{k}_{A_{x0}}\\\boldsymbol{i}_{A_{y0}} & \boldsymbol{j}_{A_{y0}} & \boldsymbol{k}_{A_{y0}}\\\boldsymbol{i}_{A_{z0}} & \boldsymbol{j}_{A_{z0}} & \boldsymbol{k}_{A_{z0}}\end{bmatrix}=\begin{bmatrix}\cos\widehat{\boldsymbol{i}_A\boldsymbol{i}_0} & \cos\widehat{\boldsymbol{j}_A\boldsymbol{i}_0} & \cos\widehat{\boldsymbol{k}_A\boldsymbol{i}_0}\\\cos\widehat{\boldsymbol{i}_A\boldsymbol{j}_0} & \cos\widehat{\boldsymbol{j}_A\boldsymbol{j}_0} & \cos\widehat{\boldsymbol{k}_A\boldsymbol{j}_0}\\\cos\widehat{\boldsymbol{i}_A\boldsymbol{k}_0} & \cos\widehat{\boldsymbol{j}_A\boldsymbol{k}_0} & \cos\widehat{\boldsymbol{k}_A\boldsymbol{k}_0}\end{bmatrix}\tag{2-2}$$

式中，$\boldsymbol{R}_A^0$ 为坐标系 S_A 在坐标系 S_0 中的表示，是 3×3 的方阵(姿态矩阵)；$\boldsymbol{i}_{A_{x0}}$，$\boldsymbol{j}_{A_{x0}}$，$\boldsymbol{k}_{A_{x0}}$ 分别表示 S_A 中的向量基 $\boldsymbol{i}_A$，$\boldsymbol{j}_A$，$\boldsymbol{k}_A$ 在 S_0 中沿 $\boldsymbol{i}_0(\boldsymbol{x}_0)$，$\boldsymbol{j}_0(\boldsymbol{y}_0)$，$\boldsymbol{k}_0(\boldsymbol{z}_0)$ 的投影，$\boldsymbol{i}_{A_{y0}}$，$\boldsymbol{j}_{A_{y0}}$，$\boldsymbol{k}_{A_{y0}}$，$\boldsymbol{i}_{A_{z0}}$，$\boldsymbol{j}_{A_{z0}}$，$\boldsymbol{k}_{A_{z0}}$ 类同；$\cos\widehat{\boldsymbol{i}_A\boldsymbol{i}_0}$，$\cos\widehat{\boldsymbol{j}_A\boldsymbol{i}_0}$，$\cos\widehat{\boldsymbol{k}_A\boldsymbol{i}_0}$ 分别表示向量基 $\boldsymbol{i}_A$ 与 $\boldsymbol{i}_0$，$\boldsymbol{j}_A$ 与 $\boldsymbol{i}_0$，$\boldsymbol{k}_A$ 与 $\boldsymbol{i}_0$ 等夹角的余弦，$\cos\widehat{\boldsymbol{i}_A\boldsymbol{j}_0}$，$\cos\widehat{\boldsymbol{j}_A\boldsymbol{j}_0}$，$\cos\widehat{\boldsymbol{k}_A\boldsymbol{j}_0}$，$\cos\widehat{\boldsymbol{i}_A\boldsymbol{k}_0}$，$\cos\widehat{\boldsymbol{j}_A\boldsymbol{k}_0}$，$\cos\widehat{\boldsymbol{k}_A\boldsymbol{k}_0}$ 类同。

为了方便起见，可用 4×4 方阵同时把位置和姿态表示出来，记作 $\boldsymbol{T}_A^0$，称作位姿矩阵，即

$$\boldsymbol{T}_A^0=\left[\begin{array}{ccc|c}&\boldsymbol{R}_A^0&&\boldsymbol{P}_{0A}^0\\\hline 0&0&0&1\end{array}\right]\tag{2-3}$$

2.1.2　位姿矩阵的几何意义

1. 姿态矩阵 $\boldsymbol{R}_j^i$

$\boldsymbol{R}_j^i$ 表示 S_i 坐标系在 S_j 坐标系中的姿态。由式(2-2)可知，姿态矩阵的各元素是两坐标系向量基间的方向余弦，所以又称作余弦矩阵。从几何的角度考虑，它既可看作是坐标系之间的旋转变换，又可看作是向量之间的旋转变换张量，还可看作是坐标系中经旋转变换后的新坐标系(或标架)。下面分别用简例说明。

1) 坐标系之间的旋转变换

坐标系 S_j 相对于 S_i 在 $z_i\equiv z_j$，$O_i\equiv O_j$ 的条件下按右手规则旋转 θ 角度(图 2-2)，则 A 点在两坐标系中坐标间的变换关系是

$$\begin{bmatrix}x_{iA}\\y_{iA}\\z_{iA}\end{bmatrix}=\boldsymbol{R}_j^i\begin{bmatrix}x_{jA}\\y_{jA}\\z_{jA}\end{bmatrix}\tag{2-4}$$

式中，

$$\boldsymbol{R}_j^i=\begin{bmatrix}\mathrm{c}\,\widehat{\boldsymbol{i}_j\boldsymbol{i}_i}&\mathrm{c}\,\widehat{\boldsymbol{j}_j\boldsymbol{i}_i}&\mathrm{c}\,\widehat{\boldsymbol{k}_j\boldsymbol{i}_i}\\\mathrm{c}\,\widehat{\boldsymbol{i}_j\boldsymbol{j}_i}&\mathrm{c}\,\widehat{\boldsymbol{j}_j\boldsymbol{j}_i}&\mathrm{c}\,\widehat{\boldsymbol{k}_j\boldsymbol{j}_i}\\\mathrm{c}\,\widehat{\boldsymbol{i}_j\boldsymbol{k}_i}&\mathrm{c}\,\widehat{\boldsymbol{j}_j\boldsymbol{k}_i}&\mathrm{c}\,\widehat{\boldsymbol{k}_j\boldsymbol{k}_i}\end{bmatrix}=\begin{bmatrix}\mathrm{c}\theta&-\mathrm{s}\theta&0\\\mathrm{s}\theta&\mathrm{c}\theta&0\\0&0&1\end{bmatrix}$$

式中，角度前面的 c、s 分别表示余弦和正弦，即 $\mathrm{c}\theta=\cos\theta$，$\mathrm{c}\,\widehat{\boldsymbol{j}_j\boldsymbol{i}_i}=\cos\,\widehat{\boldsymbol{j}_j\boldsymbol{i}_i}$ 等，下同，不再赘述。

由式(2-4)即可看出姿态矩阵就是坐标旋转变换矩阵，以后如不特别强调刚体(或操作机)的姿态时，常称 $\boldsymbol{R}_j^i$ 为旋转变换矩阵(简称旋转矩阵)。

2) 向量的旋转变换张量

设在坐标系 $S(O\text{-}xyz)$ 中有向量 $\boldsymbol{r}$(图 2-3)，绕 z 轴转 θ 角度，变换为 $\boldsymbol{r}'$，则 $\boldsymbol{r}'$ 可表示为

$$\boldsymbol{r}'=\boldsymbol{E}^{k\theta}(\boldsymbol{r})\tag{2-5}$$

式中，$\boldsymbol{k}$ 表示 $\boldsymbol{r}$ 变为 $\boldsymbol{r}'$ 时旋转轴的单位向量；θ 表示 $\boldsymbol{r}$ 变为 $\boldsymbol{r}'$ 时的转角。

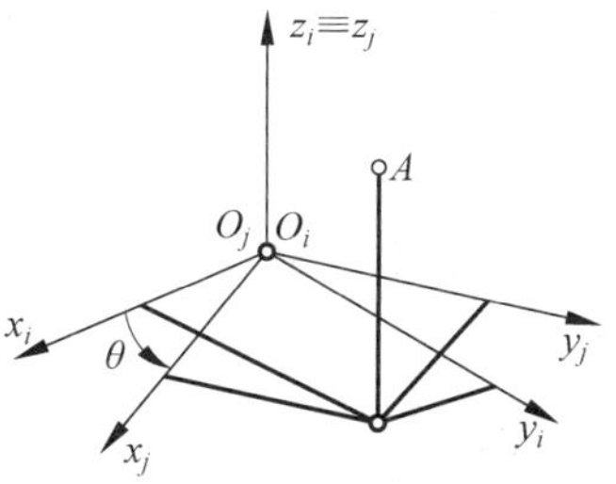

图 2-2　坐标之间的旋转变换

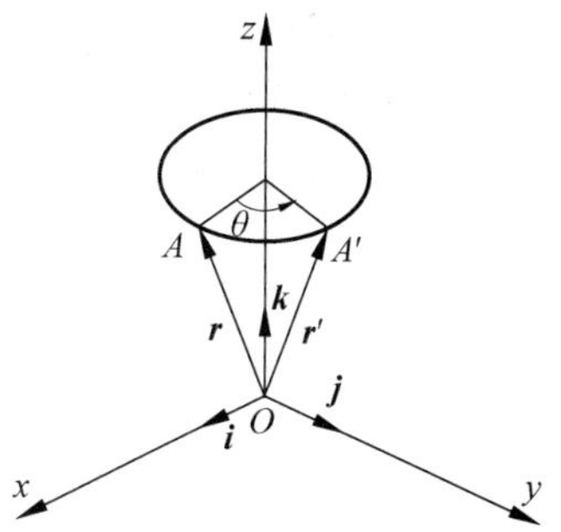

图 2-3　向量的旋转变换

因为 $\boldsymbol{E}^{k\theta}$ 是将向量变换成向量的线性变换，所以称作变换张量。为了更明确起见，也称旋转变换张量。

由图 2-3 可知

$$
\begin{aligned}
\boldsymbol{r}' &= \boldsymbol{E}^{k\theta}(\boldsymbol{r}) = \boldsymbol{E}^{k\theta}(\boldsymbol{x}_r\boldsymbol{i} + \boldsymbol{y}_r\boldsymbol{j} + \boldsymbol{z}_r\boldsymbol{k}) \\
&= \boldsymbol{x}_r(\boldsymbol{i}\cos\theta + \boldsymbol{j}\sin\theta) + \boldsymbol{y}_r(\boldsymbol{j}\cos\theta - \boldsymbol{i}\sin\theta) + \boldsymbol{z}_r(\boldsymbol{k})
\end{aligned}
$$

将向量 $\boldsymbol{r}'$、$\boldsymbol{r}$ 改写成列阵形式，则得

$$
\begin{bmatrix} \boldsymbol{r}'_x \\ \boldsymbol{r}'_y \\ \boldsymbol{r}'_z \end{bmatrix} = \begin{bmatrix} \mathrm{c}\theta & -\mathrm{s}\theta & 0 \\ \mathrm{s}\theta & \mathrm{c}\theta & 0 \\ 0 & 0 & 1 \end{bmatrix} \begin{bmatrix} \boldsymbol{r}_x \\ \boldsymbol{r}_y \\ \boldsymbol{r}_z \end{bmatrix} \tag{2-6}
$$

比较式(2-6)、式(2-5)和式(2-4)得

$$
\boldsymbol{E}^{k\theta} = \boldsymbol{R} = \mathrm{Rot}(\boldsymbol{z}, \theta) \tag{2-7}
$$

所以，姿态矩阵 $\boldsymbol{R}$（在这里省去了角标）又可看作是旋转变换张量。为了更直观起见还可写成 $\mathrm{Rot}(\boldsymbol{z},\theta)$ 的形式，即绕 z 轴（也可是其他轴线）转 θ 角度，它在不同的文献中被当作不同意义的运算工具，但具体的运算规律没有什么区别。

3）新的坐标系

$\boldsymbol{R}_j^i$ 还可看作是一新的坐标系 S_j，该坐标系是 S_i 经 $\boldsymbol{R}_j^i$ 变换而得。坐标系 S_j 的基向量 $\boldsymbol{i}_j, \boldsymbol{j}_j, \boldsymbol{k}_j$ 在 S_i 的基向量 $\boldsymbol{i}_i, \boldsymbol{j}_i, \boldsymbol{k}_i$ 上的投影就是 $\boldsymbol{R}_j^i$。

2. 位姿矩阵 $\boldsymbol{T}_j^i$

位姿矩阵[式(2-3)]是 4×4 齐次变换矩阵，所以在解释它的几何意义之前先介绍齐次坐标和齐次变换的概念。

1）齐次坐标

用不同时为零的四个数(x_1, x_2, x_3, x_4)表示点的位置，这四个数就称为空间点的齐次坐标。它与点的笛卡儿（直角）坐标(x, y, z)之间的关系如下：

$$
x = \frac{x_1}{x_4}, \quad y = \frac{x_2}{x_4}, \quad z = \frac{x_3}{x_4} \tag{2-8}
$$

所以确定空间点的齐次坐标不是单值的，可以是(x_1, x_2, x_3, x_4)，也可以是$(\lambda x_1, \lambda x_2, \lambda x_3, \lambda x_4)$，只要 λ 不为零即可。当 $x_4 \neq 0$ 时，可唯一确定空间点的位置，如果 $x_4 = 0$，则所确定的空间点在无穷远处，表示了以原点 O 为尾，以该点（如 P）为首的一个向量(OP)所指的方向。x_4 可称比例因子。

2）齐次坐标变换

设在 S_j 坐标系中有一点 P，它的齐次坐标是 $x_1^j, x_2^j, x_3^j, x_4^j$，同一点在 S_i 坐标系中的齐次坐标为 $x_1^i, x_2^i, x_3^i, x_4^i$。由于齐次坐标的多值性，可以使 $x_4^j = x_4^i$，于是，可以写出下面的齐次变换：

$$
\begin{cases}
x_1^i = n_x x_1^j + o_x x_1^j + a_x x_1^j + p_x x_1^j \\
x_2^i = n_y x_1^j + o_y x_1^j + a_y x_1^j + p_y x_1^j \\
x_3^i = n_z x_1^j + o_z x_1^j + a_z x_1^j + p_z x_1^j \\
x_4^i = x_4^j
\end{cases} \tag{2-9}
$$

其矩阵形式则是

$$\begin{bmatrix} x_1^i \\ x_2^i \\ x_3^i \\ x_4^i \end{bmatrix} = \begin{bmatrix} n_x & o_x & a_x & p_x \\ n_y & o_y & a_y & p_y \\ n_z & o_z & a_z & p_z \\ 0 & 0 & 0 & 1 \end{bmatrix} \begin{bmatrix} x_1^j \\ x_2^j \\ x_3^j \\ x_4^j \end{bmatrix} \tag{2-10}$$

由此得到齐次变换矩阵：

$$\boldsymbol{T}_j^i = \begin{bmatrix} n_x & o_x & a_x & p_x \\ n_y & o_y & a_y & p_y \\ n_z & o_z & a_z & p_z \\ 0 & 0 & 0 & 1 \end{bmatrix} = \left[\begin{array}{c|c} \boldsymbol{R}_j^i & \boldsymbol{P}_j^i \\ \hline 0 & 1 \end{array}\right] \tag{2-11}$$

由此可知，位姿矩阵就是两坐标系之间的齐次坐标变换矩阵。它可划分成四个子矩阵，其中 3×3 子阵 $\boldsymbol{R}_j^i$ 是两坐标系之间的方向余弦方阵（旋转变换矩阵），3×1 子阵 $\boldsymbol{P}_j^i$ 是两坐标系间原点坐标向量列阵（平移变换的平移量），1×3 子阵是 0 阵，1×1 是单位阵，表示两坐标系齐次坐标具有相同的比例因子。

如前所述，余弦方阵是坐标旋转变换矩阵。位置向量列阵是表示坐标平移变换的平移量，所以 4×4 位姿矩阵表示坐标系之间的平移和旋转的复合变换，为了直观起见可以写成

$$\boldsymbol{T}_j^i = \mathrm{Trans}(x_i, y_i, z_i) \times \mathrm{Rot}(\omega_i, \theta) \tag{2-12}$$

即位姿矩阵表示 S_j 在 S_i 中先沿 $\boldsymbol{i}_i, \boldsymbol{j}_i, \boldsymbol{k}_i$ 移动 $\boldsymbol{x}_i, \boldsymbol{y}_i, \boldsymbol{z}_i$，再绕 S_i 中的 ω_i 轴旋转 θ 角度（右旋为正）所形成的变换。作为变换的结果，得到一个新坐标系 S_j。所以 $\boldsymbol{T}_j^i$ 又可看作是一个新的坐标系，即 $\boldsymbol{T}_j^i \equiv S_j$。

例 2-1　已知坐标系 S_1 与 S_2 之间的变换为

$$\boldsymbol{T}_2^1 = \begin{bmatrix} 1 & 0 & 0 & 20 \\ 0 & 0 & -1 & 0 \\ 0 & 1 & 0 & 0 \\ 0 & 0 & 0 & 1 \end{bmatrix}$$

求点 P 在两坐标系中的坐标之间关系以及 S_2 在 S_1 中的表示。

解　由式(2-10)得

$$\begin{bmatrix} x_{1p} \\ y_{1p} \\ z_{1p} \\ 1 \end{bmatrix} = \begin{bmatrix} 1 & 0 & 0 & 20 \\ 0 & 0 & -1 & 0 \\ 0 & 1 & 0 & 0 \\ 0 & 0 & 0 & 1 \end{bmatrix} \begin{bmatrix} x_{2p} \\ y_{2p} \\ z_{2p} \\ 1 \end{bmatrix} = \begin{bmatrix} x_{2p}+20 \\ -z_{2p} \\ y_{2p} \\ 1 \end{bmatrix}$$

两坐标系以及点 P 的位置图像如图 2-4 所示。

上式既表示了 P 在 S_1 和 S_2 中两坐标值的关系，矩阵 $\boldsymbol{T}_2^1$ 又表示了坐标原点在 S_1 中取为 $O_{2x1}=20, O_{2y1}=O_{2z1}=0$，$x_1$ 正方向为

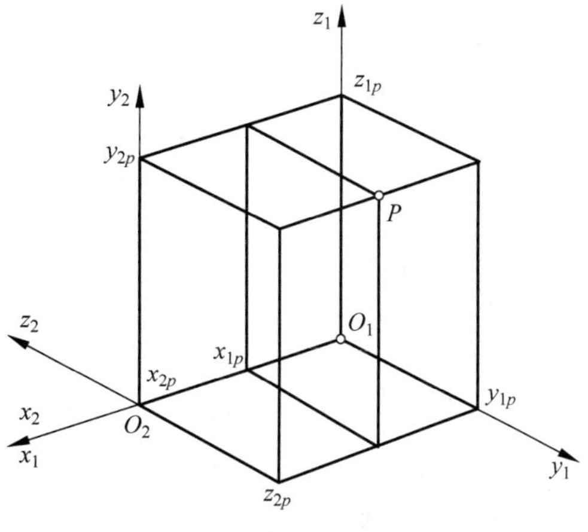

图 2-4　坐标变换

x_2，y_1 负方向为 z_2，z_1 正方向为 y_2，形成了一个新坐标系 S_2。

解毕。

2.1.3 位姿矩阵的逆阵

1. 姿态矩阵的逆阵

由于姿态矩阵是正交方阵，所以

$$[\boldsymbol{R}_j^i]^{-1} = [\boldsymbol{R}_j^i]^{\mathrm{T}} = \boldsymbol{R}_i^j$$

即姿态矩阵的逆阵就是它自身的转置。这只要写出用余弦元素表示的 $\boldsymbol{R}_j^i$ 和 $\boldsymbol{R}_i^j$ 进行矩阵相乘得到单位矩阵即可证明。

2. 位姿矩阵的逆阵

由图 2-5 可知

$$\boldsymbol{e}_i = \boldsymbol{R}_j^i \boldsymbol{e}_j$$

式中，$\boldsymbol{e}_i$ 为 S_i 的向量基；$\boldsymbol{e}_j$ 为 S_j 的向量基。

由图也可知

$$\boldsymbol{P}_{0i}^j = \boldsymbol{R}_i^j \boldsymbol{P}_{0i}^i = -\boldsymbol{R}_i^j \boldsymbol{P}_{0j}^i$$

由于

$$\boldsymbol{T}_j^i = \begin{bmatrix} \boldsymbol{R}_j^i & \boldsymbol{P}_{0j}^i \\ 0 & 1 \end{bmatrix}, \quad \boldsymbol{T}_i^j = \begin{bmatrix} \boldsymbol{R}_i^j & \boldsymbol{P}_{0i}^j \\ 0 & 1 \end{bmatrix}$$

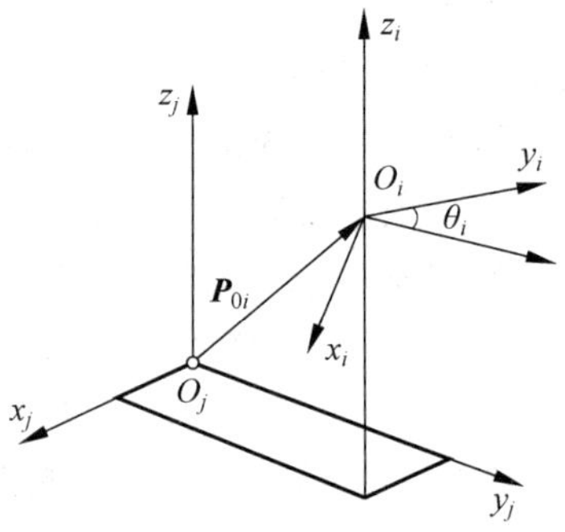

图 2-5 位姿矩阵求逆

所以

$$[\boldsymbol{T}_j^i]^{-1} = \boldsymbol{T}_i^j = \begin{bmatrix} [\boldsymbol{R}_j^i]^{\mathrm{T}} & -[\boldsymbol{R}_j^i]^{\mathrm{T}} \boldsymbol{P}_{0j}^i \\ 0 & 1 \end{bmatrix} \tag{2-13}$$

用矩阵与它的逆矩阵之积为单位矩阵这一命题即可检验式(2-13)的正确性。

例 2-2 如图 2-6 所示，坐标系 S_B 相对于 S_A 绕 z_A 转(右旋)30°并沿 x_A，y_A 正向平移 3、4 单位，求 $\boldsymbol{T}_B^A$ 和 $\boldsymbol{T}_A^B$。

解 由图 2-6 可直接得出

$$\boldsymbol{P}_{OB}^A = [3 \quad 4 \quad 0]^{\mathrm{T}}$$

$$\boldsymbol{R}_B^A = \begin{bmatrix} \cos 30^\circ & -\sin 30^\circ & 0 \\ \sin 30^\circ & \cos 30^\circ & 0 \\ 0 & 0 & 1 \end{bmatrix} = \begin{bmatrix} \sqrt{3}/2 & -1/2 & 0 \\ 1/2 & \sqrt{3}/2 & 0 \\ 0 & 0 & 1 \end{bmatrix}$$

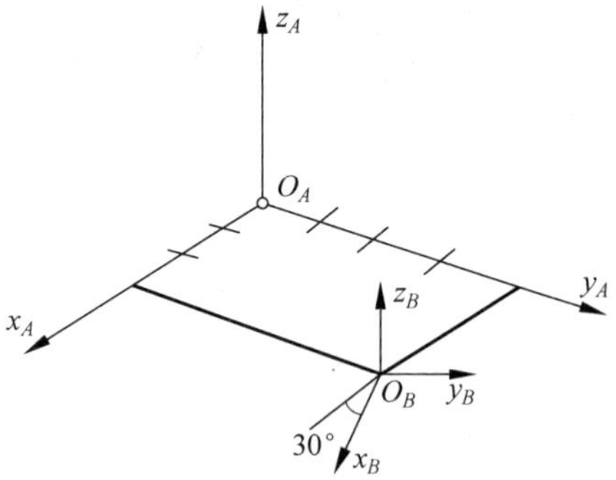

图 2-6 S_B 相对于 S_A 的旋转-平移变换

所以

$$\boldsymbol{T}_B^A = \begin{bmatrix} \sqrt{3}/2 & -1/2 & 0 & 3 \\ 1/2 & \sqrt{3}/2 & 0 & 4 \\ 0 & 0 & 1 & 0 \\ 0 & 0 & 0 & 1 \end{bmatrix}$$

根据式(2-13)得

$$\boldsymbol{T}_A^B = [\boldsymbol{T}_B^A]^{-1} = \begin{bmatrix} [\boldsymbol{R}_B^A]^{-\mathrm{T}} & -[\boldsymbol{R}_B^A]^{-\mathrm{T}}\boldsymbol{P}_{OB}^A \\ 0 & 1 \end{bmatrix}$$

$$= \begin{bmatrix} \sqrt{3}/2 & 1/2 & 0 & -3\sqrt{3}/2-2 \\ -1/2 & \sqrt{3}/2 & 0 & 3/2-2\sqrt{3} \\ 0 & 0 & 1 & 0 \\ 0 & 0 & 0 & 1 \end{bmatrix}$$

解毕。

当然位姿矩阵的逆阵也可用线性代数中求逆的一般公式求出。

2.2 多刚体之间的位姿关系

2.2.1 链式关系与位姿矩阵方程式

设空间有两组刚体：A_1、A_2、…、A_n；A_1'、A_2'、…、A_n'。如图 2-7 所示。

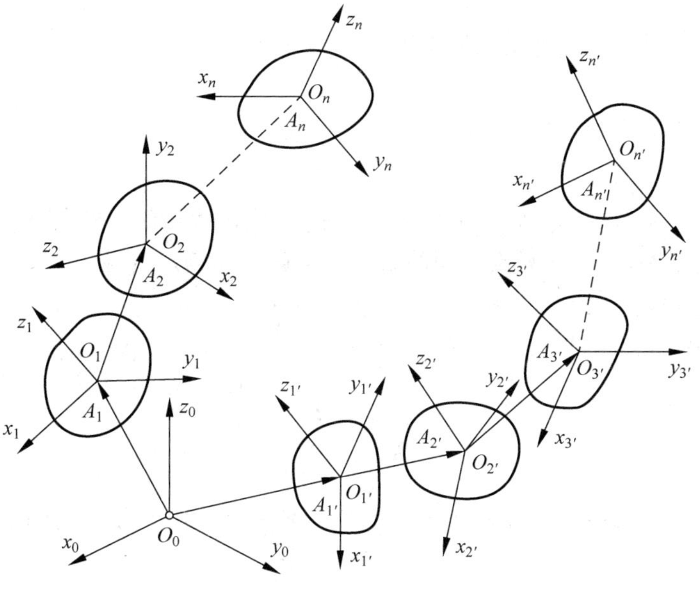

图 2-7 多刚体之间的位姿关系

在每一刚体上选一基点 $O_1 \cdots O_n$、$O_{1'} \cdots O_{n'}$。过各基点分别置一坐标系 $S_1 \cdots S_n$、$S_{1'} \cdots S_{n'}$。再在空间选一参考坐标系 S_0 分别求出相互的位姿关系矩阵 $\boldsymbol{T}_1^0 \cdots \boldsymbol{T}_n^{n-1}$、$\boldsymbol{T}_{1'}^0 \cdots \boldsymbol{T}_{n'}^{(n-1)'}$。由于如图 2-7 所示坐标系间的关系是串接的，故刚体 A_n、$A_{n'}$ 相对于 S_0 的位姿矩阵 $\boldsymbol{T}_n^0$、$\boldsymbol{T}_{n'}^0$ 可按下面的连乘积方式求得：

$$\boldsymbol{T}_n^0 = \boldsymbol{T}_1^0 \boldsymbol{T}_2^1 \boldsymbol{T}_3^2 \cdots \boldsymbol{T}_n^{n-1} \tag{2-14a}$$

$$\boldsymbol{T}_n^{0'} = \boldsymbol{T}_{1'}^0 \boldsymbol{T}_{2'}^{1'} \boldsymbol{T}_{3'}^{2'} \cdots \boldsymbol{T}_{n'}^{(n-1)'} \tag{2-14b}$$

这种连乘关系即称为链式关系。式(2-14a)、式(2-14b)也称位姿矩阵方程式。利用该方程，可以求出任一未知矩阵。例如，$\boldsymbol{T}_2^1$ 则由式(2-14)可得

$$\boldsymbol{T}_2^1=[\boldsymbol{T}_1^0]^{-1}\boldsymbol{T}_n^0[\boldsymbol{T}_n^{n-1}]^{-1}\cdots[\boldsymbol{T}_3^2]^{-1} \tag{2-15}$$

若已知 $\boldsymbol{T}_n^0$ 和 $\boldsymbol{T}_{n'}^0$，为了求得刚体 A_n 对于刚体 $A_{n'}$ 的位姿矩阵 $\boldsymbol{T}_n^{n'}$，由图 2-7 可得

$$\boldsymbol{T}_n^0=\boldsymbol{T}_{n'}^0\boldsymbol{T}_n^{n'}$$

所以：

$$\boldsymbol{T}_n^{n'}=[\boldsymbol{T}_{n'}^0]^{-1}\boldsymbol{T}_n^0=[\boldsymbol{T}_{n'}^{n-1'}]^{-1}\cdots[\boldsymbol{T}_{2'}^{1'}]^{-1}[\boldsymbol{T}_{1'}^0]^{-1}\boldsymbol{T}_1^0\boldsymbol{T}_2^1\cdots\boldsymbol{T}_n^{n-1} \tag{2-16}$$

式(2-16)可表示为图 2-8 所示的算图。在该图中，$\boldsymbol{T}_n^{n'}$ 正好等于由尾 $\boldsymbol{T}_{n'}^{(n-1)'}$ 反向到 0，再由 0 正向到 $\boldsymbol{T}_n^{n-1}$，$\boldsymbol{T}_n^{n'}$ 就表示为沿上述路径巡回一遍的矩阵连乘形式，即得式(2-16)。

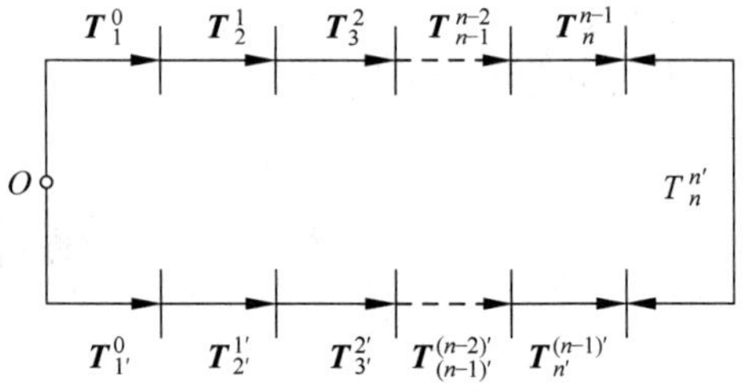

图 2-8 矩阵方程算图

利用图 2-8，可以求出其中任一环。如 $\boldsymbol{T}_2^1$，由图知，它正好等于由尾 $\boldsymbol{T}_1^0$ 反向到 0，再由 0 正向到 $\boldsymbol{T}_n^{n'}$，再反向到 $\boldsymbol{T}_3^2$ 的尾(即 $\boldsymbol{T}_2^1$ 的头)，于是得到

$$\boldsymbol{T}_2^1=[\boldsymbol{T}_1^0]^{-1}\boldsymbol{T}_{1'}^0\cdots\boldsymbol{T}_{n'}^{(n-1)'}\boldsymbol{T}_n^{n'}[\boldsymbol{T}_n^{n-1}]^{-1}\cdots[\boldsymbol{T}_3^2]^{-1} \tag{2-17}$$

2.2.2 变换的左乘和右乘

由矩阵运算规律可知，两矩阵相乘，次序是不能交换的，即

$$\boldsymbol{T}_1^0\boldsymbol{T}_2^1\neq\boldsymbol{T}_2^1\boldsymbol{T}_1^0$$

等式的左边，称 $\boldsymbol{T}_2^1$ 右乘 $\boldsymbol{T}_1^0$。等式右边，称 $\boldsymbol{T}_2^1$ 左乘 $\boldsymbol{T}_1^0$。从几何学的角度来看，左乘和右乘代表不同的变换顺序，自然应得出不同的结果。下面用实例进行说明。

设 $\boldsymbol{T}_1^0$、$\boldsymbol{T}_2^1$ 分别是

$$\boldsymbol{T}_1^0=\begin{bmatrix}1&0&0&20\\0&0&-1&0\\0&1&0&0\\0&0&0&1\end{bmatrix},\quad \boldsymbol{T}_2^1=\begin{bmatrix}0&-1&0&10\\1&0&0&0\\0&0&1&0\\0&0&0&1\end{bmatrix}$$

矩阵 $\boldsymbol{T}_1^0$ 表示：坐标系 S_1 相对于 S_0 先绕 x_0 轴右转 90°，再沿 x_0 正向平移 20 单位，如图 2-9(a)所示。

矩阵 $\boldsymbol{T}_2^1$ 表示：坐标系 S_2 先绕 z_1 轴右转 90°，再沿轴正向平移 10 单位，如图 2-9(b)所示。

$\boldsymbol{T}_2^1$ 右乘和左乘 $\boldsymbol{T}_1^0$ 的结果分别是

$$\boldsymbol{T}_1^0\boldsymbol{T}_2^1=\begin{bmatrix}0&-1&0&30\\0&0&-1&0\\1&0&0&0\\0&0&0&1\end{bmatrix},\quad \boldsymbol{T}_2^1\boldsymbol{T}_1^0=\begin{bmatrix}0&0&1&10\\1&0&0&20\\0&1&0&0\\0&0&0&1\end{bmatrix}$$

矩阵 $\boldsymbol{T}_2^1$ 对 $\boldsymbol{T}_1^0$ 的右乘和左乘的几何图像分别由图 2-10(a)和(b)表示。可以看出，两种

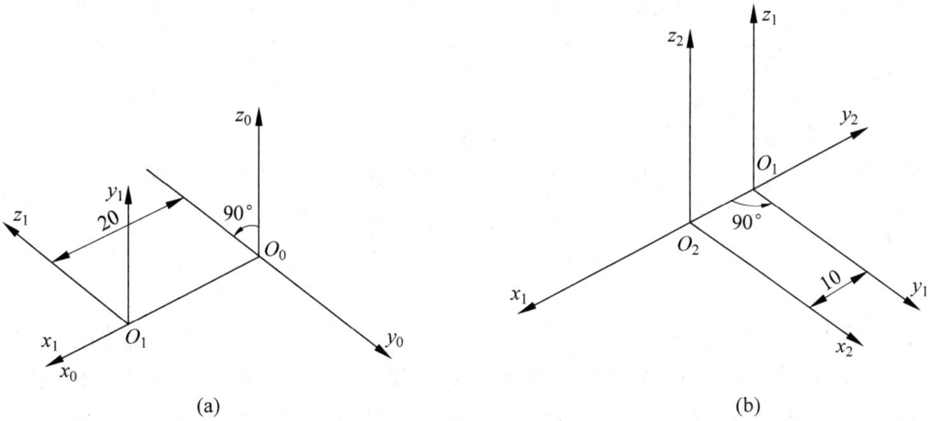

图 2-9 坐标变换

(a) 矩阵 $\boldsymbol{T}_1^0$ 坐标变换；(b) 矩阵 $\boldsymbol{T}_2^1$ 坐标变换

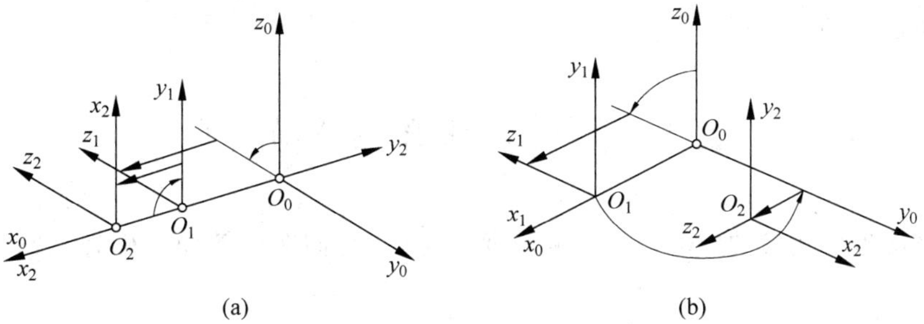

图 2-10 不同顺序的坐标变换

(a) 右乘；(b) 左乘

顺序得出两种不同的 S_2 相对 S_0 的位姿关系。

对于右乘，变换 $\boldsymbol{T}_2^1$ 是在由 S_0 经 $\boldsymbol{T}_1^0$ 变换得到的流动坐标系 S_1（本书称作流动坐标系，或称当前坐标系）中进行的。对于左乘，则变换 $\boldsymbol{T}_2^1$ 是在基础坐标系 S_0 中进行的。对于这两种不同的变换规律，可以归结为：左乘对基础坐标系 S_0，右乘对流动坐标系 S_1，简记为左基右"一"。该规律对于两次或更多次的变换也是适用的。例如 $\boldsymbol{T}_3^2\boldsymbol{T}_2^1\boldsymbol{T}_1^0$，对于 $\boldsymbol{T}_1^0$ 来说，$\boldsymbol{T}_2^1$ 是左乘，$\boldsymbol{T}_3^2$ 又是左乘，所以这两次变换的每一次都是在基础坐标系 S_0 中进行的。而连续变换 $\boldsymbol{T}_1^0\boldsymbol{T}_2^1\boldsymbol{T}_3^2$，因为相对于 $\boldsymbol{T}_1^0$ 是右乘，所以是在经变换后得到的流动坐标系 S_1 中进行的，而 $\boldsymbol{T}_3^2$ 又是在经 $\boldsymbol{T}_2^1$ 变换后得到的流动坐标系 S_2 中进行的。

下面解释左基右"一"规律形成的原因，为此令 $\boldsymbol{T}_1^0$、$\boldsymbol{T}_2^1$ 分别表示为

$$\boldsymbol{T}_1^0=\begin{bmatrix} n_{1x} & o_{1x} & a_{1x} & p_{1x} \\ n_{1y} & o_{1y} & a_{1y} & p_{1y} \\ n_{1z} & o_{1z} & a_{1z} & p_{1z} \\ 0 & 0 & 0 & 1 \end{bmatrix},\quad \boldsymbol{T}_2^1=\begin{bmatrix} n_{2x} & o_{2x} & a_{2x} & p_{2x} \\ n_{2y} & o_{2y} & a_{2y} & p_{2y} \\ n_{2z} & o_{2z} & a_{2z} & p_{2z} \\ 0 & 0 & 0 & 1 \end{bmatrix}$$

它们的右乘和左乘结果分别是

$$T_1^0 T_2^1 = \begin{bmatrix} n_{1x}n_{2x}+o_{1x}n_{2y}+a_{1x}n_{2z} & \cdots & n_{1x}p_{2x}+o_{1x}p_{2y}+a_{1x}p_{2z}+p_{1x} \\ n_{1y}n_{2x}+o_{1y}n_{2y}+a_{1x}n_{2z} & \cdots & n_{1y}p_{2x}+o_{1y}p_{2y}+a_{1y}p_{2z}+p_{1y} \\ n_{1z}n_{2x}+o_{1z}n_{2y}+a_{1z}n_{2z} & \cdots & n_{1z}p_{2x}+o_{1z}p_{2y}+a_{1z}p_{2z}+p_{1z} \\ 0 & 0 & 1 \end{bmatrix}$$

$$T_2^1 T_1^0 = \begin{bmatrix} n_{2x}n_{1x}+o_{2x}n_{1y}+a_{2x}n_{1z} & \cdots & n_{2x}p_{1x}+o_{2x}p_{1y}+a_{2x}p_{1z}+p_{2x} \\ n_{2y}n_{1x}+o_{2y}n_{1y}+a_{2x}n_{1z} & \cdots & n_{2y}p_{1x}+o_{2y}p_{1y}+a_{2y}p_{1z}+p_{2y} \\ n_{2z}n_{1x}+o_{2z}n_{1y}+a_{2z}n_{1z} & \cdots & n_{2z}p_{1x}+o_{2z}p_{1y}+a_{2z}p_{1z}+p_{2z} \\ 0 & 0 & 1 \end{bmatrix}$$

考察上述两结果的第四列：对于右乘（$\boldsymbol{T}_1^0\boldsymbol{T}_2^1$）可以看出 p_1 是在基础坐标系中按 $\boldsymbol{T}_1^0$ 的规律进行平移，p_2 则按 $\boldsymbol{T}_1^0$ 中的旋转变换进行旋转 $\boldsymbol{R}_1^0$ 后再加到基础坐标系中相应的三坐标轴平移量上。所以说，$\boldsymbol{T}_2^1$ 是在流动坐标系 S_1 中进行变换后再计入基础坐标系的。即右乘是相对于当前坐标系 S_1 进行的运算，简记为右“一”。对于左乘，p_2 是在基础坐标系按 $\boldsymbol{T}_2^1$ 的规律进行平移的，p_1 则是按 $\boldsymbol{T}_2^1$ 中的旋转变换 $\boldsymbol{R}_2^1$ 进行旋转后再加到基础坐标系中相应的三坐标轴平移量上。$\boldsymbol{T}_2^1$ 是将 S_1 进行变换后再计入基础坐标系，即左乘是在基础坐标系中进行的变换运算，简称左基。

2.3 两种重要的旋转矩阵

本节将从坐标变换的角度介绍几种重要的矩阵，它们在求解操作机有关的位姿关系时非常有用。

2.3.1 绕坐标轴旋转的旋转变换矩阵

设两坐标系 S_i 和 S_j 的原点重合，初始位置时两系的坐标轴也完全重合，当 S_j 分别绕 S_i 的 z_i, y_i, x_i 右旋 θ 角度时，三个相应的旋转变换矩阵分别是

$$\mathrm{Rot}(z_i,\theta)=\boldsymbol{R}_j^i=\begin{bmatrix} \mathrm{c}\theta & -\mathrm{s}\theta & 0 \\ \mathrm{s}\theta & \mathrm{c}\theta & 0 \\ 0 & 0 & 1 \end{bmatrix} \tag{2-18}$$

$$\mathrm{Rot}(y_i,\theta)=\boldsymbol{R}_j^i=\begin{bmatrix} \mathrm{c}\theta & 0 & \mathrm{s}\theta \\ 0 & 1 & 0 \\ -\mathrm{s}\theta & 0 & \mathrm{c}\theta \end{bmatrix} \tag{2-19}$$

$$\mathrm{Rot}(x_i,\theta)=\boldsymbol{R}_j^i=\begin{bmatrix} 1 & 0 & 0 \\ 0 & \mathrm{c}\theta & -\mathrm{s}\theta \\ 0 & \mathrm{s}\theta & \mathrm{c}\theta \end{bmatrix} \tag{2-20}$$

在不须特别指出坐标系的名称时，$\boldsymbol{i}, \boldsymbol{j}$ 可以省去，即 $\mathrm{Rot}(x,\theta)=\boldsymbol{R}$。

2.3.2 绕任意轴旋转的旋转变换矩阵

1. 旋转变换矩阵

设基础坐标系为 S_0，如图 2-11 所示。经 $\boldsymbol{R}_A^0$ 变换得 S_A，再设在 S_0 中经 $\boldsymbol{R}_C^0$ 变换得 S_C，

在 S_C 中再经 $\boldsymbol{R}_B^C$ 变换得 S_B。

令 $S_A=S_B$，$z_C=\omega$，于是得到

$$\boldsymbol{R}_A^0=\boldsymbol{R}_C^0\boldsymbol{R}_B^C \tag{2-21}$$

所以

$$\boldsymbol{R}_B^C=[\boldsymbol{R}_C^0]^{-1}\boldsymbol{R}_A^0 \tag{2-22}$$

因已令 $S_A=S_B$，$z_C=\omega$，所以坐标系 S_A 绕 ω 轴右旋 θ 角等效于坐标系 S_B 绕 z_C 右旋同样的角度 θ。为了便于行文，设两等效旋转变换后的坐标系分别为 S_l 和 S_r。写出矩阵方程并引入旋转变换符号，则得

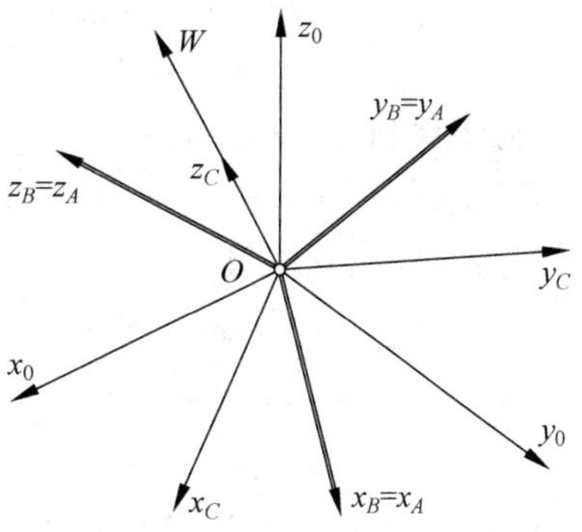

图 2-11　绕一般轴 ω 旋转

$$\mathrm{Rot}(\omega,\theta)\boldsymbol{R}_A^0=\boldsymbol{R}_C^0\,\mathrm{Rot}(z_C,\theta)\boldsymbol{R}_B^C \tag{2-23}$$

等式左端表示：先在基础坐标系中经 $\boldsymbol{R}_A^0$ 变换得到坐标系 S_A 后，再使 S_A 绕 S_0 中的 ω 轴旋转 θ 角得到所要求的表示在 S_0 中的新坐标系 S_l。

等式右端表示：先在坐标系 S_C 中经变换得坐标系 S_B，再使 S_B 在 S_C 中绕轴旋转 θ 角，得到一个新坐标系 S_r，该坐标系表示在 S_C 中(注意：这里的 S_C 是 S_B、S_r 的基础坐标系)，为了把 S_r 表示在与 S_l 相同的基础坐标系中，故再左乘以变换 $\boldsymbol{R}_C^0$。

根据已阐明过的等效性：$S_l\equiv S_r$，故可得式(2-23)。

将式(2-22)代入式(2-23)，并消去 $\boldsymbol{R}_A^0$，得

$$\mathrm{Rot}(\omega,\theta)=\boldsymbol{R}_C^0\,\mathrm{Rot}(z_C,\theta)[\boldsymbol{R}_C^0]^{-1}$$

若取

$$\boldsymbol{R}_C^0=\begin{bmatrix} n_x & o_x & a_x \\ n_y & o_y & a_y \\ n_z & o_z & a_z \end{bmatrix}$$

则相当于在 S_C 中沿 x_C，y_C，z_C 分别取单位向量为 $\boldsymbol{n}$，$\boldsymbol{o}$，$\boldsymbol{a}$。它们在基础坐标系中沿坐标轴的分量分别就是上述矩阵的列元素。于是

$$\begin{aligned}\mathrm{Rot}(\omega,\theta)&=\begin{bmatrix} n_x & o_x & a_x \\ n_y & o_y & a_y \\ n_z & o_z & a_z \end{bmatrix}\begin{bmatrix} \mathrm{c}\theta & -\mathrm{s}\theta & 0 \\ \mathrm{s}\theta & \mathrm{c}\theta & 0 \\ 0 & 0 & 1 \end{bmatrix}\begin{bmatrix} n_x & n_y & n_z \\ o_x & o_y & o_z \\ a_x & a_y & a_z \end{bmatrix}\\
&=\begin{bmatrix} n_xn_x\mathrm{c}\theta-n_xo_x\mathrm{s}\theta+n_xo_x\mathrm{s}\theta+o_xo_x\mathrm{c}\theta+a_xa_x & n_xn_y\mathrm{c}\theta-n_xo_y\mathrm{s}\theta+n_yo_x\mathrm{s}\theta+o_xo_y\mathrm{c}\theta+a_xa_y & n_xn_z\mathrm{c}\theta-n_xo_z\mathrm{s}\theta+n_zo_x\mathrm{s}\theta+o_xo_z\mathrm{c}\theta+a_xa_z \\ n_yn_x\mathrm{c}\theta-n_yo_x\mathrm{s}\theta+n_xo_y\mathrm{s}\theta+o_yo_x\mathrm{c}\theta+a_ya_x & n_yn_y\mathrm{c}\theta-n_yo_y\mathrm{s}\theta+n_yo_y\mathrm{s}\theta+o_yo_y\mathrm{c}\theta+a_ya_y & n_yn_z\mathrm{c}\theta-n_yo_z\mathrm{s}\theta+n_zo_y\mathrm{s}\theta+o_yo_z\mathrm{c}\theta+a_ya_z \\ n_zn_x\mathrm{c}\theta-n_zo_x\mathrm{s}\theta+n_xo_z\mathrm{s}\theta+o_zo_x\mathrm{c}\theta+a_za_x & n_zn_y\mathrm{c}\theta-n_zo_y\mathrm{s}\theta+n_yo_z\mathrm{s}\theta+o_zo_y\mathrm{c}\theta+a_za_y & n_zn_z\mathrm{c}\theta-n_zo_z\mathrm{s}\theta+n_zo_z\mathrm{s}\theta+o_zo_z\mathrm{c}\theta+a_za_z \end{bmatrix}\end{aligned} \tag{2-24}$$

令 $\tilde{\boldsymbol{\omega}}$ 为 ω 轴上的单位方向向量，它在 S_0 中有分量 $\boldsymbol{\omega}_x$，$\boldsymbol{\omega}_y$，$\boldsymbol{\omega}_z$，在 S_C 中的单位方向向量

是$\boldsymbol{a}$。由于ω与轴z_C重合,故有

$$\bar{\boldsymbol{\omega}}=\omega_x\boldsymbol{i}_0+\omega_y\boldsymbol{j}_0+\omega_z\boldsymbol{k}_0=\boldsymbol{a}=a_x\boldsymbol{i}_0+a_y\boldsymbol{j}_0+a_z\boldsymbol{k}_0$$

再考虑到$a=n\times o$,即

$$a_x=n_yo_z-n_zo_y,\quad a_y=n_zo_x-n_xo_z,\quad a_z=n_xo_y-n_yo_x$$

经过推导、化简得

$$\mathrm{Rot}(\omega,\theta)=\begin{bmatrix}\omega_x\omega_x\mathrm{vers}\theta+\cos\theta & \omega_y\omega_x\mathrm{vers}\theta-\omega_z\sin\theta & \omega_z\omega_x\mathrm{vers}\theta+\omega_y\sin\theta\\ \omega_x\omega_y\mathrm{vers}\theta+\omega_z\sin\theta & \omega_y\omega_y\mathrm{vers}\theta+\cos\theta & \omega_z\omega_y\mathrm{vers}\theta-\omega_x\sin\theta\\ \omega_x\omega_z\mathrm{vers}\theta-\omega_y\sin\theta & \omega_y\omega_z\mathrm{vers}\theta+\omega_x\sin\theta & \omega_z\omega_z\mathrm{vers}\theta+\cos\theta\end{bmatrix}\tag{2-25}$$

式中,$\mathrm{vers}\boldsymbol{\theta}=1-\cos\boldsymbol{\theta}$,称作正矢。

利用式(2-25),分别令$\omega=z$,或$\omega=y$,或$\omega=x$,即可得到绕坐标轴旋转时的变换矩阵[式(2-18)~式(2-20)]。例如,令$\omega=z$,则$\omega_z=1,\omega_x=\omega_y=0$,由式(2-25)得

$$\mathrm{Rot}(\omega,\theta)=\mathrm{Rot}(z,\theta)=\begin{bmatrix}\mathrm{c}\theta & -\mathrm{s}\theta & 0\\ \mathrm{s}\theta & \mathrm{c}\theta & 0\\ 0 & 0 & 1\end{bmatrix}$$

2. 等效旋转角和等效旋转轴

若有

$$\boldsymbol{R}=\begin{bmatrix}n_x & o_x & a_x\\ n_y & o_y & a_y\\ n_z & o_z & a_z\end{bmatrix}$$

这一旋转变换矩阵是绕哪一条轴线转了多少角度才得到的呢？为此,令

$$\mathrm{Rot}(\omega,\theta)=\boldsymbol{R}=\begin{bmatrix}n_x & o_x & a_x\\ n_y & o_y & a_y\\ n_z & o_z & a_z\end{bmatrix}\tag{2-26}$$

比较式(2-26)和式(2-25)得

$$\begin{aligned}n_x+o_y+a_z+1&=\omega_x^2\mathrm{vers}\theta+\cos\theta+\omega_y^2\mathrm{vers}\theta+\cos\theta+\\&\quad\ \omega_z^2\mathrm{vers}\theta+\cos\theta+1\\&=(\omega_x^2+\omega_y^2+\omega_z^2)\mathrm{vers}\theta+3\cos\theta\\&=1+2\cos\theta\end{aligned}$$

所以等效旋转角θ是

$$\theta=\arccos\frac{1}{2}(n_x+o_y+a_z-1)\tag{2-27}$$

或

$$\theta=\arctan\frac{\sqrt{(o_z-a_y)^2+(a_x-n_z)^2+(n_y-o_x)^2}}{(n_x+o_y+a_z-1)}\tag{2-28}$$

利用式(2-26)与式(2-25)矩阵中的对应元素相等,得

$$\omega_x=\frac{o_z-a_y}{2\sin\theta},\quad \omega_y=\frac{a_x-n_z}{2\sin\theta},\quad \omega_z=\frac{n_y-o_x}{2\sin\theta}$$

所以ω轴的单位方向向量$\bar{\boldsymbol{\omega}}$是:

$$\bar{\boldsymbol{\omega}}=\frac{1}{2\sin\theta}\begin{bmatrix}o_z-a_y\\a_x-n_z\\n_y-o_x\end{bmatrix} \quad 或 \quad \bar{\boldsymbol{\omega}}=\pm\begin{bmatrix}\sqrt{\dfrac{n_x-\cos\theta}{1-\cos\theta}}\\\sqrt{\dfrac{o_y-\cos\theta}{1-\cos\theta}}\\\sqrt{\dfrac{a_z-\cos\theta}{1-\cos\theta}}\end{bmatrix} \tag{2-29}$$

2.4 姿态矩阵的欧拉角表示法

2.4.1 用流动坐标轴的转角为欧拉角的表示法

如 2.1 节所述，姿态矩阵是具有九个元素的方向余弦矩阵，根据余弦矩阵的性质，它只有三个不在同一行或同一列的元素才是独立的，所以可用三个参量来表示姿态矩阵。也就是说，物体的姿态只取决于三个独立变量，这三个独立变量可以取作绕三个轴的转角。

如图 2-12 所示，确定物体姿态的标架是由与参考坐标系(基础坐标系)重合的某一坐标系经过三次旋转变换得到的，即：首先绕 z_i 右旋 φ 角得到标架 S_1，再以 x_1 轴为轴，右旋 θ 角得到 S_2，最后以 z_2 为轴，右旋 ψ 角得到 S_j。

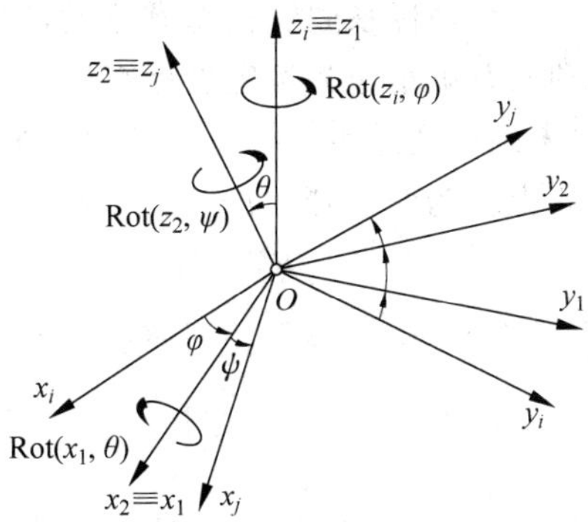

图 2-12 三次旋转变换

令三次旋转变换分别表示为

$\boldsymbol{R}_1^i=\mathrm{Rot}(z_i,\varphi)$， $\boldsymbol{R}_2^1=\mathrm{Rot}(x_1,\theta)$，

$\boldsymbol{R}_j^2=\mathrm{Rot}(z_2,\psi)$

把这三次连续变换后得到的姿态矩阵记作 $\boldsymbol{R}_j^i(\varphi,\theta,\psi)$，则

$$\boldsymbol{R}_j^i(\varphi,\theta,\psi)=\begin{bmatrix}c\varphi & -s\varphi & 0\\s\varphi & c\varphi & 0\\0 & 0 & 1\end{bmatrix}\begin{bmatrix}1 & 0 & 0\\0 & c\theta & -s\theta\\0 & s\theta & c\theta\end{bmatrix}\begin{bmatrix}c\psi & -s\psi & 0\\s\psi & c\psi & 0\\0 & 0 & 1\end{bmatrix}$$

$$=\begin{bmatrix}c\varphi c\psi-s\varphi c\theta s\psi & -c\varphi s\psi-s\varphi c\theta c\psi & s\varphi s\theta\\s\varphi c\psi+c\varphi c\theta s\psi & -s\varphi s\psi+c\varphi c\theta c\psi & -c\varphi s\theta\\s\theta s\psi & s\theta c\psi & c\theta\end{bmatrix} \tag{2-30}$$

式中，φ 为进动角；θ 为章动角；ψ 为自转角。三者统称为欧拉角。

下面分析欧拉角与方向余弦之间的关系。为了便于书写，仍把一般的旋转变换 $\boldsymbol{R}_j^i$ 记作

$$\boldsymbol{R}_j^i=\begin{bmatrix}n_x & o_x & a_x\\n_y & o_y & a_y\\n_z & o_z & a_z\end{bmatrix} \tag{2-31}$$

令 $\boldsymbol{R}_j^i(\varphi,\theta,\psi)=\boldsymbol{R}_j^i$，即式(2-30)与式(2-31)两矩阵的对应元素相等，可得

$$\begin{cases}-\mathrm{c}\varphi\mathrm{s}\theta=a_y,\quad \mathrm{s}\varphi\mathrm{s}\theta=a_x\\ \varphi=\arctan-a_x/a_y\end{cases}\tag{2-32}$$

$$\begin{cases}\mathrm{s}\theta\mathrm{c}\psi=o_z,\quad \mathrm{s}\theta\mathrm{s}\psi=n_z\\ \psi=\arctan n_z/o_z\end{cases}\tag{2-33}$$

$$\begin{cases}\mathrm{s}^2\varphi\mathrm{s}^2\theta+\mathrm{c}^2\varphi\mathrm{s}^2\theta=a_x^2+a_y^2,\quad \mathrm{c}\theta=a_z\\ \theta=\arctan\pm\sqrt{a_x^2+a_y^2}/a_z\end{cases}\tag{2-34}$$

2.4.2 用绕基础坐标轴的转角为欧拉角的表示法

前面所考虑的三个欧拉角(φ,θ,ψ)是绕分属三个不同坐标系的三个坐标轴的右旋角，称为动轴欧拉角。它的物理模型可看作是陀螺仪上的框架和陀螺体，两个坐标系固联在框架上。

一个坐标系固联在陀螺体上，所以称为动轴欧拉角。也可用同属一个坐标系的三个坐标轴的右旋角作为确定坐标系 S_j 方位(物体姿态)的欧拉角，称为定轴欧拉角，如图 2-13 所示(未画中间过渡坐标系)。其物理模型可看作是图 2-14 所示航行中的船体，前进方向为 z，正上方为 x，侧向为 y，三者按右手系取正向。根据左基右"一"规则，得

$$\begin{aligned}\boldsymbol{R}_j^i&=\mathrm{Rot}(z_i,\varphi)\mathrm{Rot}(y_i,\theta)\mathrm{Rot}(x_i,\psi)\\&=\begin{bmatrix}\mathrm{c}\varphi&-\mathrm{s}\varphi&0\\\mathrm{s}\varphi&\mathrm{c}\varphi&0\\0&0&1\end{bmatrix}\begin{bmatrix}\mathrm{c}\theta&0&\mathrm{s}\theta\\0&1&0\\-\mathrm{s}\theta&0&\mathrm{c}\theta\end{bmatrix}\begin{bmatrix}1&0&0\\0&\mathrm{c}\psi&-\mathrm{s}\psi\\0&\mathrm{s}\psi&\mathrm{c}\psi\end{bmatrix}\\&=\begin{bmatrix}\mathrm{c}\varphi\mathrm{c}\theta&\mathrm{c}\varphi\mathrm{s}\theta\mathrm{s}\psi-\mathrm{s}\varphi\mathrm{c}\psi&\mathrm{c}\varphi\mathrm{s}\theta\mathrm{c}\psi+\mathrm{s}\varphi\mathrm{s}\psi\\\mathrm{s}\varphi\mathrm{c}\theta&\mathrm{s}\varphi\mathrm{s}\theta\mathrm{s}\psi+\mathrm{c}\varphi\mathrm{c}\psi&\mathrm{s}\varphi\mathrm{s}\theta\mathrm{c}\psi-\mathrm{c}\varphi\mathrm{s}\psi\\-\mathrm{s}\theta&\mathrm{c}\theta\mathrm{s}\psi&\mathrm{c}\theta\mathrm{c}\psi\end{bmatrix}\end{aligned}\tag{2-35}$$

仿前可得

$$\varphi=\arctan n_y/n_x\tag{2-36}$$

$$\psi=\arctan o_z/a_z\tag{2-37}$$

$$\theta=-\arctan-n_z/\pm\sqrt{n_x^2+n_y^2}\tag{2-38}$$

式中，φ 为滚动角(roll)；θ 为俯仰角(pitch)；ψ 为偏摆角(yaw)。

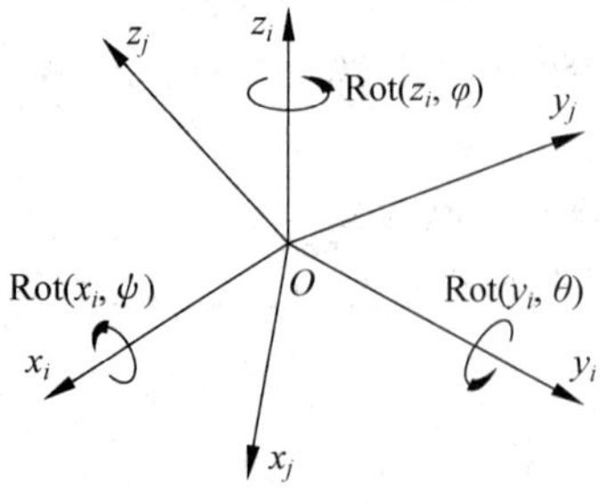

图 2-13 定轴三次旋转变换

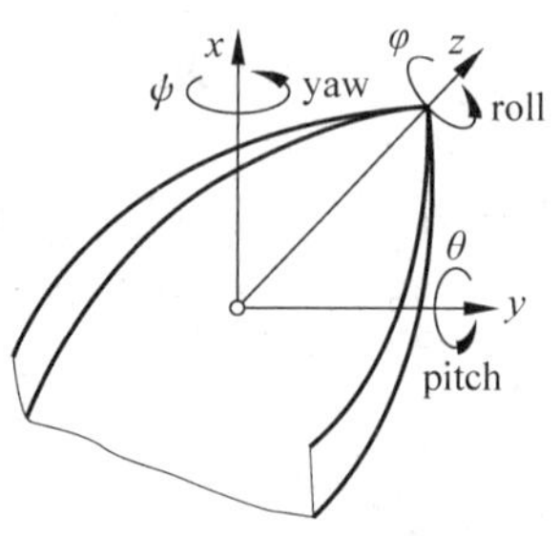

图 2-14 定轴欧拉角模型

习 题

2-1 用一个描述旋转与/或平移的变换来左乘或右乘一个表示坐标系的变换，所得到的结果是否相同？为什么？试举例作图说明。

2-2 已知坐标系 S_1 与 S_2 之间的变换为

$$T_2^1=\begin{bmatrix}1&0&0&30\\0&0&-1&0\\0&1&0&0\\0&0&0&1\end{bmatrix}$$

求点 P 在两坐标系中的坐标之间关系以及 S_2 在 S_1 中的表示。

2-3 已知齐次变换矩阵

$$\boldsymbol{H}=\begin{bmatrix}0&1&0&0\\0&0&-1&0\\-1&0&0&0\\0&0&0&1\end{bmatrix}$$

要求 $\mathrm{Rot}(f,\theta)=\boldsymbol{H}$，确定 f 和 θ 的值。

2-4 求点 $(2,3,4)^{\mathrm{T}}$ 绕 x 轴转 45°后相对于参考坐标系的坐标。

2-5 写出齐次变换矩阵 $\boldsymbol{T}_B^A$，它表示对运动坐标系 $\{B\}$，做以下变换：

(a)移动 $(5,6,7)^{\mathrm{T}}$；(b)再绕 x_B 轴转 $-90°$；(c)绕 z_B 轴转 90°。

2-6 下面的坐标系矩阵 $\boldsymbol{B}$ 移动距离 $d=(5,2,6)^{\mathrm{T}}$：

$$\boldsymbol{B}=\begin{bmatrix}0&1&0&2\\1&0&0&4\\0&0&-1&6\\0&0&0&1\end{bmatrix}$$

第 3 章

机器人位姿方程

机器人位姿方程，也称运动方程，是描述机器人末端执行器（或末杆）位置和姿态的方程，也是进行运动分析的基本方程，常以矩阵形式出现，它的建立和求解，是机器人机构学的基本问题之一。通过第 1 章的介绍，我们已了解到机器人操作机是一空间连杆机构，通过各连杆的相对位置变化，可使末端执行器以不同的姿态在工作空间内到达不同的位置，从而完成人们期望的工作要求。本章在前两章的基础上，先介绍两杆之间位姿矩阵的建立方法，继而讨论操作机位姿方程的正问题和逆问题，也称机器人运动学的正问题和逆问题。

3.1　操作机两杆间位姿矩阵的建立

3.1.1　连杆参数与位姿变量

操作机为多杆系统，两杆间的位姿矩阵是求得操作机手部位姿矩阵的基础，它取决于两杆之间的结构参数、运动形式和运动参数，以及这些参数按不同顺序建立的几何模型，常见的有两类。

1. 固联坐标系前置模型

取以回转副连接的两相邻杆件（图 3-1），其一为 L_{i-1} 杆，另一为 L_i 杆。前者靠近基座，后者靠近末端执行器。连接两连杆的运动副称作关节，编号是：L_{i-1} 与 L_i 的关节为 i 号关节，L_i 与 L_{i+1} 的关节为 $i+1$ 号关节。连杆 L_i 的固联坐标系 S_i 有两种设法，其一是令 S_i 的 z_i 轴置于 i 号关节的旋转轴上，这时 S_i 的原点 O_i 落在 i 号关节的轴线上，即坐标系 S_i 置于杆 L_i 的靠近基座的关节上，故称固联坐标系前置（图 3-1）。根据 D-H 标记法，有以下规定：

设连杆 L_i 的两轴线为 z_i 和 z_{i+1}，前者为 L_{i-1} 与 L_i 的相对回转轴线，后者为 L_{i+1} 与 L_i 的回转轴线。如图 3-1 所示。

选两回转轴 z 的公垂线为 x 轴，z_{i-1} 与 z_i 轴的公垂线为 x_{i-1}，z_i 与 z_{i+1} 的公垂线为 x_i 轴。x_{i-1} 与 z_{i-1} 的交点为杆件 L_{i-1} 固联坐标系 S_{i-1} 的原点 O_{i-1}，x_i 与 z_i 的交点为杆件 L_i 固联坐标系 S_i 的原点 O_i（图 3-1）。z_{i-1} 与 z_i 的交错角为 α_{i-1}，z_i 与 z_{i+1} 的交错角为 α_i，两者都分别以绕 x_{i-1}、x_i 轴右旋为正。x_{i-1} 与 z_i 的交错角为 θ_i，以绕 z_i 右旋为正。x_{i-1} 与 z_i 的交点为 C_i，C_i 到 O_i 的距离为 d_i，顺 z_i 轴为正。回转轴（关节轴）公垂距分别记作 a_{i-1}，a_i（图 3-1），顺 x_{i-1}、x_i 为正。

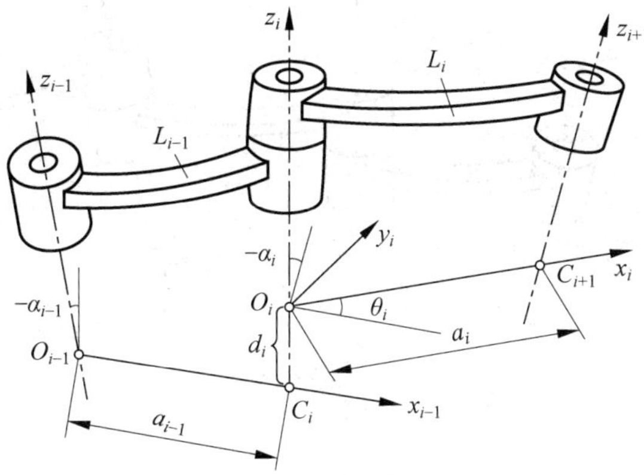

图 3-1 回转副连接的两杆件(坐标系前置)

若两杆 L_{i-1} 与 L_i 以移动副相连,则结构参数如图 3-2 所示。图中各符号所代表的意义仍与图 3-1 相同。

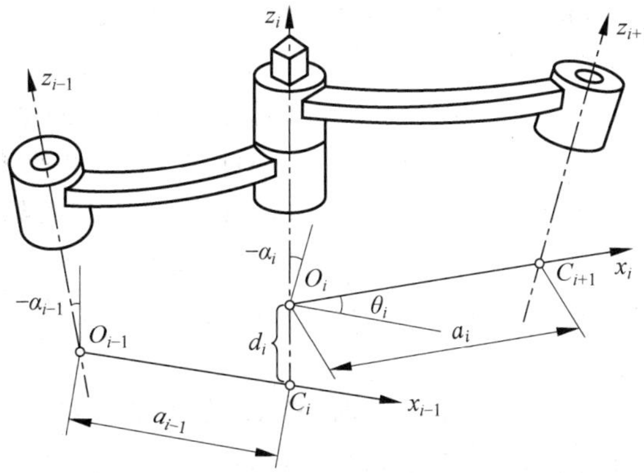

图 3-2 移动副连接的两杆件(坐标系前置)

由图 3-1、图 3-2 可知,四个参数 α_{i-1}、a_{i-1}、d_i、θ_i 完全确定了两杆(L_{i-1},L_i)之间的相对关系,在一般情况下,α_{i-1}、a_{i-1} 为常量,前者称作杆 L_{i-1} 的扭角,后者称作 L_{i-1} 的杆长。对于回转关节,d_i 为常量,θ_i 为变量,前者称偏距,后者称关节转角。对于移动关节,d_i 为变量,称关节变量;θ_i 为常量,称偏角。三个常量是连杆自身的结构参数;一个变量是两连杆间的运动参数。

2. 固联坐杆系后置模型

固联坐标系后置是:令杆 L_i 的固联坐标系 S_i 的 z_i 轴与 L_i 的远离基座的后关节轴线重合,O_i 点置于关节 $i+1$ 的轴线上。其参数安排顺序也与前置模型不同,见图 3-3。

这时规定:以关节 $i+1$ 为 z_i 的固联坐标系 S_i 先绕 z_{i-1} 转动 θ_i,顺 z_{i-1} 移动 d_i,再顺 x_i 移动 a_i,而后再以 x_i 为轴扭转 α_i 角度,以达到图示的给定位置。这时,对于回转关节,结构参数仍是 α_i、d_i、a_i,运动参数是 θ_i。对于移动关节,结构参数仍是 α_i、a_i、θ_i,运动参数是 d_i。

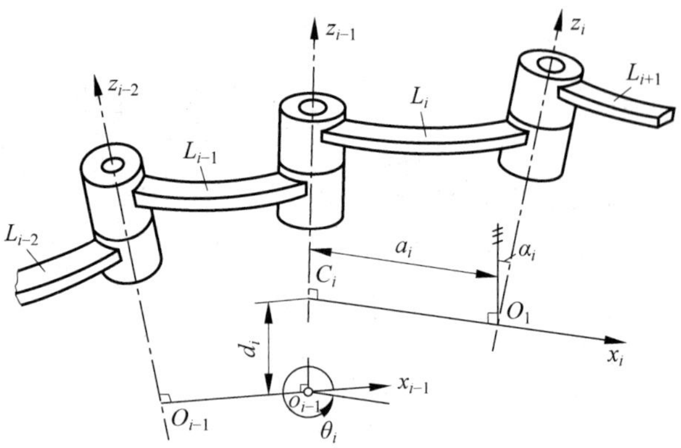

图 3-3 杆件回转副连接（坐标系后置）

3.1.2 确定两杆之间位姿矩阵的方法

确定两杆之间位姿矩阵的方法有两种。一种是 D-H 法，是由 Donavit 和 Hartenberg 在 1955 年提出的一种为关节链中每一杆建立相对位姿的矩阵方法。根据上面建立的几何模型，按变换组合得出最终公式。使用时，只需根据具体情况定出四个参数值，代入公式即可求得两杆之间的位姿矩阵。但在实际应用中，对于商用机器人，根据零位形很难确定四个参数，有时还要增加角度和长度的初始值才能使用所给的公式。在实际工作中，建立了两步求位姿矩阵的方法，其约定条件只有一个，即 z_i 轴与关节轴重合，而且第一步建立的零位形变换矩阵可由投影图直接得出，是一种实用的建立两杆之间位姿矩阵的方法。现分述如下。

1. D-H 法

由图 3-1、图 3-2 可知，固联坐标系前置时，杆 L_i 的固联坐标系 S_i 可以认为是相对于 S_{i-1} 先绕 x_{i-1} 转 α_{i-1} 角，记作 $\mathrm{Rot}(x_{i-1},\alpha_{i-1})$，再沿 x_{i-1} 平移 a_{i-1}，记作 $\mathrm{Trans}(x_{i-1},a_{i-1})$，再沿 z_i 平移 d_i，记作 $\mathrm{Trans}(z_i,d_i)$，再绕 z_i 转 θ_i 角，记作 $\mathrm{Rot}(z_i,\theta_i)$。于是 S_i 相对 S_{i-1} 的位姿矩阵，亦即旋转(α_{i-1})-平移(a_{i-1})-平移 d_i-旋转(θ_i)，变换矩阵是

$$\boldsymbol{T}_i^{i-1}=\mathrm{Rot}(x_{i-1},\alpha_{i-1})\mathrm{Trans}(x_{i-1},a_{i-1})\mathrm{Trans}(z_i,d_i)\mathrm{Rot}(z_i,\theta_i)$$

$$=\begin{bmatrix} \mathrm{c}\theta_i & -\mathrm{s}\theta_i & 0 & a_{i-1} \\ \mathrm{c}\alpha_{i-1}\mathrm{s}\theta_i & \mathrm{c}\alpha_{i-1}\mathrm{c}\theta_i & -\mathrm{s}\alpha_{i-1} & -d_i\mathrm{s}\alpha_{i-1} \\ \mathrm{s}\alpha_{i-1}\mathrm{s}\theta_i & \mathrm{s}\alpha_{i-1}\mathrm{c}\theta_i & \mathrm{c}\alpha_{i-1} & d_i\mathrm{c}\alpha_{i-1} \\ 0 & 0 & 0 & 1 \end{bmatrix} \tag{3-1}$$

若已知 α_{i-1}、a_{i-1}、d_i、θ_i 四个参数，即可利用式(3-1)求出 L_i 相对 L_{i-1} 的位姿矩阵，亦即标架 S_i 相对标架 S_{i-1} 的变换矩阵 $\boldsymbol{T}_i^{i-1}$。

但在使用上述公式时，必须严格按照图 3-1(或图 3-2)所示的规则设立坐标系和关节变量的初始值。

由图 3-3 所示的固联坐标系后置模型，其变换组合是：旋转(θ_i)-平移(d_i)-平移(a_i)-旋转(α_i)。其变换公式为

$$T_i^{i-1} = \mathrm{Rot}(z_{i-1},\theta_i)\mathrm{Trans}(z_{i-1},d_i)\mathrm{Trans}(x_i,a_i)\mathrm{Rot}(x_i,\alpha_i)$$

$$= \begin{bmatrix} c\theta_i & -s\theta_i c\alpha_i & s\theta_i s\alpha_i & a_i c\theta_i \\ s\theta_i & c\theta_i c\alpha_i & -c\theta_i s\alpha_i & a_i s\theta_i \\ 0 & s\alpha_i & c\alpha_i & d_i \\ 0 & 0 & 0 & 1 \end{bmatrix} \tag{3-2}$$

对于移动关节，结合图 3-3，取 d_i 为关节变量，上式仍然可用。

这种方法又称作一步法。

2. 两步法

图 3-4 表示了三杆操作机的零位形，L_1 相对于基座 L_0 是以 z_i 为轴的转动关节，L_2 相对于 L_1 是以 z_2 为轴的转动关节，L_3 相对于 L_2 是以 z_3 为方向的移动关节。如果按这种零位形设立如图 3-4 所示的坐标系，就无法确定 α。因为 z_1 与 z_0 之间的扭角 α_0 不是以 x_0 为转轴，而是以 y_0 为转轴。而且对于 L_3 的关节变量（移动量）d_3，也必须给出初始值 l_2，这就给坐标系的设立带来了麻烦。为了避免这些麻烦，提出一种直观方法，它对初始位形毫无要求，只要给出这时的各坐标系之间的投影关系，再乘以旋转或平移变换矩阵，用两步法即可得出所要求的位姿矩阵。该法的实质是把式(3-1)［或式(3-2)］变成两个矩阵之积。

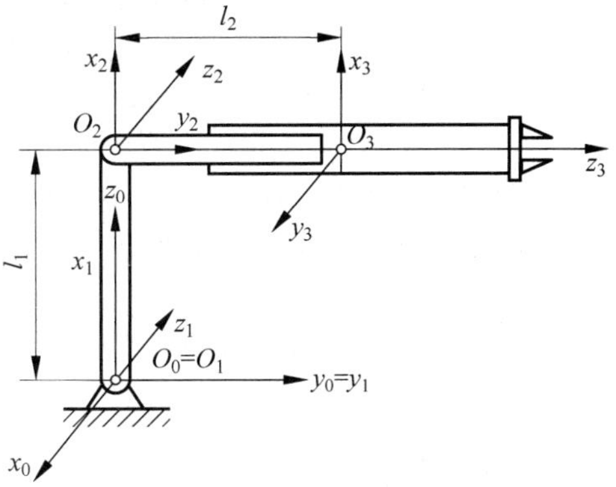

图 3-4　三杆操作机略图

对于转动关节，如式(3-3a)，对于移动关节，如式(3-3b)：

$$T_i^{i-1} = T_{i0}^{i-1}\mathrm{Rot}(z_i,\theta_i) \tag{3-3a}$$

$$T_i^{i-1} = T_{i0}^{i-1}\mathrm{Trans}(z_i,d_i) \tag{3-3b}$$

式中，T_{i0}^{i-1} 是两杆处于零位形时 S_i 相对 S_{i-1} 的变换矩阵，称作零位形变换矩阵。

对于转动关节，$\theta_i=0$ 时，两杆处于零位形，此时，

$$T_{i0}^{i-1} = \begin{bmatrix} 1 & 0 & 0 & a_{i-1} \\ 0 & c\alpha_{i-1} & -s\alpha_{i-1} & -d_i s\alpha_{i-1} \\ 0 & s\alpha_{i-1} & c\alpha_{i-1} & d_i c\alpha_{i-1} \\ 0 & 0 & 0 & 1 \end{bmatrix}$$

在实际应用中，上述矩阵可在操作机的零位形图上$(\theta_i=0)$由 S_i 在 S_{i-1} 中用直接投影得到。对于商用操作机，还常有 α_{i-1} 为 0°（或 90°，或 180°）的情况，于是可以方便地求出极简单的 T_{i0}^{i-1}。

对于移动关节，在零位形时，除 $d_i=0$ 外，还常出现 $\theta_i=0$，这样，

$$T_{i0}^{i-1} = \begin{bmatrix} 1 & 0 & 0 & a_{i-1} \\ 0 & c\alpha_{i-1} & -s\alpha_{i-1} & 0 \\ 0 & s\alpha_{i-1} & c\alpha_{i-1} & 0 \\ 0 & 0 & 0 & 1 \end{bmatrix}$$

再考虑到 $\alpha_{i-1}=0°$（或 90°或 180°），用直接投影法，即可得到最简单的 $\boldsymbol{T}_{i0}^{i-1}$。

$\mathrm{Rot}(z_i,\theta_i)$，$\mathrm{Trans}(z_i,d_i)$是由关节变量（$\theta_i$ 或 d_i）确定的变量矩阵：

$$\mathrm{Rot}(z_i,\theta_i)=\begin{bmatrix} c\theta_i & -s\theta_i & 0 & 0 \\ s\theta_i & c\theta_i & 0 & 0 \\ 0 & 0 & 1 & 0 \\ 0 & 0 & 0 & 1 \end{bmatrix} \tag{3-4a}$$

$$\mathrm{Trans}(z_i,d_i)=\begin{bmatrix} 1 & 0 & 0 & 0 \\ 0 & 1 & 0 & 0 \\ 0 & 0 & 1 & d_i \\ 0 & 0 & 0 & 1 \end{bmatrix} \tag{3-4b}$$

例 3-1 用两步法求图 3-4 所示操作机的变换矩阵 $\boldsymbol{T}_i^{i-1}$。

解 由图可知，该操作机在图示状态下坐标系的设立符合该法要求：z_i 与关节轴线重合。于是，利用投影关系，直接可得

$$\boldsymbol{T}_{10}^{0}=\begin{bmatrix} 0 & 0 & -1 & 0 \\ 0 & 1 & 0 & 0 \\ 1 & 0 & 0 & 0 \\ 0 & 0 & 0 & 1 \end{bmatrix},\quad \boldsymbol{T}_{20}^{1}=\begin{bmatrix} 1 & 0 & 0 & l_1 \\ 0 & 1 & 0 & 0 \\ 0 & 0 & 1 & 0 \\ 0 & 0 & 0 & 1 \end{bmatrix},\quad \boldsymbol{T}_{30}^{2}=\begin{bmatrix} 1 & 0 & 0 & 0 \\ 0 & 0 & 1 & l_2 \\ 0 & -1 & 0 & 0 \\ 0 & 0 & 0 & 1 \end{bmatrix}$$

利用式(3-3)，式(3-4)即得

$$\boldsymbol{T}_1^0=\boldsymbol{T}_{10}^0\mathrm{Rot}(z_1,\theta_1)=\begin{bmatrix} 0 & 0 & -1 & 0 \\ s\theta_1 & c\theta_1 & 0 & 0 \\ c\theta_1 & -s\theta_1 & 0 & 0 \\ 0 & 0 & 0 & 1 \end{bmatrix}$$

$$\boldsymbol{T}_2^1=\boldsymbol{T}_{20}^1\mathrm{Rot}(z_2,\theta_2)=\begin{bmatrix} c\theta_2 & -s\theta_2 & 0 & l_1 \\ s\theta_2 & c\theta_2 & 0 & 0 \\ 0 & 0 & 1 & 0 \\ 0 & 0 & 0 & 1 \end{bmatrix}$$

$$\boldsymbol{T}_3^2=\boldsymbol{T}_{30}^2\mathrm{Trans}(x_3,d_3)=\begin{bmatrix} 1 & 0 & 0 & 0 \\ 0 & 0 & 1 & l_2 \\ 0 & -1 & 0 & d_3 \\ 0 & 0 & 0 & 0 \end{bmatrix}$$

解毕。

相应于固联坐标系后置公式(3-2)的两步法，请读者仿照导出。

3.1.3 五参数表示法及位姿矩阵

前面讨论了基于 D-H 提出的用四参数建立两杆之间位姿矩阵的方法。当两关节轴线接近平行时，两轴的公垂线可能远离杆件实体，这时参数 d 可能很大，有学者提出了五参数法，两杆件的固联坐标系 S_{i-1} 和 S_i 相对关系模型如图 3-5 所示（图中未画联杆 L_{i-1}，L_i，

L_{i+1})。该模型规定：S_i 相对于 S_{i-1} 是绕 z_i 旋转 θ_i，再沿 x'_{i-1} 平移 a_i（这里的 x'_{i-1} 与前面（图3-3）的 x_{i-1} 不同，它不是 z_{i-1} 与 z_i 的公垂线，而只是 z_{i-1} 的垂线），然后先顺 z'_i 平移 d_i 得 S_i 的原点 O_i，再绕平行于 x'_{i-1} 的 x'_i 旋转 α_i 角，最后绕 y_i 转 β_i 角，即可使 z_i 与关节 $i+1$ 的轴线重合。这时的变换组合是：旋转(θ_i)-平移(a_i)-平移(d_i)-旋转(α_i)-旋转(β_i)，位姿变换矩阵是

$$\boldsymbol{T}_i^{i-1}=\mathrm{Rot}(z_{i-1},\theta_i)\mathrm{Trans}(x'_{i-1},a_i)\mathrm{Trans}(z'_i,d_i)\mathrm{Rot}(x'_i,\alpha_i)\mathrm{Rot}(y_i,\beta_i)$$

$$=\begin{bmatrix}\mathrm{c}\theta_i\mathrm{c}\beta_i-\mathrm{s}\theta_i\mathrm{s}\alpha_i\mathrm{s}\beta_i & -\mathrm{s}\theta_i\mathrm{c}\alpha_i & \mathrm{c}\theta_i\mathrm{s}\beta_i+\mathrm{s}\theta_i\mathrm{s}\alpha_i\mathrm{c}\beta_i & a_i\mathrm{c}\theta_i\\ \mathrm{s}\theta_i\mathrm{c}\beta_i+\mathrm{s}\theta_i\mathrm{s}\alpha_i\mathrm{s}\beta_i & \mathrm{c}\theta_i\mathrm{c}\alpha_i & \mathrm{s}\theta_i\mathrm{s}\beta_i-\mathrm{c}\theta_i\mathrm{s}\alpha_i\mathrm{c}\beta_i & a_i\mathrm{s}\theta_i\\ -\mathrm{c}\theta_i\mathrm{s}\beta_i & \mathrm{s}\alpha_i & \mathrm{c}\alpha_i\mathrm{c}\beta_i & d_i\\ 0 & 0 & 0 & 1\end{bmatrix} \tag{3-5}$$

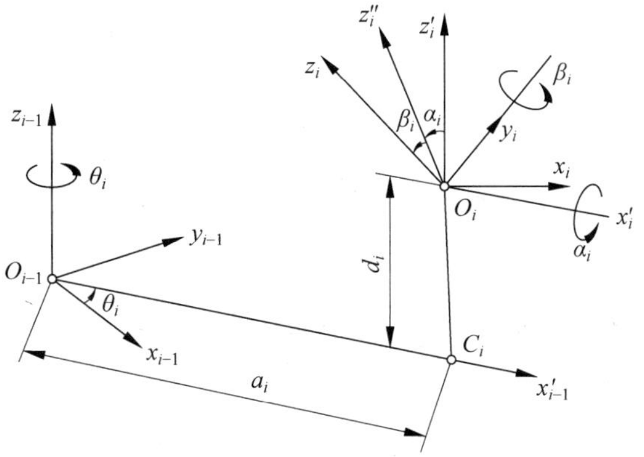

图3-5　五参数法

对于回转关节，θ_i 是关节变量，a_i、d_i、α_i、β_i 是结构参数。对于移动关节，d_i 是关节变量，其他四参数是结构参数。

如果采用两步法，这时就更能看出它的优越性。

3.2　操作机位姿方程的正、逆解

末端执行器（对多数机器人常表现为手爪）上标架相对于基础坐标系的位姿矩阵 $\boldsymbol{T}_e^0$，就是操作机的位姿（运动）方程。有时为了简化研究，常略去末端执行器类型复杂的影响，以末杆的位姿矩阵 $\boldsymbol{T}_n^0$ 来代替 $\boldsymbol{T}_e^0$ 为研究对象。由位姿矩阵所表示的操作机的位姿（运动）方程是以各杆之间的关节变量为变量的方程式，其正解即机器人位姿（运动）方程（或运动学）的正问题，即已知各杆的结构参数和关节变量，求末端执行器的空间位置和姿势，就是 $\boldsymbol{T}_e^0$ 中各元素的值。逆解则是已知满足某工作要求时末端执行器的空间位置和姿势（$\boldsymbol{T}_e^0$），以及各杆的结构参数，求关节变量。这是机器人学中非常重要的问题，是对机器人控制的关键，因为只有使各关节移动（或转动）逆解中所得的值，才能使末端执行器达到工作所要求的位置和姿势。

根据操作机的结构类型，下面分开链操作机和带闭链的操作机两种情况进行讨论。

3.2.1 开链操作机

1. 位姿正解

设有一开链操作机,其简图如图 3-6 所示。它实质上就是一个用回转副(因运动副形式不影响解题方法,故只考虑转动副)相连的串联多刚体系统,根据式(2-14),末端执行器上的标架 S_E,相对于基础标架的位姿矩阵就是

$$\boldsymbol{T}_E^0=\boldsymbol{T}_1^0\boldsymbol{T}_2^1\cdots\boldsymbol{T}_n^{n-1}\boldsymbol{T}_E^n$$

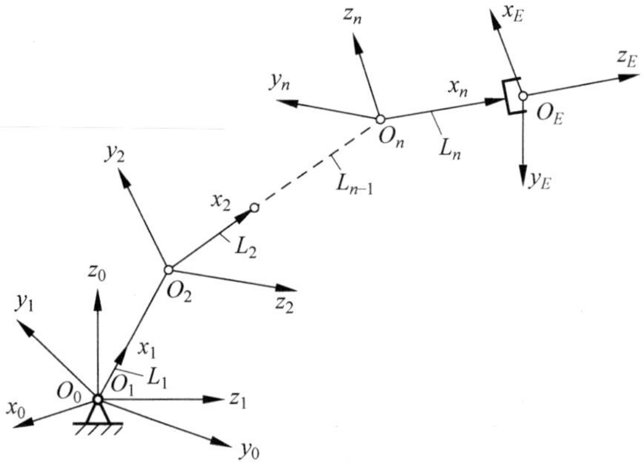

图 3-6 开链操作机简图

现举例说明如下。

例 3-2 设有图 3-7 所示之三杆平面操作机,试求 $\boldsymbol{T}_6^0$。

解 (1) 设坐标系。

共设 $S_0,S_1,S_2,S_3,S_E(=S_4)$五个坐标系,见图 3-7。$z_i$ 轴均指向纸外,未画。

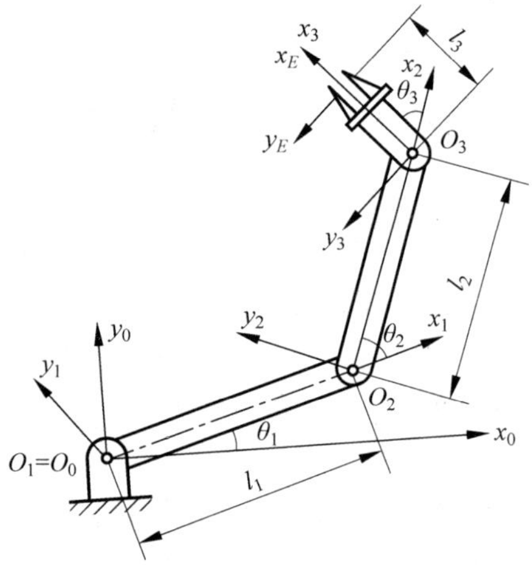

图 3-7 三杆操作机简图

(2) 确定连杆参数和关节变量。因操作机为全回转关节,故 d_i 是结构参数,$\theta_i(\theta_1,\theta_2,\theta_3)$为关节变量,其参数表如表 3-1。

表 3-1　参数表

i	α_{i-1}	a_{i-1}	d_i	θ_i
1	0	0	0	θ_1
2	0	l_1	0	θ_2
3	0	l_2	0	θ_3
4	0	l_3	0	0

(3) 求两杆间的位姿矩阵 $\boldsymbol{T}_i^{i-1}$。

根据参数表(表 3-1)和式(3-2)得

$$\boldsymbol{T}_1^0=\begin{bmatrix} c\theta_1 & -s\theta_1 & 0 & 0 \\ s\theta_1 & c\theta_1 & 0 & 0 \\ 0 & 0 & 1 & 0 \\ 0 & 0 & 0 & 1 \end{bmatrix} \tag{a}$$

$$\boldsymbol{T}_2^1=\begin{bmatrix} c\theta_2 & -s\theta_2 & 0 & l_1 \\ s\theta_2 & c\theta_2 & 0 & 0 \\ 0 & 0 & 1 & 0 \\ 0 & 0 & 0 & 1 \end{bmatrix} \tag{b}$$

$$\boldsymbol{T}_3^2=\begin{bmatrix} c\theta_3 & -s\theta_3 & 0 & l_2 \\ s\theta_3 & c\theta_3 & 0 & 0 \\ 0 & 0 & 1 & 0 \\ 0 & 0 & 0 & 1 \end{bmatrix} \tag{c}$$

$$\boldsymbol{T}_E^3=\begin{bmatrix} 1 & 0 & 0 & l_3 \\ 0 & 1 & 0 & 0 \\ 0 & 0 & 1 & 0 \\ 0 & 0 & 0 & 1 \end{bmatrix} \tag{d}$$

(4) 求末端执行器的位姿矩阵：

$$\boldsymbol{T}_E^0=\boldsymbol{T}_1^0\boldsymbol{T}_2^1\boldsymbol{T}_3^2\boldsymbol{T}_E^3=\begin{bmatrix} c_{123} & -s_{123} & 0 & c_{123}l_3+c_{12}l_2+c_1l_1 \\ s_{123} & c_{123} & 0 & s_{123}l_3+s_{12}l_2+s_1l_1 \\ 0 & 0 & 1 & 0 \\ 0 & 0 & 0 & 1 \end{bmatrix} \tag{e}$$

式中，c_1、s_1，c_{12}、s_{12}，c_{123}、s_{123} 分别表示 $\cos\theta_1$、$\sin\theta_1$、…、$\cos(\theta_1+\theta_2+\theta_3)$、$\sin(\theta_1+\theta_2+\theta_3)$，这种表示方法前面一直采用，下面仍将采用。$\theta_1$，$\theta_2$，$\theta_3$ 为关节变量。

(5) 求末端执行器的位置和姿势。根据式(2-1)，式(2-2)，该平面操作机末端执行器的姿势和位置分别是

$$\boldsymbol{R}_E^0=\begin{bmatrix} c_{123} & -s_{123} & 0 \\ s_{123} & c_{123} & 0 \\ 0 & 0 & 1 \end{bmatrix} \tag{f}$$

$$\boldsymbol{P}_E^0=\begin{bmatrix} l_3 c_{123}+l_2 c_{12}+l_1 c_1 \\ l_3 s_{123}+l_2 s_{12}+l_1 s_1 \\ 0 \end{bmatrix} \tag{g}$$

解毕。

例 3-3 试求如图 3-8 所示 PUMA560 机器人的六杆操作机的末杆位姿矩阵。

解 (1) 设坐标系。自基础到末杆的标架分别如图 3-8 所示。

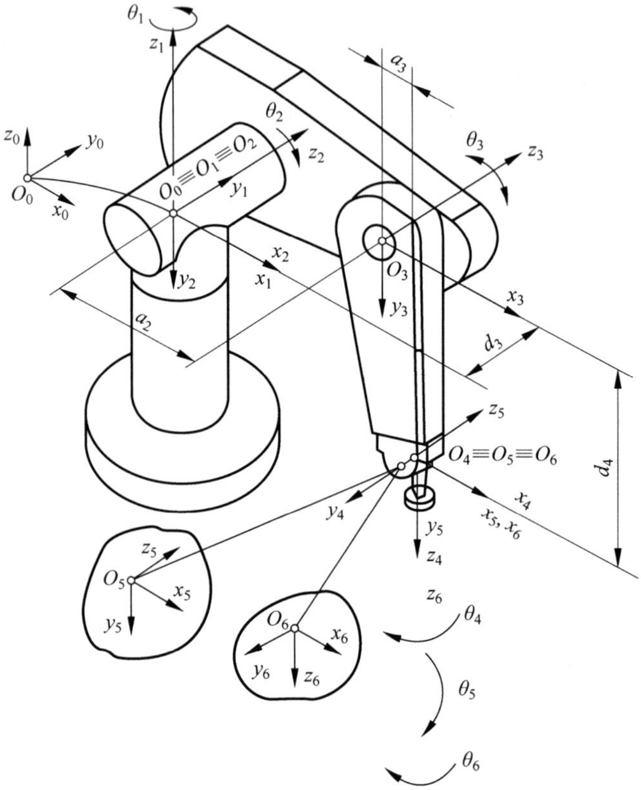

图 3-8 PUMA560 轴测简图

注意:在设置坐标系时要考虑使尽可能多的结构参数为零,不必完全按实物的自然结构设置。而且一般情况下在结构简图上无须表示出关节变量。在图 3-8 中,S_0 的原点未设在地基上,$\theta_1,\theta_2,\cdots,\theta_6$ 均未画出。

(2) 确定各杆的结构参数与关节变量。各杆的结构参数如图 3-8 所示,各关节变量均为绕 z_i 的转角,分别表示为 $\theta_1,\theta_2,\cdots,\theta_6$。仍如例 3-2 所作的那样。连杆参数和关节变量列表如表 3-2 所示。

表 3-2 参数表

i	α_{i-1}	a_{i-1}	d_i	θ_i
1	0	0	0	θ_1
2	$-90°$	0	0	θ_2
3	0	a_2	d_3	θ_3

续表

i	α_{i-1}	a_{i-1}	d_i	θ_i
4	$-90°$	a_3	d_4	θ_4
5	$90°$	0	0	θ_5
6	$-90°$	0	0	θ_6

(3) 确定两杆之间的位姿矩阵。

将表 3-2 中的参数代入式(3-2)即得

$$\left\{\begin{array}{l}
\boldsymbol{T}_1^0=\begin{bmatrix} c\theta_1 & -s\theta_1 & 0 & 0\\ s\theta_1 & c\theta_1 & 0 & 0\\ 0 & 0 & 1 & 0\\ 0 & 0 & 0 & 1\end{bmatrix},\quad \boldsymbol{T}_2^1=\begin{bmatrix} c\theta_2 & -s\theta_2 & 0 & 0\\ 0 & 0 & 1 & 0\\ -s\theta_2 & -c\theta_2 & 0 & 0\\ 0 & 0 & 0 & 1\end{bmatrix}\\
\boldsymbol{T}_3^2=\begin{bmatrix} c\theta_3 & -s\theta_3 & 0 & a_2\\ s\theta_3 & c\theta_3 & 0 & 0\\ 0 & 0 & 1 & d_3\\ 0 & 0 & 0 & 1\end{bmatrix},\quad \boldsymbol{T}_4^3=\begin{bmatrix} c\theta_4 & -s\theta_4 & 0 & a_3\\ 0 & 0 & 1 & d_4\\ -s\theta_4 & -c\theta_4 & 0 & 0\\ 0 & 0 & 0 & 1\end{bmatrix}\\
\boldsymbol{T}_5^4=\begin{bmatrix} c\theta_5 & -s\theta_5 & 0 & 0\\ 0 & 0 & -1 & 0\\ s\theta_5 & c\theta_5 & 0 & 0\\ 0 & 0 & 0 & 1\end{bmatrix},\quad \boldsymbol{T}_6^5=\begin{bmatrix} c\theta_6 & -s\theta_6 & 0 & 0\\ 0 & 0 & 1 & 0\\ -s\theta_6 & -c\theta_6 & 0 & 0\\ 0 & 0 & 0 & 1\end{bmatrix}
\end{array}\right. \tag{a}$$

(4) 求末杆的位姿矩阵 $\boldsymbol{T}_6^0$:

$$\boldsymbol{T}_6^0=\boldsymbol{T}_1^0\boldsymbol{T}_2^1\boldsymbol{T}_3^2\boldsymbol{T}_4^3\boldsymbol{T}_5^4\boldsymbol{T}_6^5=\begin{bmatrix} n_x & o_x & a_x & p_x\\ n_y & o_y & a_y & p_y\\ n_z & o_z & a_z & p_z\\ 0 & 0 & 0 & 1\end{bmatrix} \tag{b}$$

式中,

$n_x=c_1[c_{23}(c_4c_5c_6-s_4s_6)-s_{23}s_5c_6]+s_1(s_4c_5c_6+c_4s_6)$;

$n_y=s_1[c_{23}(c_4c_5c_6-s_4s_6)-s_{23}s_5c_6]-c_1(s_4c_5c_6+c_4s_6)$;

$n_z=-s_{23}(c_4c_5c_6-s_4s_6)-c_{23}s_5c_6$;

$o_x=c_1[c_{23}(-c_4c_5s_6-s_4c_6)+s_{23}s_5s_6]+s_1(c_4c_6-s_4c_5s_6)$;

$o_y=s_1[c_{23}(-c_4c_5s_6-s_4c_6)+s_{23}s_5s_6]-c_1(c_4c_6-s_4c_5s_6)$;

$o_z=-s_{23}(-c_4c_5s_6-s_4c_6)+c_{23}s_5s_6$;

$a_x=-c_1(c_{23}c_4s_5+s_{23}c_5)-s_1s_4s_5$;

$a_y=-s_1(c_{23}c_4s_5+s_{23}c_5)+c_1s_4s_5$;

$a_z=s_{23}c_4s_5-c_{23}c_5$;

$p_x=c_1[a_2c_2+a_3c_{23}-d_4s_{23}]-d_3s_1$;

$p_y=s_1[a_2c_2+a_3c_{23}-d_4s_{23}]+d_3c_1$;

$p_z=-a_3s_{23}-a_2s_2-d_4c_{23}$。

解毕。

通过上面的例子可知，在进行开链操作机末端执行器（或末杆）位姿矩阵（运动方程）正解过程中，坐标设置时应注意以下几点：

① 使操作机处于操作的零位，由基座开始先设立固定的基础（参考）坐标系 S_0，其 z_0 的正向最好与重力加速度反向，原点 O_0 在第一关节轴线上，x_0 位于操作机工作空间的对称平面内。

② 尽量使 x_i 与 x_{i-1} 同向，O_i 与 O_{i-1} 在 z_i 方向同“高”；否则关节变量 θ_i（或 d_i）要加初始值。

③ 末端执行器坐标架 S_6 的原点 O_6，最好选在“手”心点上；z_6 的正向指向（或背离）工件。

2. 位姿逆解

位姿逆解法可分为三类：代数法、几何法和数值解法。前两种解法的具体步骤和最终公式将因操作机的具体构形而异。后一种解法正是目前人们寻求位姿逆解的通解而得到的方法，由于计算量大，计算时间远远不能满足控制要求，所以这一方法目前尚难用于实际求解中。

1）代数法

为了便于说明，设末杆位姿矩阵为 $\boldsymbol{T}_6^0$（即 6 杆操作机，且不考虑末端执行器坐标系 S_6）：

$$\boldsymbol{T}_6^0=\boldsymbol{T}_1^0\boldsymbol{T}_2^1\boldsymbol{T}_3^2\boldsymbol{T}_4^3\boldsymbol{T}_5^4\boldsymbol{T}_6^5 \tag{3-6}$$

并用 q_i 代替 θ_i 或 d_i 表示广义关节变量。

若已知末杆某一特定的位姿矩阵 $\boldsymbol{T}_6^0$：

$$\boldsymbol{T}_6^0=\begin{bmatrix} n_x & o_x & a_x & p_x \\ n_y & o_y & a_y & p_y \\ n_z & o_z & a_z & p_z \\ 0 & 0 & 0 & 1 \end{bmatrix} \tag{3-7}$$

为了求解 q_1，可用$[\boldsymbol{T}_1^0]^{-1}$ 同时左乘式(3-6)的两端，得

$$[\boldsymbol{T}_1^0]^{-1}\boldsymbol{T}_6^0=\boldsymbol{T}_2^1\boldsymbol{T}_3^2\boldsymbol{T}_4^3\boldsymbol{T}_5^4\boldsymbol{T}_6^5 \tag{3-8}$$

根据式(3-8)的左端只有 q_1，利用两端矩阵的对应元素相等，可得 12 个方程，其中 9 个是独立的，从中总可以用若干方程消去 q_2、…、q_6，从而求得 q_1，由此可得出一般的递推解题步骤如下：

$$\begin{cases} [\boldsymbol{T}_1^0]^{-1}\boldsymbol{T}_6^0=\boldsymbol{T}_2^1\boldsymbol{T}_3^2\boldsymbol{T}_4^3\boldsymbol{T}_5^4\boldsymbol{T}_6^5\Rightarrow q_1 \\ [\boldsymbol{T}_2^1]^{-1}[\boldsymbol{T}_1^0]^{-1}\boldsymbol{T}_6^0=\boldsymbol{T}_3^2\boldsymbol{T}_4^3\boldsymbol{T}_5^4\boldsymbol{T}_6^5\Rightarrow q_2 \\ \vdots \\ [\boldsymbol{T}_5^4]^{-1}[\boldsymbol{T}_4^3]^{-1}[\boldsymbol{T}_3^2]^{-1}[\boldsymbol{T}_2^1]^{-1}[\boldsymbol{T}_1^0]^{-1}\boldsymbol{T}_6^0=\boldsymbol{T}_6^5\Rightarrow q_5, q_6 \end{cases} \tag{3-9}$$

注意：通常上述递推并不需要做完，就可利用等号两端矩阵对应元素相等，求出全部的关节变量。

例 3-4 求例 3-3 中 PUMA560 的位姿逆解。已知 $\boldsymbol{T}_6^0$，如例 3-3 式(b)。

解 (1) 求 θ_1。根据$[\boldsymbol{T}_1^0]^{-1}\boldsymbol{T}_6^0=\boldsymbol{T}_6^1$，由例 3-3 得

$$[\boldsymbol{T}_1^0]^{-1}\boldsymbol{T}_6^0=\begin{bmatrix} \mathrm{c}_1 & \mathrm{s}_1 & 0 & 0 \\ -\mathrm{s}_1 & \mathrm{c}_1 & 0 & 0 \\ 0 & 0 & 1 & 0 \\ 0 & 0 & 0 & 1 \end{bmatrix}\begin{bmatrix} n_x & o_x & a_x & p_x \\ n_y & o_y & a_y & p_y \\ n_z & o_z & a_z & p_z \\ 0 & 0 & 0 & 1 \end{bmatrix}$$

$$=\begin{bmatrix} c_1 n_x + s_1 n_y & c_1 o_x + s_1 o_y & c_1 a_x + s_1 a_y & c_1 p_x + s_1 p_y \\ -s_1 n_x + c_1 n_y & -s_1 o_x + c_1 o_y & -s_1 a_x + c_1 a_y & -s_1 p_x + c_1 p_y \\ n_z & o_z & a_z & p_z \\ 0 & 0 & 0 & 1 \end{bmatrix}$$

$$\boldsymbol{T}_6^1 = \boldsymbol{T}_2^1 \cdots \boldsymbol{T}_6^5 = \begin{bmatrix} n'_x & o'_x & a'_x & p'_x \\ n'_y & o'_y & a'_y & p'_y \\ n'_z & o'_z & a'_z & p'_z \\ 0 & 0 & 0 & 1 \end{bmatrix}$$

式中，

$n'_x = c_{23}(c_4 c_5 c_6 - s_4 s_5) - s_{23} s_5 c_5$；

$n'_y = -s_4 c_5 c_6 - c_4 s_6$；

$n'_z = -s_{23}(c_4 c_5 c_6 - s_4 s_6) - c_{23} s_5 c_6$；

$o'_x = -c_{23}(c_4 c_5 s_6 + s_4 s_6) + s_{23} s_5 s_6$；

$o'_y = s_4 c_5 s_6 - c_4 c_6$；

$o'_z = s_{23}(c_4 c_5 s_6 + s_4 c_6) + c_{23} s_5 s_6$；

$a'_x = -c_{23} c_4 s_5 - s_{23} c_5$；

$a'_y = s_4 s_5$；

$a'_z = s_{23} c_4 s_5 - c_{23} c_5$；

$p'_x = a_2 c_2 + a_3 c_{23} - d_4 s_{23}$；

$p'_y = d_3$；

$p'_z = -a_3 s_{23} - a_2 s_2 - d_4 c_{23}$。

因为

$$[\boldsymbol{T}_1^0]^{-1} \boldsymbol{T}_6^0 = \boldsymbol{T}_6^1 \tag{a}$$

令式(a)两端的矩阵的(2,4)元素相等，得

$$-s_1 p_x + c_1 p_y = d_3 \tag{b}$$

作三角代换，令

$$p_x = \rho\cos\varphi, \quad p_y = \rho\sin\varphi$$

则

$$\rho = \sqrt{p_x^2 + p_y^2}, \quad \varphi = \arctan p_y / p_x$$

代入式(b)：

$$c_1 s\varphi - s_1 c\varphi = d_3/\rho$$

得

$$\sin(\varphi - \theta_1) = d_3/\rho, \quad \cos(\varphi - \theta_1) = \pm\sqrt{1 - d_3^2/\rho^2}$$

所以

$$\theta_1 = \arctan p_y / p_x - \arctan(d_3 / \pm\sqrt{\rho^2 - d_3^2}) \tag{c}$$

(2) 利用式(a)还可求 θ_3。令式(a)两侧矩阵的(1,4)及(3,4)元素相等，得

$$c_1 p_x + s_1 p_y = a_3 c_{23} - d_4 s_{23} + a_2 c_2$$

$$-p_z = a_3 s_{23} + d_4 c_{23} + a_2 s_2$$

将上两式左右平方相加，再与式(b)左右平方相加得

$$a_3c_3-d_4s_3=K \tag{d}$$

$$K=\frac{p_x^2+p_y^2+p_z^2-a_2^2-a_3^2-d_3^2-d_4^2}{2a_2} \tag{e}$$

式(d)与式(b)相似,仿之得

$$\theta_3=\arctan a_3/d_4-\arctan K/\pm\sqrt{a_3^2+d_4^2-K^2} \tag{f}$$

(3) 求 θ_2。因为已求出了 θ_3,可以利用下式求 θ_2:

$$[\boldsymbol{T}_3^2]^{-1}[\boldsymbol{T}_2^1]^{-1}[\boldsymbol{T}_1^0]^{-1}\boldsymbol{T}_6^0=\boldsymbol{T}_4^3\boldsymbol{T}_5^4\boldsymbol{T}_6^5 \tag{g}$$

式(g)左侧表达式为

$$\begin{bmatrix} c_1c_{23} & s_1c_{23} & -s_{23} & -a_2c_3 \\ -c_1s_{23} & -s_1s_{23} & -c_{23} & a_2s_3 \\ -s_1 & c_1 & 0 & -d_3 \\ 0 & 0 & 0 & 1 \end{bmatrix}\begin{bmatrix} n_x & o_x & a_x & p_x \\ n_y & o_y & a_y & p_y \\ n_z & o_z & a_z & p_z \\ 0 & 0 & 0 & 1 \end{bmatrix}$$

考虑到例 3-3,式(g)右侧表达式为

$$\begin{bmatrix} c_4c_5c_6-s_4s_6 & -c_4c_5s_6-s_4c_6 & -c_4s_5 & a_3 \\ s_5c_6 & -s_5s_6 & c_5 & d_4 \\ -s_4c_5c_6-c_4s_6 & s_4c_5s_6-c_4c_6 & s_4s_5 & 0 \\ 0 & 0 & 0 & 1 \end{bmatrix}$$

令式(g)两侧矩阵的(1,4),(2,4)元素分别相等,得

$$c_1c_{23}p_x+s_1c_{23}p_y-s_{23}p_z-a_2c_3=a_3$$

$$-c_1s_{23}p_x+s_1s_{23}p_y-c_{23}p_z+a_2s_3=d_4$$

将上两式联立解 s_{23},c_{23},得

$$s_{23}=p_z(-a_3-a_2c_3)+A(a_2s_3-d_4)/(p_z^2+A^2)$$

$$c_{23}=p_z(a_2s_3-d_4)-A(-a_3-a_2c_3)/(p_z^2+A^2)$$

$$A=c_1p_x+s_1p_y$$

于是:

$$\theta_{23}=\frac{p_z(-a_3-a_2c_3)+A(a_2s_3-d_4)}{p_z(a_2s_3-d_4)-A(-a_3-a_2c_3)}$$

因为

$$\theta_{23}=\theta_2+\theta_3$$

所以:

$$\begin{aligned}\theta_2&=\theta_{23}-\theta_3\\&=\arctan\frac{p_z(-a_3-a_2c_3)+A(a_2s_3-d_4)}{p_z(a_2s_3-d_4)-A(-a_3-a_2c_3)}-\left(\arctan\frac{a_3}{d_4}-\arctan K\Big/\pm\sqrt{a_3^2+d_4^2-K^2}\right)\end{aligned} \tag{h}$$

(4) 求 θ_4。仍可利用式(g),令两侧的(1,3)和(3,3)元素相等,得

$$a_xc_1c_{23}+a_ys_1c_{23}-a_zs_{23}=-c_4s_5$$

$$-a_xs_1+a_yc_1=s_4s_6$$

因为 θ_1,θ_2,θ_3 都是已知数,只要 $s_5\neq 0$,即可利用上两式联立解出

$$\theta_4=\arctan\frac{-a_xs_1+a_yc_1}{-a_xc_1c_{23}-a_ys_1c_{23}+a_zs_{23}} \tag{i}$$

注意：当 $s_5=0$ 时，$\theta_5=0$，这时 z_4 与 z_6 轴重合，θ_4 与 θ_6 的转动效果相同，所以这时可任取 θ_4，再算出相应的 θ_6。

(5) 求 θ_5。利用公式

$$[\boldsymbol{T}_4^3]^{-1}[\boldsymbol{T}_3^2]^{-1}[\boldsymbol{T}_2^1]^{-1}[\boldsymbol{T}_1^0]^{-1}\boldsymbol{T}_6^0=\boldsymbol{T}_5^4\boldsymbol{T}_6^5$$

即

$$[\boldsymbol{T}_4^0]^{-1}\boldsymbol{T}_6^0=\boldsymbol{T}_6^4 \tag{j}$$

由例 3-3，得

$$[\boldsymbol{T}_4^0]^{-1}=\begin{bmatrix} c_1c_{23}c_4+s_1s_4 & s_1c_{23}c_4-c_1s_4 & -s_{23}c_4 & -a_2c_3c_4+d_3s_4-a_3c_4 \\ -c_1c_{23}s_4+s_1c_4 & -s_1c_{23}s_4-c_1c_4 & s_{23}c_4 & a_2c_3s_4+d_3c_4+a_3s_4 \\ -c_1s_{23} & -s_1s_{23} & -c_{23} & a_2s_3-d_4 \\ 0 & 0 & 0 & 1 \end{bmatrix}$$

$$\boldsymbol{T}_6^4=\begin{bmatrix} c_5c_6 & -c_5s_6 & -s_5 & 0 \\ s_6 & c_6 & 0 & 0 \\ s_5c_6 & -s_5s_6 & c_5 & 0 \\ 0 & 0 & 0 & 1 \end{bmatrix}$$

令式(j)两侧的(1,3)和(3,3)元素相等，得

$$a_x(c_1c_{23}c_4+s_1s_4)+a_y(s_1c_{23}c_4-c_1s_4)-a_z(s_{23}c_4)=-s_5 \tag{k}$$

$$a_x(-c_1s_{23})+a_y(-s_1s_{23})+a_z(-c_{23})=c_5 \tag{l}$$

于是

$$\theta_5=\arctan\frac{-s_5}{c_5} \tag{m}$$

式(m)中的 s_5，c_5 由式(k)、式(l)给出。

(6) 求 θ_6，可由下式求得

$$[\boldsymbol{T}_5^0]^{-1}\boldsymbol{T}_6^0=\boldsymbol{T}_6^5 \tag{n}$$

利用例 3-3 中的 $\boldsymbol{T}_1^0,\boldsymbol{T}_2^1,\cdots,\boldsymbol{T}_5^4$ 先求出 $\boldsymbol{T}_5^0$，再求出$[\boldsymbol{T}_5^0]^{-1}$，并将 $\boldsymbol{T}_6^0,\boldsymbol{T}_6^5$ 一同代入式(n)，令式(n)两侧的(3,1)和(1,1)元素相等，得

$$s_6=-n_x(c_1c_{23}s_4-s_1c_4)-n_y(s_1c_{23}s_4+c_1c_4)+n_zs_{23}s_4 \tag{o}$$

$$\begin{aligned} c_6=&n_x[(c_1c_{23}c_4+s_1s_4)c_5-c_1s_{23}s_5]+ \\ &n_y[(s_1c_{23}c_4-c_1s_4)c_4-s_1s_{23}s_5]-n_z(s_{23}c_4c_5+c_{23}c_5) \end{aligned} \tag{p}$$

因上两式含有 $\theta_1,\theta_2,\cdots,\theta_5$，而这些角已由前面相应的公式求得，故 θ_6

$$\theta_6=\arctan\frac{s_6}{c_6} \tag{q}$$

式中，s_6，c_6 由式(o)、式(p)求得。

至此已求出了全部的关节变量，即求得了位姿矩阵 $\boldsymbol{T}_6^0$ 的逆解。

解毕。

由求得的 $\theta_1,\theta_2,\cdots,\theta_6$ 各式可以看出，只有 $\theta_1,\theta_2,\theta_3$ 三式中有 p_x,p_y,p_z，故它们确定了末杆标架原点 O_6 的空间位置。$\theta_4,\theta_5,\theta_6$ 三式中有 $n_x,n_y,\cdots$，所以它们确定了末杆标架的姿态。由此可以得出，当六关节操作机后三关节轴线交于一点时，前、后三个关节具有不同的功用。前三关节连同它的杆件，称作位置机构；后三关节连同它的杆件，称作姿势机构。

由该例可知，对于运动学逆解可归结为

(1) 方法：等号两端的矩阵中对应元素相等。

(2) 步骤：利用矩阵方程进行递推，每递推一次可解一个或多于一个的变量公式。

(3) 技巧：利用三角方程进行置换。

(4) 问题：解题过程中有增根。故要根据操作机构型的可能性，选用合适的最终公式。

2) 几何法

这里介绍一种借助于画法几何的方法。即利用正投影原理，把操作机的位姿解的空间问题，转化为平面几何问题来处理。它对于常见的操作机，在 $\alpha_i=90°$或 $0°$的条件下，是相当方便和直观的。它的解题通常分作两步，首先用画法几何的方法求出作图解，然后再把作图解利用平面几何原理转化为解析解。现仍以 PUMA560 为例，用几何法求解前三关节变量 $\theta_1,\theta_2,\theta_3$。

例 3-5 用几何法求例 3-4 的前三关节变量。

解 (1) 绘制图 3-8 所示 PUMA560 操作机前三杆的投影图(图 3-9)。图 3-9(a)是三杆的轴测简图。图 3-9(b)用正面(V)和水平面(H)上的投影(图中粗实线)画出了前三杆的

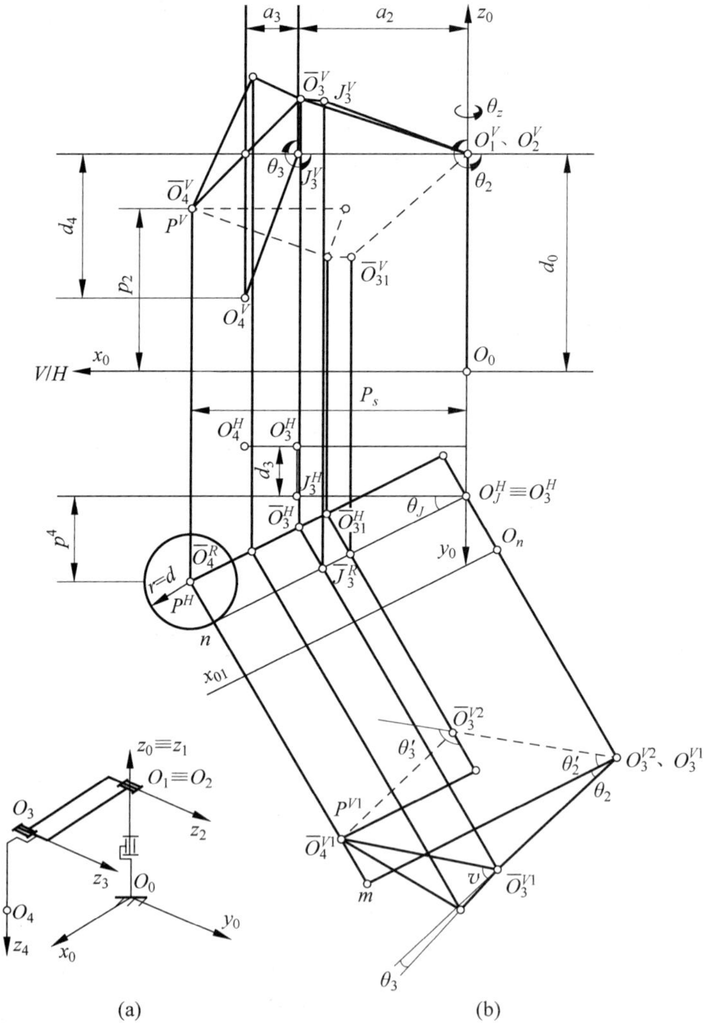

图 3-9 位置逆解的几何法(画法几何法)

(a) 三杆的轴测简图；(b) 投影图

零位位形图。(注意：与图 3-8 不同，翻转了 180°，见图 3-10(c)(d)。)

(2) 设坐标系给出 O_4 点应达到的指定点 P 的位置参量(p_x, p_y, p_z)。仍如图 3-9 所示，S_0 的原点 O_0 设在 O_1 点的正下方，距离为 $O_1O_0=d_0$，其他各坐标系与图 3-8 全同，只是在图 3-9 中标出了原点 O_1, O_2, O_3, O_4 的投影(O_1^V, O_1^H)，(O_2^V, O_2^H)，(O_3^V, O_3^H)，(O_4^V，O_4^4)。其中 O_1^V 和 O_1^H 等分别表示点 O_1 在 V 和 H 投影面上的正投影。下同。

(3) 在水平投影上，令 O_4^H 移于 P^H，并将这时的 O_4^H 改记为 $\bar{O}_4^H$。然后以 $P^H \equiv \bar{O}_4^H$ 为圆心，$r=d_3$ 为半径作圆。并过 O_2^H 作直线与该圆相切于 n 点。

(4) 增设辅助投影面 $V_1(V_1 \perp H)$，在该投影面上，以 O_2^{V1}、$\bar{O}_4^{V1}$ 为圆心，分别以 $r_2=a_2$ 和 $r_1=\sqrt{d_4^2+a_3^2}$ 为半径作圆，交于点 $\bar{O}_3^{V1}$，它就是图中 S_3 的原点在 V_1 面上的投影。

(5) 利用换面规律反求出操作机当 O_4 置于 P 时(即 $O_4 \rightarrow \bar{O}_4$)的水平投影 $\bar{O}_3^H$ 和正面投影 $\bar{O}_3^V$。

由图 3-9 可知，由 O_4 运动到 $\bar{O}_4$ 时有两个可能的位形(一为实线，另一为虚线)，故 θ_2 和 θ_3 各有重解(θ_2, θ_2'和 θ_3, θ_3')。

(6) 利用投影图求解 θ_i。

① 求 θ_1。由水平投影图，根据位形 $O_2^H \bar{J}_3^H \bar{O}_3^H \bar{O}_4^H$ 可知

$$\theta_1=\arctan p_y/p_x+\arctan d_3/\sqrt{p_x^2+p_y^2-d_3^2} \tag{a}$$

② 求 θ_2。由辅助正面 V_1 投影中的位形 $O_2^{V1}\bar{O}_3^{V1}\bar{O}_4^{V1}$ 可知

$$\theta_2=\angle\bar{O}_4^{V_1}O_2^{V_1}O_3^{V_1}-\angle\bar{O}_4^{V_1}O_2^{V_1}m \tag{b}$$

$$\cos\angle\bar{O}_4^{V_1}O_2^{V_1}O_3^{V_1}=\{a_2^2+[p_x^2+p_y^2-d_3^2+(d_0-p_z)^2]-(d_4^2+a_3^2)\}+\{2a_2\sqrt{(p_x^2+p_y^2-d_3^2)+(d_0-p_z)^2}\}$$

$$\tan\angle\bar{O}_4^{V_1}O_2^{V_1}m=(d_0-p_z)/\sqrt{p_x^2+p_y^2-d_3^2}$$

θ_2 的另一值 θ_2'可由位形 $O_2^{V1}\bar{O}_3^{V1}\bar{O}_4^{V1}$ 求出。

③ 求 θ_3。由辅助正面 V_1 投影中的位形 $O_2^{V1}\bar{O}_3^{V1}\bar{O}_4^{V1}$ 可知

$$\theta_3=\alpha-(180°-\angle\bar{O}_3^{V1}) \tag{c}$$

$$\alpha=\arctan d_4/a_3$$

$$\angle\bar{O}_3^{V1}=\arccos\frac{a_2^2+d_4^2+a_3^2-[p_x^2+p_y^2-d_3^2+(d_0-p_z)^2]}{2a_2\sqrt{(d_4^2+a_3^2)}}$$

$$=\arctan\frac{K}{\sqrt{a_3^2+d_4^2}}$$

$$K=\frac{p_x^2+p_y^2+(d_0-p_z)^2-a_2^2-a_3^2-d_3^2-d_4^2}{2a_2}$$

θ_3 的另一值 θ_3'可由位形 $O_2^{V1}\bar{O}_3^{V1}\bar{O}_4^{V1}$ 求出。

可以由图看出，$\theta_2'>\theta_2$，$\theta_3'>\theta_3$，所以为了使运动的角位移最小，应取 $\theta_1, \theta_2, \theta_3$ 三个关节变量。

关于姿态问题也可用类似的方法求解，但要繁琐一些，不再赘述。

可以看出，用几何法求出的 θ_1，θ_3（该例中的式(a)和式(c)），只要令 $d_0=0$ 就是例 3-4 中的式(c)和式(f)，至于 θ_1（例 3-5 式(b)）只要适当变化即得到例 3-4 式(h)。但几何法非常直观而且只有一个解。

3）关于关节角(θ)的多解(多值)问题

不论用代数法或几何法进行位姿逆解时，都可看出一些关节角的解是多解的(多值的)。如用几何法，这种多值可以方便地由解图直接判定。例如，为达到目标点 O_4，操作机的上臂(杆 2)和下臂(杆 3)可有两种位形关系。对于下臂，还可由图所示的在基座右面，转到基座的左面。这样，到达目标点 O_4，就可有 4 种不同的位形，如图 3-10 所示。

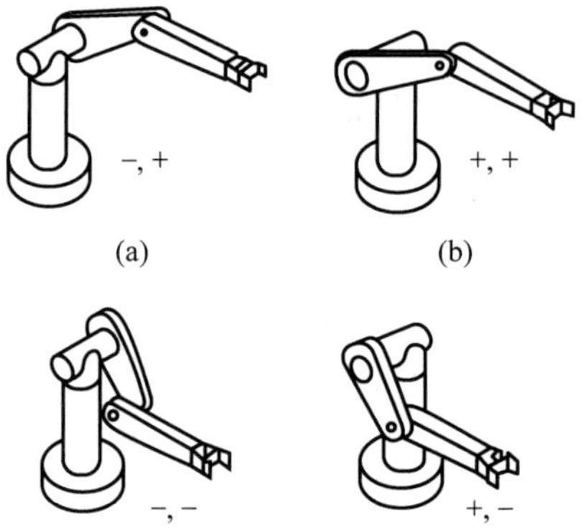

(a) (b) (c) (d)

图 3-10 PUMA 型操作机的不同位形

(a) 臂左，肘上；(b) 臂右，肘上；(c) 臂左，肘下；(d) 臂右，肘下

相应于这四组位形可得 4 组 θ_1 和 θ_2 的组合解，即 $\theta_1 \leftrightarrow \theta_2$，$\theta_1 \leftrightarrow \theta_2'$，$\theta_1' \leftrightarrow \theta_2$，$\theta_1' \leftrightarrow \theta_2'$。再考虑到 θ_3，就可得到 8 组解的组合。如何在算式中区别 θ_i 的两个解(θ_i，θ_i')，以及如何把 θ_1，θ_1'；θ_2，θ_2'；$\cdots\theta_i$，$\theta_i'\cdots$ 进行搭配，就成了逆解和位置控制的重要问题。有学者提出了一种解决该问题的标识符号法，即根据连杆坐标系，定出一组标识符号，每一符号有两个值，即"＋"值和"－"值，将它们代入关节变量的计算公式中，即可得出相应于不同位形的计算值。

对于下臂，由图 3-10 可知，相对于基座可有两种位形，即处于基座的右方和左方，据此即可对下臂(杆 2)给出标识符 ARM，当臂在右时，ARM 取"＋"值，当臂在左时，ARM 取"－"值。

对于上臂和下臂的相对位形，可有肘在上(即关节 3 在上)和肘在下(关节 3 在下)两种位形，标识符取为 ELB。肘在上，ELB 取"＋"值，肘在下，ELB 取"－"值。

这样一来，对于图 3-10 所示的 4 种情况，标识符的组合值是：

臂在左，肘在上，ARM-ELB⇒－，＋；

臂在右，肘在上，ARM-ELB⇒＋，＋；

臂在左，肘在下，ARM-ELB⇒－，－；

臂在右，肘在下，ARM-ELB⇒＋，－。

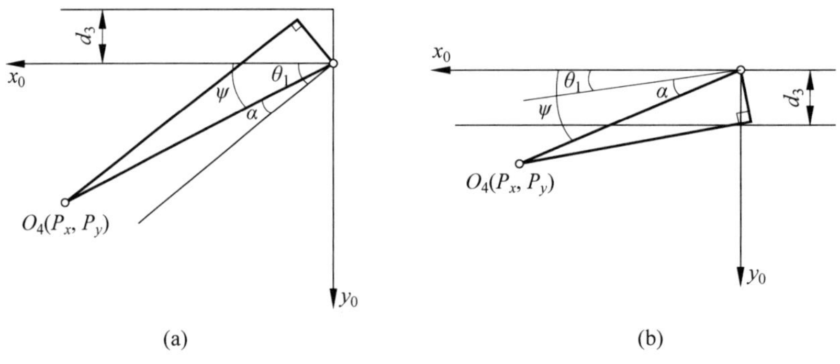

(a) (b)

图 3-11 θ_1 的解算图

对于 θ_1，由臂在左或臂在右，可得两个解算图，如图 3-11 所示。可以看出图 3-11(a)相当于臂右置，即 ARM⇒＋，这时，$\theta_1=\varphi+\alpha$。图 3-11(b)相当于臂左置，ARM⇒－，这时，$\theta_1=\theta_1'=\varphi-\alpha$。

于是例 3-5 中的式(a)可以写作

$$\theta_1=\arctan\frac{p_y}{p_x}+\arctan\frac{\mathrm{ARM}\cdot d_3}{\sqrt{p_x^2+p_y^2-d_3^2}}$$

式中，ARM 为臂标识符，在右取“＋”，在左取“－”。

$$\arctan\frac{p_y}{p_x}=\varphi,\quad \arctan\frac{d_3}{\sqrt{p_x^2+p_y^2-d_3^2}}=\alpha$$

这样，就解决了相应于不同位形时关节角的取值问题，至于关节角间的搭配，由使用者根据工作需要和场地等的可能预先作出安排。

3.2.2 带有闭链的操作机

当操作机具有局部闭链机构，或关节之间运动传递有诱发现象时，由 3.1 节所介绍的建立位姿矩阵的方法，将不能直接使用，而必须先求出关节变量之间的关系，然后再按开式链对末杆执行器的位姿矩阵进行正逆解。

1. 求解关节变量关系的几何法

该法是根据操作机的结构和传动特征，绘出零位和中间位的两个或更多一些的位形图，再将它们进行比较，从中求出关节变量之间的关系。现以安川 Motoman-L10 为例，说明该法的实质。

图 1-20 是该操作机的外观图，其传动简图局部示意地表示在图 3-12 上。

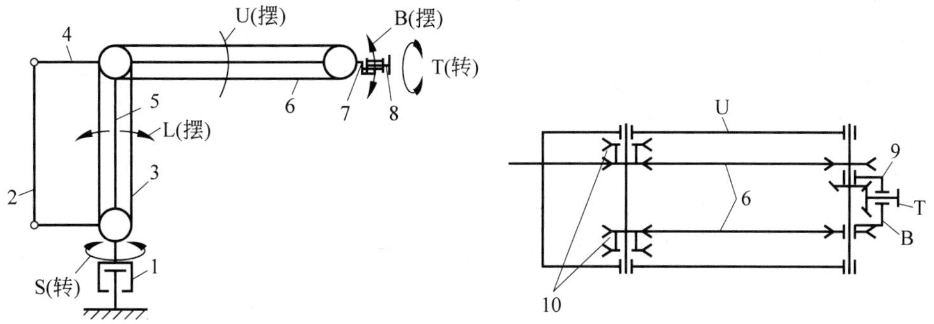

1—转壳(S)；2—平行四杆机构；3—下链；4—上臂(U)；5—下臂(L)；6—上链；7—腕(B)；8—末杆(T)；9—差动轮系；10—双链链轮。

图 3-12 传动示意简图

图 3-13(a)、(b)、(c)表示了该操作机的三个位形。图(a)表示零位(即 $\theta_1,\cdots,\theta_5=0$)的位形；图(b)表示当 $\theta_2\neq0$ 时的一个中位位形；图(c)表示 $\theta_2\neq0,\theta_3\neq0$ 时另一个中位位形。后两位形的实现是由平行四杆机构和等速比双链条传动所决定的。由图可以看出，θ_3 取决于 θ_2 和 θ_3'(驱动转角)。θ_4 则决定 θ_3'和 θ_4'(驱动转角)。由于关节 4、关节 5 之间是差动轮

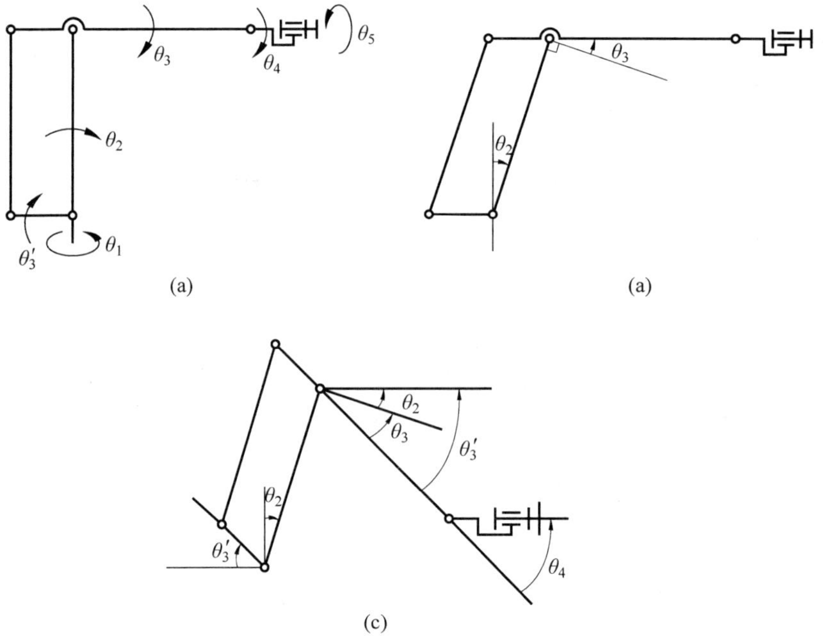

图 3-13 三位位形图

(a) 零位；(b) 中位(1)；(c) 中位(2)

系，所以 θ_5 取决于 θ'_4 和 θ'_5（驱动转角）。于是得到

$$\begin{cases}\theta_5=\theta'_5+i\theta'_4\\ \theta_4=\theta'_4-\theta'_3\\ \theta_2=\theta'_3-\theta_2\\ \theta_2=\theta'_2\\ \theta_1=\theta'_1\end{cases} \tag{3-10}$$

式中，$\theta_1,\cdots,\theta_5$ 为关节转角；$\theta'_1,\theta'_2,\theta'_3,\theta'_4,\theta'_5$ 为驱动角，即驱动电机转角经由减速装置折算到相应关节处的转角；i 为差速比。

2. 位姿正解

如前所述，对于图 3-12 所示的含有局部闭链结构的机器人，其运动学正问题，可先按图 3-14 所示的开链机器人考虑，然后再考虑各关节变量之间的关系。

图 3-14 开链机器人

现举例说明如下。

例 3-6 设有图 3-15 所示的 YG-1 机器人的五杆操作机，试求末杆的位姿矩阵。

解 在不考虑闭链部分的情况下：

(1) 设坐标系并求两杆间的位姿矩阵。共设 $S_0,S_1,S_2,S_3,S_4,S_5,S_6(=S_0)$ 六个坐标系，同图 3-15，由于所设的 z_i 轴与关节轴线重合，利用式(3-3)、式(3-4)即得

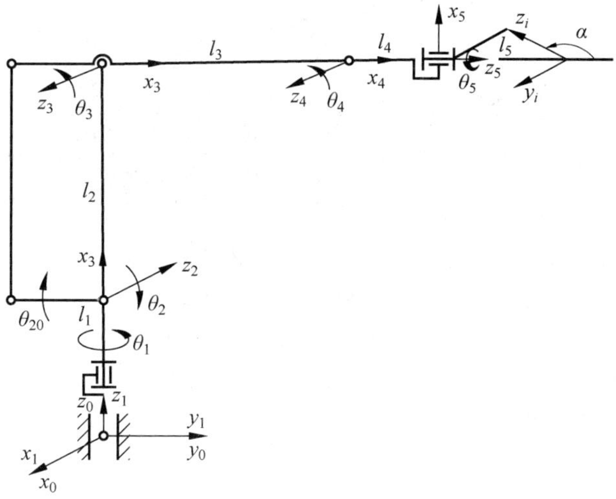

图 3-15　YG-1 号机器人结构简图

$$
\left\{
\begin{aligned}
&\boldsymbol{T}_1^0=\begin{bmatrix} c\theta_1 & -s\theta_1 & 0 & 0\\ s\theta_1 & c\theta_1 & 0 & 0\\ 0 & 0 & 1 & 0\\ 0 & 0 & 0 & 1\end{bmatrix}\\
&\boldsymbol{T}_2^1=\begin{bmatrix} 0 & 0 & -1 & 0\\ s\theta_2 & c\theta_2 & 0 & 0\\ c\theta_2 & -s\theta_2 & 0 & l_1\\ 0 & 0 & 0 & 1\end{bmatrix}\\
&\boldsymbol{T}_3^2=\begin{bmatrix} s\theta_3 & c\theta_3 & 0 & l_2\\ c\theta_3 & -s\theta_3 & 0 & 0\\ 0 & 0 & -1 & 0\\ 0 & 0 & 0 & 1\end{bmatrix}\\
&\boldsymbol{T}_4^3=\begin{bmatrix} c\theta_4 & -s\theta_4 & 0 & l_3\\ s\theta_4 & c\theta_4 & 0 & 0\\ 0 & 0 & 1 & 0\\ 0 & 0 & 0 & 1\end{bmatrix}\\
&\boldsymbol{T}_5^4=\begin{bmatrix} 0 & 0 & 1 & l_4\\ c\theta_5 & -s\theta_5 & 0 & 0\\ s\theta_5 & c\theta_5 & 0 & 0\\ 0 & 0 & 0 & 1\end{bmatrix}\\
&\boldsymbol{T}_6^5=\begin{bmatrix} ca & 0 & sa & 0\\ 0 & 1 & 0 & 0\\ -sa & 0 & ca & l_5\\ 0 & 0 & 0 & 1\end{bmatrix}
\end{aligned}
\right.
\tag{a}
$$

(2) 求末杆执行器的位姿矩阵 $\boldsymbol{T}_6^5$：

$$\boldsymbol{T}_6^0=\boldsymbol{T}_1^0\boldsymbol{T}_2^1\boldsymbol{T}_3^2\boldsymbol{T}_4^3\boldsymbol{T}_5^4\boldsymbol{T}_6^5=\begin{bmatrix} n_x & o_x & a_x & p_x \\ n_y & o_y & a_y & p_y \\ n_z & o_z & a_z & p_z \\ 0 & 0 & 0 & 1 \end{bmatrix} \tag{b}$$

式中，

$n_x=[\mathrm{s}\theta_5\mathrm{c}\theta_1+\mathrm{s}\theta_1\mathrm{c}\theta_5\mathrm{s}(\theta_3+\theta_4-\theta_2)]\mathrm{c}\alpha+\mathrm{s}\theta_1\mathrm{c}(\theta_3+\theta_4-\theta_2)\mathrm{s}\alpha$；

$n_y=[\mathrm{s}\theta_5\mathrm{s}\theta_1-\mathrm{c}\theta_1\mathrm{c}\theta_5\mathrm{s}(\theta_3+\theta_4-\theta_2)]\mathrm{c}\alpha-\mathrm{c}\theta_1\mathrm{c}(\theta_3+\theta_4-\theta_2)\mathrm{s}\alpha$；

$n_z=\mathrm{c}(\theta_3+\theta_4-\theta_2)\mathrm{c}\theta_5\mathrm{c}\alpha-\mathrm{s}(\theta_3+\theta_4-\theta_2)\mathrm{s}\alpha$；

$o_x=\mathrm{c}\theta_1\mathrm{c}\theta_5-\mathrm{s}\theta_1\mathrm{s}\theta_5\mathrm{s}(\theta_3+\theta_4-\theta_2)$；

$o_y=\mathrm{s}\theta_1\mathrm{c}\theta_5+\mathrm{c}\theta_1\mathrm{s}\theta_5\mathrm{s}(\theta_3+\theta_4-\theta_2)$；

$o_z=-\mathrm{s}\theta_5\mathrm{c}(\theta_3+\theta_4-\theta_2)$；

$a_x=[\mathrm{s}\theta_5\mathrm{c}\theta_1+\mathrm{s}\theta_1\mathrm{c}\theta_5\mathrm{s}(\theta_3+\theta_4-\theta_2)]\mathrm{s}\alpha-\mathrm{s}\theta_1\mathrm{c}(\theta_3+\theta_4-\theta_2)\mathrm{c}\alpha$；

$a_y=[\mathrm{s}\theta_5\mathrm{s}\theta_1-\mathrm{c}\theta_1\mathrm{c}\theta_5\mathrm{s}(\theta_3+\theta_4-\theta_2)]\mathrm{s}\alpha+\mathrm{c}\theta_1\mathrm{c}(\theta_3+\theta_4-\theta_2)\mathrm{c}\alpha$；

$a_z=\mathrm{c}(\theta_3+\theta_4-\theta_2)\mathrm{c}\theta_5\mathrm{s}\alpha+\mathrm{s}(\theta_3+\theta_4-\theta_2)\mathrm{c}\alpha$；

$p_x=-[l_4\mathrm{c}(\theta_3+\theta_4-\theta_2)+l_3\mathrm{c}(\theta_3-\theta_2)+l_2\mathrm{s}\theta_2]\mathrm{s}\theta_1-l_5\mathrm{s}\theta_1\mathrm{c}(\theta_3+\theta_4-\theta_2)$；

$p_y=[l_4\mathrm{c}(\theta_3+\theta_4-\theta_2)+l_3\mathrm{c}(\theta_3-\theta_2)+l_2\mathrm{s}\theta_2]\mathrm{c}\theta_1+l_5\mathrm{c}\theta_1\mathrm{c}(\theta_3+\theta_4-\theta_2)$；

$p_z=(l_4+l_5)\mathrm{s}(\theta_3+\theta_4-\theta_2)+l_3\mathrm{s}(\theta_3-\theta_2)+l_2\mathrm{c}\theta_2+l_1$。

解毕。

例 3-7 求例 3-6 中 YG-1 的位姿逆解，已知 $\boldsymbol{T}_e^0$ 如例 3-6 式(b)。

解

$$\boldsymbol{T}_e^0=\begin{bmatrix} n_x & o_x & a_x & p_x \\ n_y & o_y & a_y & p_y \\ n_z & o_z & a_z & p_z \\ 0 & 0 & 0 & 1 \end{bmatrix} \tag{c}$$

$$\boldsymbol{T}_e^1=(\boldsymbol{T}_1^0)^{-1}\boldsymbol{T}_e^0 \tag{d}$$

$$(\boldsymbol{T}_1^0)^{-1}=\begin{bmatrix} \mathrm{c}\theta_1 & \mathrm{s}\theta_1 & 0 & 0 \\ -\mathrm{s}\theta_1 & \mathrm{c}\theta_1 & 0 & 0 \\ 0 & 0 & 1 & 0 \\ 0 & 0 & 0 & 1 \end{bmatrix}$$

$$\boldsymbol{T}_e^1=[\boldsymbol{T}_1^0]^{-1}\boldsymbol{T}_e^0=\begin{bmatrix} n_x\mathrm{c}\theta_1+n_y\mathrm{s}\theta_1 & o_x\mathrm{c}\theta_1+o_y\mathrm{s}\theta_1 & a_x\mathrm{c}\theta_1+a_y\mathrm{s}\theta_1 & p_x\mathrm{c}\theta_1+p_y\mathrm{s}\theta_1 \\ -n_x\mathrm{s}\theta_1+n_y\mathrm{c}\theta_1 & -o_x\mathrm{s}\theta_1+o_y\mathrm{c}\theta_1 & -a_x\mathrm{s}\theta_1+a_y\mathrm{c}\theta_1 & -p_x\mathrm{s}\theta_1+p_y\mathrm{c}\theta_1 \\ 0 & 0 & a_z & p_z \\ 0 & 0 & 0 & 1 \end{bmatrix} \tag{e}$$

$$\boldsymbol{T}_e^1=\boldsymbol{T}_2^1\boldsymbol{T}_3^2\boldsymbol{T}_4^3\boldsymbol{T}_5^4\boldsymbol{T}_e^5=\begin{bmatrix} n_x & o_x & a_x & p_x \\ n_y & o_y & a_y & p_y \\ n_z & o_z & a_z & p_z \\ 0 & 0 & 0 & 1 \end{bmatrix} \tag{f}$$

式中，

$n_x=s\theta_5 c\alpha$；

$n_y=-s\alpha c(\theta_3+\theta_4-\theta_2)-c\alpha c\theta_5 s(\theta_3+\theta_4-\theta_2)$；

$n_z=-s\alpha s(\theta_3+\theta_4-\theta_2)+c\alpha c\theta_5 c(\theta_3+\theta_4-\theta_2)$；

$o_x=c\theta_5$；

$o_y=s\theta_5 s(\theta_3+\theta_4-\theta_2)$；

$o_z=-s\theta_5 c(\theta_3+\theta_4-\theta_2)$；

$a_x=s\theta_5 s\alpha$；

$a_y=c\alpha c(\theta_3+\theta_4-\theta_2)-c\theta_5 s\alpha s(\theta_3+\theta_4-\theta_2)$；

$a_z=c\alpha s(\theta_3+\theta_4-\theta_2)+c\theta_5 s\alpha c(\theta_3+\theta_4-\theta_2)$；

$p_x=0$；

$p_y=(l_4+l_5)c(\theta_3+\theta_4-\theta_2)+l_3 c(\theta_3-\theta_2)+l_2 s\theta_2$；

$p_z=(l_4+l_5)s(\theta_3+\theta_4-\theta_2)+l_3 s(\theta_3-\theta_2)+l_2 c\theta_2+l_1$。

(1) 求 θ_1。令式(e)和式(f)中(1,4)元素相等，得

$$p_x c\theta_1+p_y s\theta_1=0$$

$$\theta_1=\arctan(-p_x/p_y)$$

(2) 求 θ_5。令式(d)中(1,3)元素对应相等，得

$$a_x c\theta_1+a_y s\theta_1=s\theta_5 s\alpha$$

$$s\theta_5=\frac{a_x c\theta_1+a_y s\theta_1}{s\alpha}$$

$$\theta_{51}=\arctan(s\theta_5/\sqrt{1-s^2\theta_5})$$

$$\theta_{52}=-\arctan(-s\theta_5/\sqrt{1-s^2\theta_5})$$

(3) 求 θ_2。令式(d)中(2,3)，(3,3)元素对应相等，得

$$\begin{cases}c\alpha c(\theta_3+\theta_4-\theta_2)-c\theta_5 s\alpha s(\theta_3+\theta_4-\theta_2)=-s\theta_1 a_x+c\theta_1 a_y\\ c\alpha s(\theta_3+\theta_4-\theta_2)+c\theta_5 s\alpha c(\theta_3+\theta_4-\theta_2)=a_z\end{cases}$$

由上两式解得：

当 $\alpha\neq 0$ 时，

$$\begin{cases}c(\theta_3+\theta_4-\theta_2)=\dfrac{a_z s\alpha c\theta_5+(c\theta_1 a_y-s\theta_1 a_x)c\alpha}{c\alpha^2+s^2\alpha c^2\theta_5}\\ s(\theta_3+\theta_4-\theta_2)=\dfrac{a_z-s\alpha c\theta_5 c(\theta_3+\theta_4-\theta_2)}{c\alpha}\end{cases}$$

当 $\alpha=0$ 时，

$$\begin{cases}c(\theta_3+\theta_4-\theta_2)=c\theta_1 a_y-s\theta_1 a_x\\ s(\theta_3+\theta_4-\theta_2)=a_z\end{cases}$$

令 $\boldsymbol{T}_e^0$ 中(1,4)，(3,4)元素对应相等，得

$$\begin{cases}[(l_4+l_5)c(\theta_3+\theta_4-\theta_2)+l_3 c(\theta_3-\theta_2)+l_2 s\theta_2]s\theta_1=p_x\\ [(l_4+l_5)s(\theta_3+\theta_4-\theta_2)+l_3 s(\theta_3-\theta_2)+l_2 c\theta_2]+l_1=p_z\end{cases}$$

由上两式解得

$$\begin{cases} A - l_2 s\theta_2 = l_3 c(\theta_3 - \theta_2) \\ B - l_2 c\theta_2 = l_3 s(\theta_3 - \theta_2) \end{cases} \tag{g}$$

其中，

$$A = \frac{p_z}{s\theta_1} - (l_4 + l_5)c(\theta_3 + \theta_4 - \theta_2)$$

$$B = p_z - (l_4 + l_5)s(\theta_3 + \theta_4 - \theta_2) - l_1$$

解得

$$A s\theta_2 + B c\theta_2 = C$$

$$C = \frac{(A^2 + B^2 + l_2^2 - l_3^2)}{2l_2}$$

则

$$\theta_{21} = \arctan(d / \sqrt{1^2 - d^2}) - \arctan(B/A)$$

$$\theta_{22} = \arctan(-d / \sqrt{1^2 - d^2}) - \arctan(B/A)$$

其中，

$$d = \frac{C}{\sqrt{A^2 + B^2}}$$

由于解有两个，故产生两组 $c(\theta_3 + \theta_4 - \theta_2)$ 和 $s(\theta_3 + \theta_4 - \theta_2)$ 的值，从而得到两组 A、B 值，所以最后得到的 θ_2 实际有四个解。

(4) 求 θ_3，θ_4。由式(g)解得

$$\theta_3 = \arctan[(B - l_2 c\theta_2)/(A - l_2 s\theta_2)] + \theta_2$$

由式 $c(\theta_3 + \theta_4 - \theta_2)$ 和 $s(\theta_3 + \theta_4 - \theta_2)$ 代表的函数可得

$$\theta_4 = \arctan[s(\theta_3 + \theta_4 - \theta_2)/c(\theta_3 + \theta_4 - \theta_2)] - \theta_3 + \theta_2$$

同样，θ_3，θ_4 也有四组解。

至此，便得到了关节角 $\theta_1 \sim \theta_5$ 的全部解析解。由式(3-10)可解出 θ'_1，θ'_2，θ'_3，θ'_4，θ'_5：

$$\begin{cases} \theta'_1 = \theta_1 \\ \theta'_2 = \theta_2 \\ \theta'_3 = \theta_3 + \theta_2 \\ \theta'_4 = \theta_4 + \theta'_3 \\ \theta'_5 = \theta_5 - i\theta'_4 \end{cases}$$

在求得驱动角(θ'_i)以后，还需进一步算出电机转角(φ_i)，当电机通过减速器连接到关节轴上时，它们之间为简单的比例关系；而当电机与关节轴之间还有滚珠丝杠等传动部件时，它们之间的关系就是一个比较复杂的函数关系。下面分别进行讨论。

1) θ'_1与 φ_1 的变换

由于电机 1 通过减速器直接连到关节轴 1 上，所以这一变换是简单的线性变换：

$$\theta'_1 = K_1 \varphi_1 + \theta'_{10}$$

式中，K_1 为比例系数，K_1 可看作两转角之比；θ'_{10} 为驱动转角预置值。

2) θ'_2与 φ_2 的变换

见图 3-16，DC 为丝杠长，由电机控制。

$$DC = K_2\varphi_2 + \theta'_{20}$$

式中，K_2 可看作丝杠的导程。

$$\alpha_2 = \arccos\left(\frac{DC^2 - BC^2 - BD^2}{-2BC \cdot BD}\right)$$

$$\beta_3 = \arctan\left(\frac{AC}{AB}\right)$$

$$\theta'_2 = \alpha_2 + \beta_2 + \Omega_2 - 180^\circ$$

$$= \arctan\left(\frac{AC}{AB}\right) + \arccos\left[\frac{(K_2\varphi_2 + \theta'_{20})^2 - BC^2 - BD^2}{-2BC \cdot BD}\right] + \Omega_2 - 180^\circ$$

3) θ'_3 与的 φ_3 变换

见图 3-17。HG 为丝杠长，由电机控制。

$$HG = K_3\varphi_3 + \theta'_{30}$$

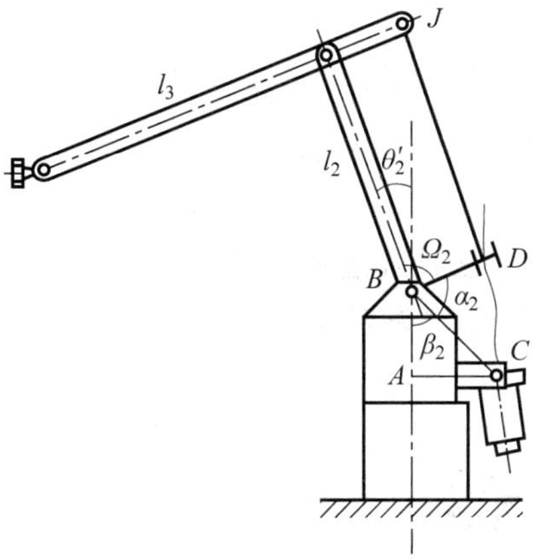

图 3-16 θ'_2 归算图

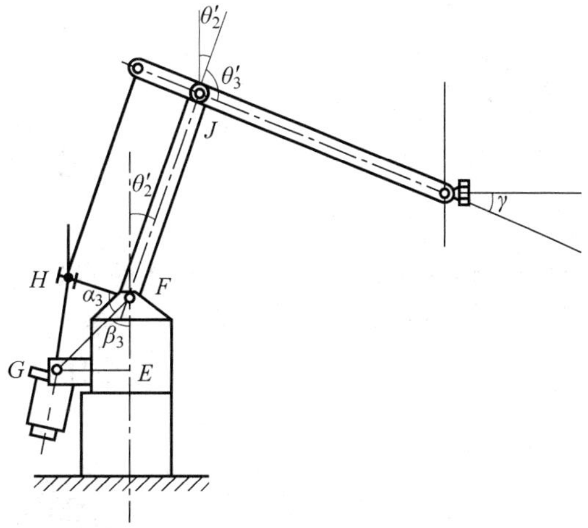

图 3-17 θ'_3 和 θ'_4 归算图

式中，K_3 可看作丝杠的导程。

$$\alpha_3 = \arccos\left(\frac{HG^2 - GF^2 - HF^2}{-2GF \cdot HF}\right)$$

$$\beta_3 = \arctan\left(\frac{GE}{FE}\right)$$

$$\theta'_3 = \alpha_3 + \beta_3 - \theta'_2$$

$$= \arctan\left(\frac{GE}{FE}\right) + \arccos\left[\frac{(K_3\varphi_3 + \theta'_{30})^2 - GF^2 - HF^2}{-2GF \cdot HF}\right] - \theta'_2$$

4) θ'_4 与 φ_4 的变换

见图 3-17。根据角度之间的关系，可推导出

$$\gamma = \theta'_2 + \theta'_3 - 90^\circ$$

$$\theta'_4 = -K_4\varphi_4 + \theta'_{40} + \theta'_2 + \theta'_3 - 90^\circ$$

5) θ'_5 与的 φ_5 变换

电机通过减速器直接连接到关节轴 5 上。

$$\theta'_5 = -K_5\varphi_5 + \theta'_{50}$$

由以上公式即可推导计算出 φ_1 的方程式。

$$\varphi_1 = \frac{1}{K_1}(\theta'_1 - \theta'_{10})$$

$$\varphi_2 = \frac{1}{K_2}\left[\sqrt{-2BC \cdot BD\cos\left(\theta'_2 - \Omega_2 - \arctan\frac{AC}{AB} + 180^\circ\right) + BC^2 + BD^2} - \theta'_{20}\right]$$

$$\varphi_3 = \frac{1}{K_3}\left[\sqrt{-2GF \cdot HF\cos\left(\theta'_2 + \theta'_3 - \arctan\frac{CE}{FG}\right) + GF^2 + HF^2} - \theta'_{30}\right]$$

$$\varphi_4 = \frac{1}{K_4}(-90^\circ + \theta'_{40} + \theta'_2 + \theta'_3 - \theta'_4)$$

$$\varphi_5 = \frac{1}{K_5}(\theta'_{50} - \theta'_5)$$

解毕。

习　　题

3-1　请导出相应于固联坐标系后置公式(3-2)的两步法计算过程。

3-2　写出平面 3R 机械手的运动学方程(注：三臂长分别为 l_1, l_2, l_3)。

3-3　建立习题 3-3 图中 RRP 三连杆机器人的连杆坐标系。

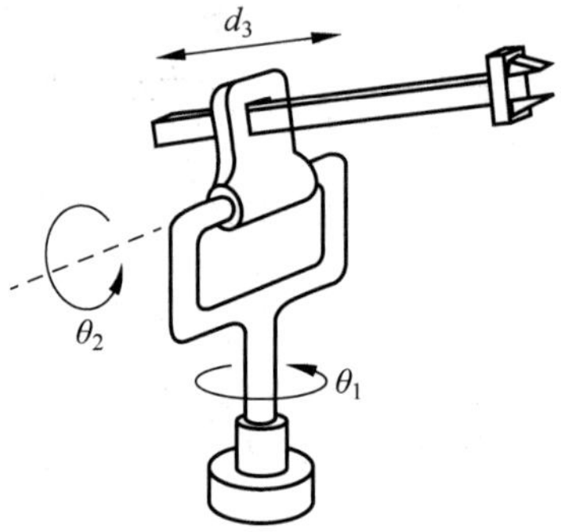

习题 3-3 图　RRP 操作臂

3-4　建立习题 3-4 图中 RPP 三连杆机器人的连杆坐标系。

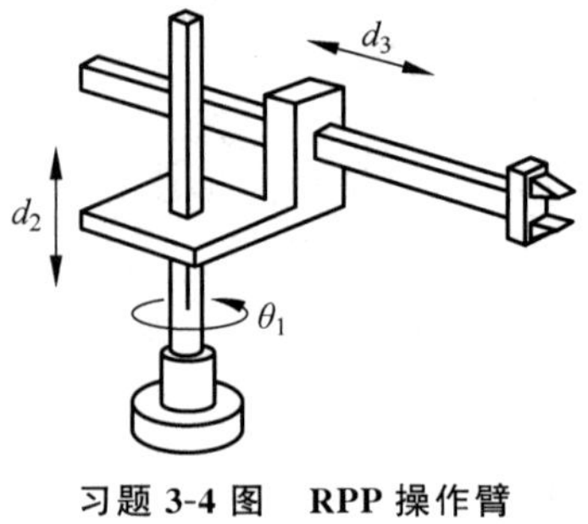

习题 3-4 图　RPP 操作臂

3-5 建立习题 3-5 图中 PPP 三连杆机器人的连杆坐标系。

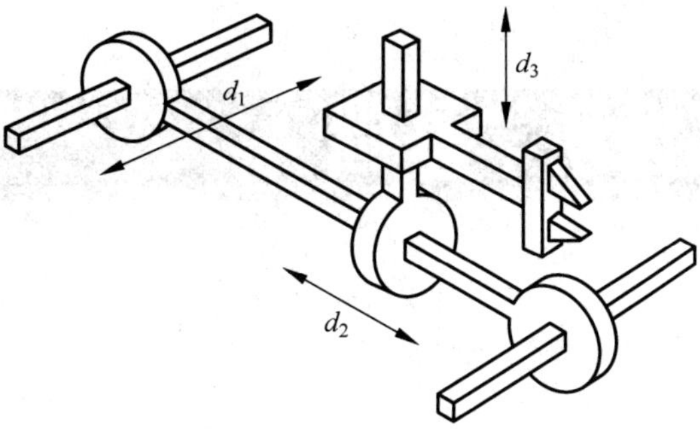

习题 3-5 图 PPP 操作臂

3-6 习题 3-6 图所示为机器人及其对应的连杆参数,试用这些参数计算各个连杆的变换矩阵。

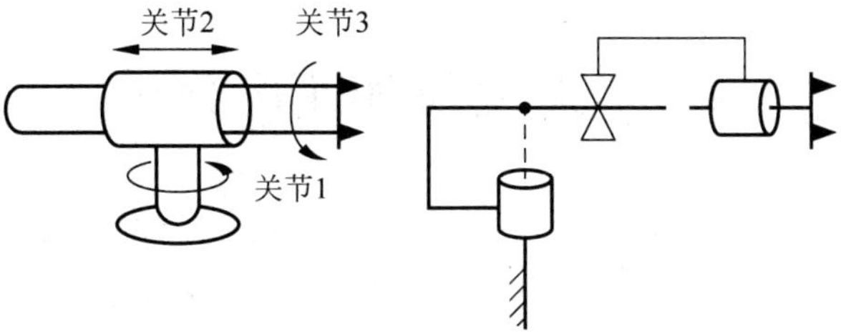

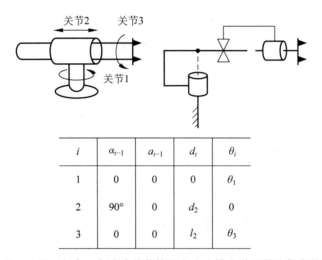

i	α_{i-1}	a_{i-1}	d_i	θ_i
1	0	0	0	θ_1
2	90°	0	d_2	0
3	0	0	l_2	θ_3

习题 3-6 图 包含一个移动关节的三自由度操作臂及其连杆参数表

第 4 章

运动学基础

本章首先用向量方法分析机器人操作机的速度和加速度，并由速度分析引出雅可比矩阵。然后讨论雅可比矩阵元素的计算以及求逆和奇异性分析。最后讨论机器人的微分运动以及各坐标系之间的微分运动关系。这些问题是机器人学中运动分析、动力分析、误差分析以及机器人控制的基础。

4.1 速度及加速度分析

下面将用向量来研究速度和加速度问题，为此，先研究向量在两相对运动坐标系中的求导问题，进而分析作为多杆机构的操作机，各杆之间的速度和加速度关系。

4.1.1 向量在两相对转动坐标系中的求导

设有两坐标系，S_0 为固定坐标系，S_1 为转动坐标系。两者的原点重合（$O_0 \equiv O_1$），过原点的向量 $\boldsymbol{\omega}$ 为 S_1 的转动轴，如图 4-1 所示，转速为 $|\omega|$。

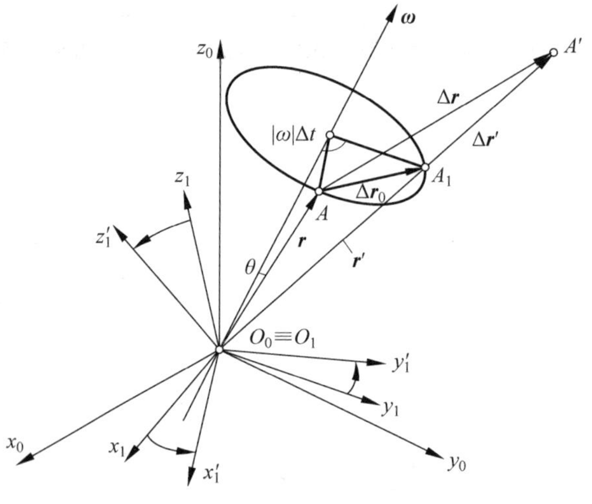

图 4-1 向量变化示意图

在动坐标系 S_1 中有向量 $\boldsymbol{r}$，在随 S_1 绕 $\boldsymbol{\omega}$ 转动的同时，又沿自身方向伸长，即在 Δt 时间内，由 $\boldsymbol{r}$ 变为 $\boldsymbol{r}'$，由图可以看出：

在 S_1 中，在 Δt 时间内，$\boldsymbol{r}$ 的增量为 $\Delta\boldsymbol{r}'$，称作相对增量。在 S_0 中，$\boldsymbol{r}$ 的增量为 $\Delta\boldsymbol{r}$，称作绝对增量。它们的关系是

$$\Delta\boldsymbol{r}=\Delta\boldsymbol{r}_0+\Delta\boldsymbol{r}' \tag{4-1}$$

式中，$\Delta\boldsymbol{r}_0$ 是 $\boldsymbol{r}$ 跟随 S_1 转动的同时，在 S_0 中方向改变而引起的增量，称为牵连增量。

相应地，把

$$\frac{\mathrm{d}\boldsymbol{r}}{\mathrm{d}t}=\lim_{\Delta t\to 0}\frac{\Delta\boldsymbol{r}}{\Delta t} \tag{4-2}$$

称作绝对导数。

把

$$\frac{\mathrm{d}^*\boldsymbol{r}}{\mathrm{d}t}=\lim_{\Delta t\to 0}\frac{\Delta\boldsymbol{r}'}{\Delta t} \tag{4-3}$$

称作相对导数。

将式(4-1)代入式(4-2)得

$$\frac{\mathrm{d}\boldsymbol{r}}{\mathrm{d}t}=\lim_{\Delta t\to 0}\frac{\Delta\boldsymbol{r}}{\Delta t}=\lim_{\Delta t\to 0}\frac{\Delta\boldsymbol{r}_0}{\Delta t}+\lim_{\Delta t\to 0}\frac{\Delta\boldsymbol{r}'}{\Delta t}=\lim_{\Delta t\to 0}\frac{\Delta\boldsymbol{r}_0}{\Delta t}+\frac{\mathrm{d}^*\boldsymbol{r}}{\mathrm{d}t}$$

由图 4-1 可以看出，在 Δt 很小时，有

$$\Delta\boldsymbol{r}_0=\frac{\boldsymbol{\omega}\times\boldsymbol{r}}{|\boldsymbol{\omega}\times\boldsymbol{r}|}\,|\boldsymbol{r}|\sin\theta\,|\boldsymbol{\omega}|\,\Delta t$$

所以

$$\lim_{\Delta t\to 0}\frac{\Delta\boldsymbol{r}_0}{\Delta t}=\lim_{\Delta t\to 0}\frac{\boldsymbol{\omega}\times\boldsymbol{r}}{|\boldsymbol{\omega}\times\boldsymbol{r}|}\,|\boldsymbol{r}|\sin\theta\,|\boldsymbol{\omega}|\,\Delta t/\Delta t=\boldsymbol{\omega}\times\boldsymbol{r}$$

于是，绝对导数和相对导数的关系是

$$\frac{\mathrm{d}\boldsymbol{r}}{\mathrm{d}t}=\boldsymbol{\omega}\times\boldsymbol{r}+\frac{\mathrm{d}^*\boldsymbol{r}}{\mathrm{d}t} \tag{4-4}$$

前面为了直观简便，假定 $\boldsymbol{r}$ 在 S_1 内只有长度变化。如果 $\boldsymbol{r}$ 在 S_1 内既有长度变化，又有方向变化，即 $\Delta\boldsymbol{r}'$不与 $\boldsymbol{r}'$同方向，式(4-4)依然成立。

为了便于应用，把两个参考坐标系分别取为 S_i 和 S_{i+1}，S_{i+1} 相对于 S_i 的转动角速度向量为$\boldsymbol{\omega}_{i+1,i}$，并用$\frac{\mathrm{d}_i}{\mathrm{d}t}$，$\frac{\mathrm{d}_{i+1}}{\mathrm{d}t}$分别表示相对于两坐标系的求导，则对任意向量(一)的导数，有关系式：

$$\frac{\mathrm{d}_i}{\mathrm{d}t}(\text{一})=\frac{\mathrm{d}_{i+1}}{\mathrm{d}t}(\text{一})+\boldsymbol{\omega}_{i+1,i}\times(\text{一}) \tag{4-5}$$

注意：这里的(一)和$\boldsymbol{\omega}_{i+1,i}$ 都是表示在坐标系 S_i 的向量。

4.1.2　杆件之间的速度分析

在操作机中，设两相邻杆件 L_{i-1} 和 L_i，以旋转关节相连接(图 4-2)，已知杆 L_{i-1} 以速度 v_{i-1} 移动，并以$\boldsymbol{\omega}_{i-1}$ 角速度转动。而杆 L_i 在关节驱动力矩的作用下绕关节轴 z_i 相对于 L_{i-1} 以角速度 $\dot{\theta}_i\boldsymbol{k}_i$ 旋转，于是对杆 L_i 来说，固联标架 S_i 原点相对于基础坐标系的线速度

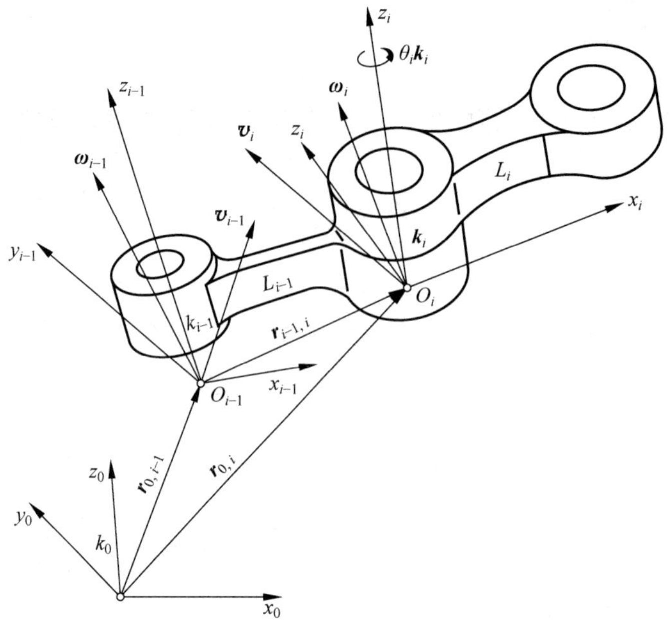

图 4-2　连杆间的速度关系

$\boldsymbol{v}_i$ 和杆 L_i 的角速度$\boldsymbol{\omega}_i$ 分别是

$$\boldsymbol{\omega}_i = \boldsymbol{\omega}_{i-1} + \dot{\theta}_i \boldsymbol{k}_i \tag{4-6}$$

$$\boldsymbol{v}_i = \boldsymbol{v}_{i-1} + \boldsymbol{\omega}_{i-1} \times \boldsymbol{r}_{i-1,i} \tag{4-7}$$

操作机通常可以认为是一个多杆系统，为便于计算，还可以把某杆的速度和角速度表示在该杆自身的坐标系中，将会使计算简化。仍用以前用过的上角标记号，则

$$\boldsymbol{\omega}_i^i = \boldsymbol{\omega}_{i-1}^i + \dot{\theta}_i \boldsymbol{k}_i^i = \boldsymbol{R}_{i-1}^i \boldsymbol{\omega}_{i-1}^{i-1} + \dot{\theta}_i \boldsymbol{k}_i^i \tag{4-8}$$

$$\boldsymbol{v}_i^i = \boldsymbol{R}_{i-1}^i (\boldsymbol{v}_{i-1}^{i-1} + \boldsymbol{\omega}_{i-1}^{i-1} \times \boldsymbol{r}_{i-1,i}^{i-1}) \tag{4-9}$$

如果关节 J_i 是移动关节，则杆 L_i 相对于 L_{i-1} 不是转动，而是沿 z_i 以速 $\dot{d}_i$ 移动，这时，有

$$\boldsymbol{\omega}_i = \boldsymbol{\omega}_{i-1} \tag{4-10}$$

$$\boldsymbol{v}_i = \boldsymbol{v}_{i-1} + \dot{\boldsymbol{d}}_i \boldsymbol{k}_i \tag{4-11}$$

或

$$\boldsymbol{\omega}_i^i = \boldsymbol{R}_{i-1}^i \boldsymbol{\omega}_{i-1}^{i-1} \tag{4-12}$$

$$\boldsymbol{v}_i^i = \boldsymbol{R}_{i-1}^i \boldsymbol{v}_{i-1}^{i-1} + \dot{\boldsymbol{d}}_i \boldsymbol{k}_i^i \tag{4-13}$$

为了方便，今后可用 $\boldsymbol{r}_i$ 代替 $\boldsymbol{r}_{i-1,i}$，即由 O_{i-1} 到 O_i 的位置向量。

例 4-1　求如图 4-3 所示 2R 操作机中 S_3 的角速度和速度，并把它们表示在 S_0 中。结构尺寸和关节转角均表示在图上。

解　(1) 设坐标系，求旋转变换矩阵 $\boldsymbol{R}$。

坐标系的设立如图 4-3 所示，所有 z 轴均指向纸外。由图可以很方便地求出

$$\boldsymbol{R}_1^0=\begin{bmatrix}c_1 & -s_1 & 0\\ s_1 & c_1 & 0\\ 0 & 0 & 1\end{bmatrix},\quad \boldsymbol{R}_2^1=\begin{bmatrix}c_2 & -s_2 & 0\\ s_2 & c_2 & 0\\ 0 & 0 & 1\end{bmatrix},$$

$$\boldsymbol{R}_3^2=[l] \tag{a}$$

式中，$c_i=\cos\theta_i$，$s_i=\sin\theta_i$，下同。

(2) 求各杆的速度和角速度。

① 由于 S_0 为固定坐标系，故

$$\boldsymbol{\omega}_0^0=0,\quad \boldsymbol{v}_0^0=0$$

② 对于杆 1，$i=1$，$\boldsymbol{R}_0^1=[\boldsymbol{R}_1^0]^{\mathrm{T}}$

$$\boldsymbol{\omega}_1^1=\boldsymbol{R}_0^1\boldsymbol{\omega}_0^0+\dot{\theta}_1\boldsymbol{k}_1^1=\begin{bmatrix}0 & 0 & \dot{\theta}_1\end{bmatrix}^{\mathrm{T}} \tag{b}$$

$$\boldsymbol{v}_1^1=\boldsymbol{R}_0^1[\boldsymbol{v}_0^0+\boldsymbol{\omega}_0^0\times\boldsymbol{r}_0^0]=[0\quad 0\quad 0]^{\mathrm{T}} \tag{c}$$

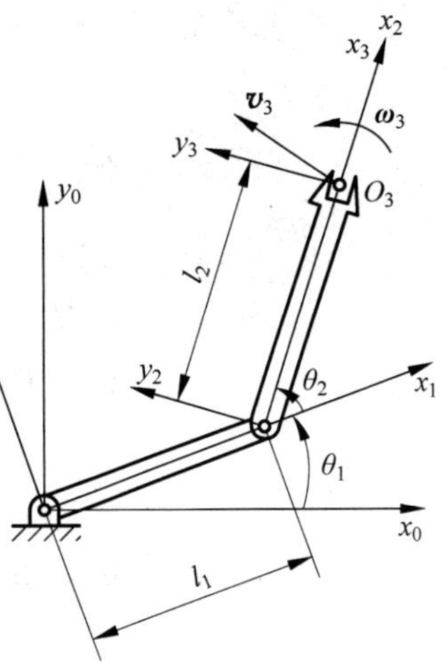

图 4-3 两杆操作机

③ 对于杆 2，$i=2$，$\boldsymbol{R}_1^2=[\boldsymbol{R}_2^1]^{\mathrm{T}}$

$$\begin{aligned}\boldsymbol{\omega}_2^2&=\boldsymbol{R}_1^2(\boldsymbol{\omega}_1^1)+\dot{\theta}_2\boldsymbol{k}_2^2\\&=\begin{bmatrix}c_2 & s_2 & 0\\ -s_2 & c_2 & 0\\ 0 & 0 & 1\end{bmatrix}\begin{bmatrix}0\\0\\\dot{\theta}_1\end{bmatrix}+\begin{bmatrix}0\\0\\\dot{\theta}_2\end{bmatrix}=[0\quad 0\quad \dot{\theta}_1+\dot{\theta}_2]^{\mathrm{T}}\end{aligned} \tag{d}$$

$$\begin{aligned}\boldsymbol{v}_2^2&=\boldsymbol{R}_1^2(\boldsymbol{v}_1^1+\boldsymbol{\omega}_1^1\times\boldsymbol{r}_1^1)\\&=\begin{bmatrix}c_2 & s_2 & 0\\ -s_2 & c_2 & 0\\ 0 & 0 & 1\end{bmatrix}\left(\begin{bmatrix}0\\0\\\dot{\theta}_1\end{bmatrix}\times\begin{bmatrix}l_1\\0\\0\end{bmatrix}^{*}\right)\\&=\begin{bmatrix}c_2 & s_2 & 0\\ -s_2 & c_2 & 0\\ 0 & 0 & 1\end{bmatrix}\left(\begin{bmatrix}0 & -\dot{\theta}_1 & 0\\ \dot{\theta}_1 & 0 & 0\\ 0 & 0 & 0\end{bmatrix}\begin{bmatrix}l_1\\0\\0\end{bmatrix}\right)\\&=\begin{bmatrix}c_2 & s_2 & 0\\ -s_2 & c_2 & 0\\ 0 & 0 & 1\end{bmatrix}\begin{bmatrix}0\\\dot{\theta}_1 l_1\\0\end{bmatrix}=\begin{bmatrix}l_1 s_2\dot{\theta}_1\\ l_1 c_2\dot{\theta}_1\\ 0\end{bmatrix}\end{aligned} \tag{e}$$

④ 对于标架 S_3，$i=3$，$\boldsymbol{R}_2^3=[\boldsymbol{R}_3^2]^{\mathrm{T}}=[l]$

$$\boldsymbol{\omega}_3^3=\boldsymbol{R}_2^3\boldsymbol{\omega}_2^2+\dot{\theta}_3\boldsymbol{k}_3^3=(0\quad 0\quad \dot{\theta}_1+\dot{\theta}_2)^{\mathrm{T}} \tag{f}$$

$$\begin{aligned}\boldsymbol{v}_3^3&=\boldsymbol{R}_2^3(\boldsymbol{v}_2^2+\boldsymbol{\omega}_2^2\times\boldsymbol{r}_2^2)\\&=\begin{bmatrix}l_1 s_2\dot{\theta}_1\\ l_1 c_2\dot{\theta}_1+l_2(\dot{\theta}_1+\dot{\theta}_2)\\ 0\end{bmatrix}\end{aligned} \tag{g}$$

(3) 求表示在 S_0 的 $\boldsymbol{\omega}_3$，$\boldsymbol{v}_3$。

$$\boldsymbol{\omega}_3^0=\boldsymbol{R}_1^0\boldsymbol{R}_2^1\boldsymbol{R}_3^2\boldsymbol{\omega}_3^3=\begin{bmatrix}0\\0\\\dot{\theta}_1+\dot{\theta}_2\end{bmatrix}\tag{h}$$

$$\boldsymbol{v}_3^0=\boldsymbol{R}_1^0\boldsymbol{R}_2^1\boldsymbol{R}_3^2\boldsymbol{v}_3^3=\begin{bmatrix}-l_1\mathrm{s}_1\dot{\theta}_1-l_2\mathrm{s}_{12}(\dot{\theta}_1+\dot{\theta}_2)\\l_1\mathrm{c}_1\dot{\theta}_1+l_2\mathrm{c}_{12}(\dot{\theta}_1+\dot{\theta}_2)\\0\end{bmatrix}\tag{i}$$

$$\boldsymbol{R}_3^0=\boldsymbol{R}_1^0\boldsymbol{R}_2^1\boldsymbol{R}_3^2=\begin{bmatrix}\mathrm{c}_{12}&-\mathrm{s}_{12}&0\\\mathrm{s}_{12}&\mathrm{c}_{12}&0\\0&0&1\end{bmatrix}$$

$$\begin{bmatrix}x_i\\y_i\\z_i\end{bmatrix}\times\begin{bmatrix}x_j\\y_j\\z_j\end{bmatrix}=\begin{bmatrix}0&-z_i&y_i\\z_i&0&-x_i\\-y_i&x_i&0\end{bmatrix}\begin{bmatrix}x_j\\y_j\\z_j\end{bmatrix}$$

解毕。

4.1.3 杆件之间的加速度分析

对速度向量求导，并注意到式(4-5)，即可得加速度公式。

1. 角加速度

将式(4-6)求导，注意到向量 $\boldsymbol{k}_i$ 还随坐标系 S_{i-1} 以角速度 $\boldsymbol{\omega}_{i-1}$ 转动，根据式(4-5)得到

$$\boldsymbol{\varepsilon}_i=\frac{\mathrm{d}\,\boldsymbol{\omega}_i}{\mathrm{d}t}=\dot{\boldsymbol{\omega}}_i=\dot{\boldsymbol{\omega}}_{i-1}+\ddot{\theta}_i\boldsymbol{k}_i+\dot{\theta}_i\dot{\boldsymbol{k}}_i$$

$$=\dot{\boldsymbol{\omega}}_{i-1}+\ddot{\theta}_i\boldsymbol{k}_i+\dot{\theta}_i(\boldsymbol{\omega}_{i-1}\times\boldsymbol{k}_i)\tag{4-14}$$

仿照式(4-8)，即将 $\boldsymbol{\varepsilon}_i$ 表示在 S_i 中，有

$$\boldsymbol{\varepsilon}_i^i=\boldsymbol{R}_{i-1}^i\dot{\boldsymbol{\omega}}_{i-1}^{i-1}+\ddot{\theta}_i\boldsymbol{k}_i^i+\dot{\theta}_i(\boldsymbol{R}_{i-1}^i\boldsymbol{\omega}_{i-1}^{i-1}\times\boldsymbol{k}_i^i)\tag{4-15}$$

2. 线加速度

仿前，由式(4-7)得

$$\boldsymbol{a}_i=\frac{\mathrm{d}\,\boldsymbol{v}_i}{\mathrm{d}t}=\dot{\boldsymbol{v}}_i=\dot{\boldsymbol{v}}_{i-1}+\dot{\boldsymbol{\omega}}_{i-1}\times\boldsymbol{r}_{i-1}+\boldsymbol{\omega}_{i-1}\times\dot{\boldsymbol{r}}_{i-1}$$

$$=\dot{\boldsymbol{v}}_{i-1}+\dot{\boldsymbol{\omega}}_{i-1}\times\boldsymbol{r}_{i-1}+\boldsymbol{\omega}_{i-1}\times(\boldsymbol{\omega}_{i-1}\times\boldsymbol{r}_{i-1})\tag{4-16}$$

当强调 $\boldsymbol{a}_i$ 在 S_i 中时，有

$$\boldsymbol{a}_i^i=\boldsymbol{R}_{i-1}^i[\dot{\boldsymbol{v}}_{i-1}^{i-1}+\dot{\boldsymbol{\omega}}_{i-1}^{i-1}\times\boldsymbol{r}_{i-1}^{i-1}+\boldsymbol{\omega}_{i-1}^{i-1}\times(\boldsymbol{\omega}_{i-1}^{i-1}\times\boldsymbol{r}_{i-1}^{i-1})]\tag{4-17}$$

必须注意，线速度和线加速度与角速度、角加速度不同，对于刚体来说，其上各点都是不同的，式(4-7)、式(4-9)和式(4-11)、式(4-13)都是对杆 L_i 上的固联标架 S_i 的原点 O_i 而言的，为了求得 L_i 中点 C 的 $\boldsymbol{v}_{Ci}$ 和 $\boldsymbol{a}_{Ci}$(图 4-4)，必须增加由于 L_i 转动($\boldsymbol{\omega}_i$)而引起的点 C 处的线速度和线加速度分量，这时有

$$\boldsymbol{v}_{Ci}=\boldsymbol{v}_i+\boldsymbol{\omega}_i\times\boldsymbol{r}_{Ci}$$

或

$$\boldsymbol{v}_{Ci}^i=\boldsymbol{v}_i^i+\boldsymbol{\omega}_i^i\times\boldsymbol{r}_{Ci}^i$$

有

$$\boldsymbol{a}_{Ci}=\boldsymbol{a}_i+\dot{\boldsymbol{\omega}}_i\times\boldsymbol{r}_{Ci}+\boldsymbol{\omega}_i\times(\boldsymbol{\omega}_i\times\boldsymbol{r}_{Ci}) \tag{4-18}$$

或

$$\boldsymbol{a}_{Ci}^i=\boldsymbol{a}_i^i+\dot{\boldsymbol{\omega}}_i^i\times\boldsymbol{r}_{Ci}^i+\boldsymbol{\omega}_i^i\times(\boldsymbol{\omega}_i^i\times\boldsymbol{r}_{Ci}^i) \tag{4-19}$$

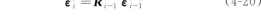

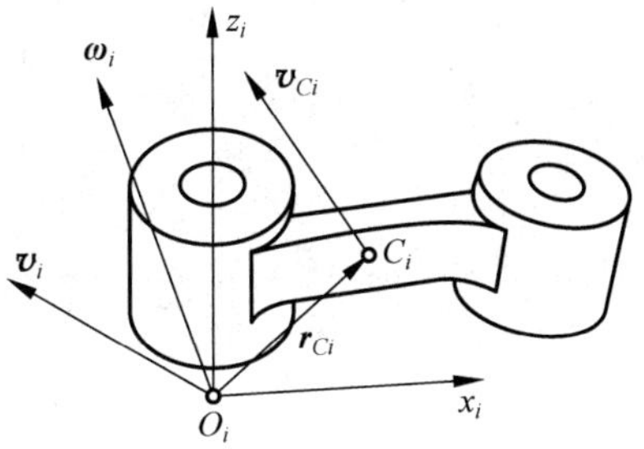

图 4-4 连杆的线速度分布

3. J_i 是移动关节

$$\boldsymbol{\varepsilon}_i^i=\boldsymbol{R}_{i-1}^i\,\boldsymbol{\varepsilon}_{i-1}^{i-1} \tag{4-20}$$

$$\boldsymbol{a}_i^i=\boldsymbol{R}_{i-1}^i\boldsymbol{a}_{i-1}^{i-1}+\ddot{d}_i\boldsymbol{k}_i^i+\dot{d}_i(\boldsymbol{R}_{i-1}^i\boldsymbol{\omega}_{i-1}^{i-1}\times\boldsymbol{k}_i^i) \tag{4-21}$$

例 4-2 求例 4-1 中的 S_3 角加速度和线加速度,并表示在 S_0 中。

解 (1) 利用例 4-1 的结果:

$\boldsymbol{R}_1^0,\boldsymbol{R}_2^1,\boldsymbol{R}_2^1$ 及 $\boldsymbol{\omega}_0^0,\boldsymbol{\omega}_1^1,\boldsymbol{\omega}_2^2,\boldsymbol{v}_0^0,\boldsymbol{v}_1^1,\boldsymbol{v}_2^2$。

(2) 求表示在各杆固连坐标系中的角加速度$\boldsymbol{\varepsilon}_i^i$ 及线加速器 $\boldsymbol{a}_i^i$。

① 对基座:$i=0$

$$\boldsymbol{\varepsilon}_0^0=[0\quad 0\quad 0]^{\mathrm{T}},\quad \boldsymbol{a}_0^0=[0\quad 0\quad 0]^{\mathrm{T}} \tag{a}$$

② 对杆 L_1,$i=1$

$$\boldsymbol{\varepsilon}_0^1=\boldsymbol{R}_0^1\dot{\boldsymbol{\omega}}_0^0+\ddot{\theta}_1\boldsymbol{k}_1^1+\dot{\theta}_1(\boldsymbol{R}_0^1\boldsymbol{\omega}_0^0\times\boldsymbol{k}_1^1)=\begin{bmatrix}0 & 0 & \ddot{\theta}_1\end{bmatrix}^{\mathrm{T}} \tag{b}$$

$$\boldsymbol{a}_1^1=\boldsymbol{R}_0^1[\dot{\boldsymbol{v}}_0^0+\dot{\boldsymbol{\omega}}_0^0\times\boldsymbol{r}_{0,1}+\boldsymbol{\omega}_0^0\times(\boldsymbol{\omega}_0^0\times\boldsymbol{r}_{0,1})]=[0\quad 0\quad 0]^{\mathrm{T}} \tag{c}$$

③ 对杆 L_2,$i=2$

$$\begin{aligned}\boldsymbol{\varepsilon}_2^2&=\boldsymbol{R}_1^2\dot{\boldsymbol{\omega}}_1^1+\ddot{\theta}_2\boldsymbol{k}_2^2+\dot{\theta}_2(\boldsymbol{R}_1^2\boldsymbol{\omega}_1^1\times\boldsymbol{k}_2^2)\\
&=\begin{bmatrix}\mathrm{c}_2 & \mathrm{s}_1 & 0\\ -\mathrm{s}_2 & \mathrm{c}_2 & 0\\ 0 & 0 & 1\end{bmatrix}\begin{bmatrix}0\\0\\ \ddot{\theta}_1\end{bmatrix}+\begin{bmatrix}0\\0\\ \ddot{\theta}_2\end{bmatrix}+\\
&\quad\dot{\theta}_2\left(\begin{bmatrix}\mathrm{c}_2 & \mathrm{s}_1 & 0\\ -\mathrm{s}_2 & \mathrm{c}_2 & 0\\ 0 & 0 & 1\end{bmatrix}\begin{bmatrix}0\\0\\ \theta_1\end{bmatrix}\times\begin{bmatrix}0\\0\\1\end{bmatrix}\right)\\
&=\begin{bmatrix}0 & 0 & \ddot{\theta}_1+\ddot{\theta}_2\end{bmatrix}^{\mathrm{T}}\end{aligned} \tag{d}$$

$$\begin{aligned}\boldsymbol{a}_2^2&=\boldsymbol{R}_1^2[\dot{\boldsymbol{v}}_1^1+\dot{\boldsymbol{\omega}}_1^1\times\boldsymbol{r}_{1,2}+\boldsymbol{\omega}_1^1\times(\boldsymbol{\omega}_1^1\times\boldsymbol{r}_{1,2})]\\
&=\boldsymbol{R}_1^2\left(\begin{bmatrix}0\\0\\0\end{bmatrix}+\begin{bmatrix}0\\0\\ \ddot{\theta}_1\end{bmatrix}\times\begin{bmatrix}l_1\\0\\0\end{bmatrix}+\begin{bmatrix}0\\0\\ \dot{\theta}_1\end{bmatrix}\times\begin{bmatrix}0\\0\\ \dot{\theta}_1\end{bmatrix}\times\begin{bmatrix}l_1\\0\\0\end{bmatrix}\right)\\
&=\begin{bmatrix}\mathrm{c}\theta_2 & \mathrm{s}\theta_2 & 0\\ -\mathrm{s}\theta_2 & \mathrm{c}\theta_2 & 0\\ 0 & 0 & 1\end{bmatrix}\begin{bmatrix}-l_1(\dot{\theta}_1)^2\\ +l_1\ddot{\theta}_1\\ 0\end{bmatrix}\end{aligned}$$

$$=\begin{bmatrix} -c\theta_2 l_1(\dot{\theta}_1)^2+s\theta_2 l_1\ddot{\theta}_1 \\ s\theta_2 l_1(\dot{\theta}_1)^2+c\theta_2 l_1\ddot{\theta}_1 \\ 0 \end{bmatrix} \tag{e}$$

④ 对 S_3，即 $i=3$（仿前，过程从略）

$$\boldsymbol{\varepsilon}_3^3=[0\quad 0\quad \ddot{\theta}_1+\ddot{\theta}_2]^{\mathrm{T}} \tag{f}$$

$$\boldsymbol{\alpha}_3^3=\begin{bmatrix} -c\theta_2 l_1(\dot{\theta}_1)^2+s\theta_2 l_1\ddot{\theta}_1-l_2(\dot{\theta}_1+\dot{\theta}_2)^2 \\ s\theta_2 l_1(\dot{\theta}_1)^2+c\theta_2 l_1\ddot{\theta}_1+l_2(\dot{\theta}_1+\dot{\theta}_2)^2 \\ 0 \end{bmatrix} \tag{g}$$

(3) 将$\boldsymbol{\varepsilon}_3^3$，$\boldsymbol{\alpha}_3^3$ 表示在 S_0 中，即求$\boldsymbol{\varepsilon}_3^0$ 与$\boldsymbol{\alpha}_3^0$。为此须先求 $\boldsymbol{R}_3^0$：

$$\boldsymbol{R}_3^0=\boldsymbol{R}_1^0\boldsymbol{R}_2^1\boldsymbol{R}_3^2=\begin{bmatrix} c(\theta_1+\theta_2) & -s(\theta_1+\theta_2) & 0 \\ s(\theta_1+\theta_2) & c(\theta_1+\theta_2) & 0 \\ 0 & 0 & 1 \end{bmatrix} \tag{h}$$

$$\boldsymbol{\varepsilon}_3^0=\boldsymbol{R}_3^0\boldsymbol{\varepsilon}_3^3=\begin{bmatrix} 0 \\ 0 \\ \ddot{\theta}_1+\ddot{\theta}_2 \end{bmatrix} \tag{i}$$

$$\boldsymbol{a}_3^0=\boldsymbol{R}_3^0\boldsymbol{a}_3^3$$

$$=\begin{bmatrix} c_{12}[-c_2 l_1(\dot{\theta}_1)^2+s_2 l_1\ddot{\theta}_1-l_2(\dot{\theta}_1+\dot{\theta}_2)^2]-s_{12}[s_2 l_1(\dot{\theta}_1)^2+c_2 l_1\ddot{\theta}_1+l_2(\ddot{\theta}_1+\ddot{\theta}_2)] \\ s_{12}[-c_2 l_1(\dot{\theta}_1)^2+s_2 l_1\ddot{\theta}_1-l_2(\dot{\theta}_1+\dot{\theta}_2)^2]+c_{12}[s_2 l_1(\dot{\theta}_1)^2+c_2 l_1\ddot{\theta}_1+l_2(\ddot{\theta}_1+\ddot{\theta}_2)] \\ 0 \end{bmatrix} \tag{j}$$

式中：

$s_i=\sin\theta_i$；

$c_i=\cos\theta_i$；

$s_{ij}=\sin(\theta_i+\theta_j)$；

$c_{ij}=\cos(\theta_i+\theta_j)$。

解毕。

4.2 雅可比矩阵

4.2.1 雅可比矩阵概述

由例 4-1 知两杆平面操作机的$\boldsymbol{\omega}_3^0$ 和$\boldsymbol{v}_3^0$ 由式(h)和式(i)表示，当$\boldsymbol{v}_3^0$ 和$\boldsymbol{\omega}_3^0$ 用 S_0 中的分量

表示时，有

$$\boldsymbol{v}_3^0=[v_{3x}^0 \quad v_{3y}^0 \quad v_{3z}^0]^{\mathrm{T}}$$

$$\boldsymbol{\omega}_3^0=[\omega_{3x}^0 \quad \omega_{3y}^0 \quad \omega_{3z}^0]^{\mathrm{T}}$$

当不特别注意序号而只关心 S_0 是固定坐标系时，上角标“0”可以略去。

这样把例 4-1 中式(h)、式(i)可以写成如下形式：

$$\begin{bmatrix} v_{3x} \\ v_{3y} \\ v_{3z} \\ \omega_{3x} \\ \omega_{3y} \\ \omega_{3z} \end{bmatrix}=\begin{bmatrix} -l_1\mathrm{s}_1-l_2\mathrm{s}_{12} & -l_2\mathrm{s}_{12} \\ l_1\mathrm{c}_1+l_2\mathrm{c}_{12} & +l_2\mathrm{c}_{12} \\ 0 & 0 \\ 0 & 0 \\ 0 & 0 \\ 1 & 1 \end{bmatrix}\begin{bmatrix} \dot{\theta}_1 \\ \dot{\theta}_2 \end{bmatrix}$$

或写成

$$\begin{bmatrix} v_3^0 \\ \omega_3^0 \end{bmatrix}=\boldsymbol{J}\begin{bmatrix} \dot{\theta}_1 \\ \dot{\theta}_2 \end{bmatrix}$$

由上式可看出，S_3 在直角坐标系 S_0 中的速度与关节变量速率之间借助于某一矩阵联系起来。下面将会看到，该矩阵的系数是由偏导数组成的，所以把这一矩阵称作操作机的雅可比矩阵 $\boldsymbol{J}$。它是操作机机构学研究中非常重要的矩阵。下面讨论一般情况。

设操作机具有 n 个连杆，n 个关节变量 q。这些变量可以是旋转变量 θ，也可以是移动变量 d，称广义坐标。因操作机是定常的(非时变的)完整系统，所以末端执行器的标架 S_e 的原点线速度和转动角速度，总可在基础坐标系 S_0 中表示为

$$v_e=v_{e1}\dot{q}_1+v_{e2}\dot{q}_2+\cdots+v_{er}\dot{q}_r+\cdots+v_{en}\dot{q}_n \tag{4-22}$$

$$\omega_e=\omega_{e1}\dot{q}_1+\omega_{e2}\dot{q}_2+\cdots+\omega_{er}\dot{q}_r+\cdots+\omega_{en}\dot{q}_n \tag{4-23}$$

式中，$\dot{q}_r$ 为广义速率(既可是角速率也可是线速率)；v_{er} 为相对于 $\dot{q}_r$ 的偏速度；ω_{er} 为相对于 $\dot{q}_r$ 的偏角速度。

对于线速度，这是很容易理解的。因为 S_e 的原点 O_e，在以 q_r 为广义坐标的坐标系中的位置向量 $\boldsymbol{r}_e$ 是广义坐标 q_r 的线性函数，即

$$\boldsymbol{r}_e=\boldsymbol{r}_e(q_1,\cdots,q_r,\cdots,q_n) \tag{4-24}$$

所以

$$\boldsymbol{v}_e=\frac{\mathrm{d}\boldsymbol{r}_e}{\mathrm{d}t}=\frac{\partial\boldsymbol{r}_e}{\partial q_1}\dot{q}_1+\frac{\partial\boldsymbol{r}_e}{\partial q_2}\dot{q}_2+\cdots+\frac{\partial\boldsymbol{r}_e}{\partial q_r}\dot{q}_r+\cdots+\frac{\partial\boldsymbol{r}_e}{\partial q_n}\dot{q}_n$$

简记为

$$\boldsymbol{v}_e=v_{e1}\dot{q}_1+v_{e2}\dot{q}_2+\cdots+v_{er}\dot{q}_r+\cdots+v_{en}\dot{q}_n \tag{4-25}$$

可以看出 $\boldsymbol{v}_{er}=\dfrac{\partial\boldsymbol{r}_e}{\partial q_r}$，故命名为偏速度，是向量。但对于角速度，由于有限角位移不是向量，只有无限小角位移 $\Delta\boldsymbol{\phi}$ 才是向量，所以写不出与式(4-24)相似的角位移向量函数。可以借助于任一刚体的角速度与线速度关系，参考式(4-25)写出式(4-23)。

设一力学系统，具有 n 个广义坐标 $q_r(r=1,2,\cdots,n)$。S_0 为参考坐标系，在系统中的

刚体 A 上固联一坐标系 $S_A(O_A\text{-}x_Ay_Az_A)$（图 4-5）并令 $\boldsymbol{r}_{OA}$，$\boldsymbol{r}_i$，$\boldsymbol{r}_j$，$\boldsymbol{r}_k$ 分别是 O_A 以及 $\boldsymbol{i}$，$\boldsymbol{j}$，$\boldsymbol{k}$ 端点的向径，$\boldsymbol{\omega}_A$ 为刚体 A 相对于 S_0 旋转轴的和角速度向量，于是有

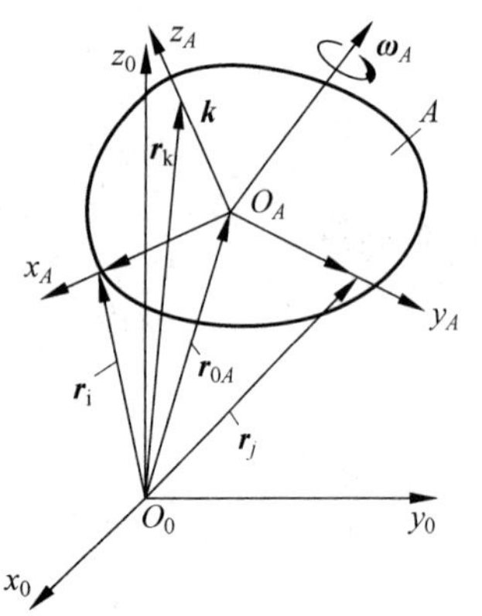

图 4-5　刚体 A 绕 ω 旋转

$$\boldsymbol{\omega}_A = \omega_{Ax}\boldsymbol{i} + \omega_{Ay}\boldsymbol{j} + \omega_{Az}\boldsymbol{k} \tag{4-26}$$

而

$$\omega_{Ax} = \boldsymbol{\omega}_A \cdot \boldsymbol{i} = \boldsymbol{\omega}_A \cdot (\boldsymbol{j} \times \boldsymbol{k}) = \boldsymbol{k} \cdot (\boldsymbol{\omega}_A \times \boldsymbol{j})$$

考虑到式(4-5)，有 $\mathrm{d}\boldsymbol{j}/\mathrm{d}t = \boldsymbol{\omega}_A \times \boldsymbol{j}$，则

$$\omega_{Ax} = \boldsymbol{k} \cdot \frac{\mathrm{d}\boldsymbol{j}}{\mathrm{d}t}$$

同理，有

$$\omega_{Ay} = \boldsymbol{i} \cdot \frac{\mathrm{d}\boldsymbol{k}}{\mathrm{d}t}, \quad \omega_{Az} = \boldsymbol{j} \cdot \frac{\mathrm{d}\boldsymbol{i}}{\mathrm{d}t}$$

于是

$$\boldsymbol{\omega}_A = \left(\boldsymbol{k} \cdot \frac{\mathrm{d}\boldsymbol{j}}{\mathrm{d}t}\right)\boldsymbol{i} + \left(\boldsymbol{i} \cdot \frac{\mathrm{d}\boldsymbol{k}}{\mathrm{d}t}\right)\boldsymbol{j} + \left(\boldsymbol{j} \cdot \frac{\mathrm{d}\boldsymbol{i}}{\mathrm{d}t}\right)\boldsymbol{k} \tag{4-27}$$

该式说明，$\boldsymbol{\omega}_A$ 可以表示为 $\boldsymbol{i}$，$\boldsymbol{j}$，$\boldsymbol{k}$ 以及 $\frac{\mathrm{d}\boldsymbol{i}}{\mathrm{d}t}$，$\frac{\mathrm{d}\boldsymbol{j}}{\mathrm{d}t}$，$\frac{\mathrm{d}\boldsymbol{k}}{\mathrm{d}t}$ 的函数。

由图 4-5 可知道

$$\boldsymbol{i} = \boldsymbol{r}_i - \boldsymbol{r}_{OA}, \quad \boldsymbol{j} = \boldsymbol{r}_j - \boldsymbol{r}_{OA}, \quad \boldsymbol{k} = \boldsymbol{r}_k - \boldsymbol{r}_{OA}$$

我们知道，刚体上任一点的向径都可写成广义坐标的函数，对于定常系统：

$$\boldsymbol{r}_P = \boldsymbol{r}_P \quad (q_1 \cdots q_r \cdots q_n)$$

故有

$$\frac{\mathrm{d}\boldsymbol{i}}{\mathrm{d}t} = \frac{\mathrm{d}\boldsymbol{r}_i}{\mathrm{d}t} - \frac{\mathrm{d}\boldsymbol{r}_{OA}}{\mathrm{d}t} = v_{i,OA} \quad (\dot{q}_1 \cdots \dot{q}_r \cdots \dot{q}_n)$$

$$\frac{\mathrm{d}\boldsymbol{j}}{\mathrm{d}t} = \frac{\mathrm{d}\boldsymbol{r}_j}{\mathrm{d}t} - \frac{\mathrm{d}\boldsymbol{r}_{OA}}{\mathrm{d}t} = v_{j,OA} \quad (\dot{q}_1 \cdots \dot{q}_r \cdots \dot{q}_n)$$

$$\frac{\mathrm{d}\boldsymbol{k}}{\mathrm{d}t} = \frac{\mathrm{d}\boldsymbol{r}_k}{\mathrm{d}t} - \frac{\mathrm{d}\boldsymbol{r}_{OA}}{\mathrm{d}t} = v_{k,OA} \quad (\dot{q}_1 \cdots \dot{q}_r \cdots \dot{q}_n)$$

将上三式代入式(4-27)，得

$$\begin{aligned}\boldsymbol{\omega}_A = &(\boldsymbol{k} \cdot v_{j,OA}(\dot{q}_1 \cdots \dot{q}_r \cdots \dot{q}_n))\boldsymbol{i} + \\ &(\boldsymbol{i} \cdot v_{k,OA}(\dot{q}_1 \cdots \dot{q}_r \cdots \dot{q}_n))\boldsymbol{j} + \\ &(\boldsymbol{j} \cdot v_{i,OA}(\dot{q}_1 \cdots \dot{q}_r \cdots \dot{q}_n))\boldsymbol{k}\end{aligned}$$

由上式可见，$\boldsymbol{\omega}_A$ 是 $\dot{q}_i$ 的向量函数，即对于刚体 A 可得到

$$\boldsymbol{\omega}_A = \boldsymbol{\omega}_{A1}\dot{q}_1 + \cdots + \boldsymbol{\omega}_{Ar}\dot{q}_r + \cdots + \boldsymbol{\omega}_{An}\dot{q}_n \tag{4-28}$$

所以，作为操作机的末端执行器 L_E，其角速度向量可写成式(4-23)的形式，因此可以仿照线速度的形式，取式(4-23)中广义速率 $\dot{q}_r$ 的向量系数$\boldsymbol{\omega}_{er}$，定义为偏角速度。

这样一来，对于一般的六杆六关节的操作机，可得到如下一般方程式：

$$\begin{bmatrix} v_{ex} \\ v_{ey} \\ v_{ez} \\ \omega_{ex} \\ \omega_{ey} \\ \omega_{ez} \end{bmatrix} = \begin{bmatrix} \boldsymbol{J}_{11} & \boldsymbol{J}_{12} & \boldsymbol{J}_{13} & \boldsymbol{J}_{14} & \boldsymbol{J}_{15} & \boldsymbol{J}_{16} \\ \boldsymbol{J}_{21} & \boldsymbol{J}_{22} & \boldsymbol{J}_{23} & \boldsymbol{J}_{24} & \boldsymbol{J}_{25} & \boldsymbol{J}_{26} \\ \boldsymbol{J}_{31} & \boldsymbol{J}_{32} & \boldsymbol{J}_{33} & \boldsymbol{J}_{34} & \boldsymbol{J}_{35} & \boldsymbol{J}_{36} \\ \boldsymbol{J}_{41} & \boldsymbol{J}_{42} & \boldsymbol{J}_{43} & \boldsymbol{J}_{44} & \boldsymbol{J}_{45} & \boldsymbol{J}_{46} \\ \boldsymbol{J}_{51} & \boldsymbol{J}_{52} & \boldsymbol{J}_{53} & \boldsymbol{J}_{54} & \boldsymbol{J}_{55} & \boldsymbol{J}_{56} \\ \boldsymbol{J}_{61} & \boldsymbol{J}_{62} & \boldsymbol{J}_{63} & \boldsymbol{J}_{64} & \boldsymbol{J}_{65} & \boldsymbol{J}_{66} \end{bmatrix} \begin{bmatrix} \dot{q}_1 \\ \dot{q}_2 \\ \dot{q}_3 \\ \dot{q}_4 \\ \dot{q}_5 \\ \dot{q}_6 \end{bmatrix} \tag{4-29}$$

简记作

$$\dot{\boldsymbol{x}} = \boldsymbol{J}\dot{\boldsymbol{q}}$$

式中，$\dot{\boldsymbol{x}}$ 为直角坐标空间速度列阵；$\dot{\boldsymbol{q}}$ 为关节空间速率列阵；$\boldsymbol{J}$ 为 6×6 方阵，称作雅可比矩阵。

关于雅可比矩阵的元素可简记为

$$\boldsymbol{J}_{ir} = \boldsymbol{e}_{ei} \cdot \boldsymbol{v}_{er}, \quad i = 1,2,3, r = 1,2,\cdots,n \tag{4-30a}$$

$$\boldsymbol{J}_{ir} = \boldsymbol{e}_{e(i-3)} \cdot \boldsymbol{\omega}_{er}, \quad i = 4,5,6, r = 1,2,\cdots,n \tag{4-30b}$$

式中，$\boldsymbol{v}_{er}$ 为 S_e 原点 O_{er} 相对于 $\dot{q}_r$ 的偏速度；$\boldsymbol{\omega}_{er}$ 为 S_e 相对于 $\dot{q}_r$ 的偏角速度；$\boldsymbol{e}_{ei}$ 表示 S_e 标架的单位向量基，即 $\boldsymbol{e}_{e1} = \boldsymbol{i}_e, \boldsymbol{e}_{e2} = \boldsymbol{j}_e, \boldsymbol{e}_{e3} = \boldsymbol{k}_e$。

式(4-30a)和式(4-30b)分别表示偏线速度和偏角速度在 S_e 坐标轴上的分量。

前面的论述都是针对 S_e 相对于固定标架 S_0 进行运动的，如果不是 S_e，而是操作机中任一杆的 S_i 相对于固定标架 S_0 进行运动，只要满足 $v_i = \sum_{r=1}^{n} v_{ir}\dot{q}_r$ 和 $\omega_i = \sum_{r=1}^{n} \omega_{ir}\dot{q}_r$，上式都适用。

4.2.2 雅可比矩阵元素的计算

按照 4.1 节所介绍的速度递推公式，先求出操作机给定点(如 P_e，或例 4-1 中 O_3)的速度表达式，即可从中抽出相应的雅可比矩阵元素。下面介绍一种求雅可比矩阵的直接方法。

将式(4-6)，式(4-7)展开，并考虑到 $v_1 = 0$，得

$$\boldsymbol{\omega}_i = \boldsymbol{\omega}_{i-1} + \dot{\theta}_i \boldsymbol{k}_i = \dot{\theta}_1 \boldsymbol{k}_1 + \dot{\theta}_2 \boldsymbol{k}_2 + \cdots + \dot{\theta}_i \boldsymbol{k}_i$$

$$\begin{aligned} \boldsymbol{v}_i &= \boldsymbol{v}_{i-1} + \boldsymbol{\omega}_{i-1} \times \boldsymbol{r}_{i-1,i} = \boldsymbol{\omega}_1 \times \boldsymbol{r}_{1,2} + \boldsymbol{\omega}_2 \times \boldsymbol{r}_{2,3} + \cdots + \boldsymbol{\omega}_{i-1} \times \boldsymbol{r}_{i-1,i} \\ &= \dot{\theta}_1 \boldsymbol{k}_1 \times \boldsymbol{r}_{1,2} + (\dot{\theta}_1 \boldsymbol{k}_1 + \dot{\theta}_2 \boldsymbol{k}_2) \times \boldsymbol{r}_{2,3} + \cdots \\ &= \dot{\theta}_1 \boldsymbol{k}_1 \times (\boldsymbol{r}_{1,2} + \boldsymbol{r}_{2,3} + \cdots + \boldsymbol{r}_{i-1,i}) + \dot{\theta}_2 \boldsymbol{k}_2 \times (\boldsymbol{r}_{2,3} + \boldsymbol{r}_{3,4} + \cdots + \boldsymbol{r}_{i-1,i}) + \cdots + \dot{\theta}_{i-1} \boldsymbol{k}_{i-1} \times \boldsymbol{r}_{i-1,i} \\ &= \dot{\theta}_1 \boldsymbol{k}_1 \times \boldsymbol{r}_{1,i} + \dot{\theta}_2 \boldsymbol{k}_2 \times \boldsymbol{r}_{2,i} + \cdots + \dot{\theta}_{i-1} \boldsymbol{k}_{i-1} \times \boldsymbol{r}_{i-1,i} \end{aligned}$$

于是得到

$$\frac{\partial \boldsymbol{\omega}_i}{\partial \dot{\theta}_j} = \boldsymbol{k}_j, \quad j = 1,2,\cdots,i \tag{4-31}$$

$$\frac{\partial \boldsymbol{v}_i}{\partial \dot{\theta}_j} = \begin{cases} \boldsymbol{k}_j \times \boldsymbol{r}_{j,i}, & j = 1,2,\cdots,i-1 \\ \boldsymbol{0}, & j = i \end{cases} \tag{4-32}$$

注意上述式(4-31)、式(4-32)是对旋转关节求出的，而且 z_i 为第 i 杆的旋转轴，由于第1杆相对于基础坐标系只转动，故 $\boldsymbol{v}_i=0$。

由定义和式(4-31)、式(4-32)可得对于旋转关节操作机雅可比矩阵元素的计算公式如下：

$$\boldsymbol{J}_{m,j}=\begin{cases}\boldsymbol{k}_j\times\boldsymbol{r}_{j,i}, & j=1,2,\cdots,i-1\\ \boldsymbol{0}, & j=i\end{cases}\qquad m=1,2,3 \tag{4-33}$$

$$\boldsymbol{J}_{m,j}=[\boldsymbol{k}_j],\quad j=1,2,\cdots,i,m=4,5,6 \tag{4-34}$$

对于移动关节则有

$$\boldsymbol{J}_{m,j}=\boldsymbol{k}_j,\quad j=1,2,\cdots,i;\ m=1,2,3 \tag{4-35}$$

$$\boldsymbol{J}_{m,j}=\boldsymbol{0},\quad j=1,2,\cdots,i,m=4,5,6 \tag{4-36}$$

式(4-33)～式(4-36)中的 $\boldsymbol{k}_j,\boldsymbol{r}_{j,i}$ 都是表示在基础坐标系 S_0 中的向量。

例 4-3 试求例 4-1 所述操作机的雅可比矩阵 $\boldsymbol{J}$。

解 参看图 4-3，得

$$\boldsymbol{k}_1=\begin{bmatrix}0\\0\\1\end{bmatrix},\quad \boldsymbol{k}_2=\begin{bmatrix}0\\0\\1\end{bmatrix}$$

$$\boldsymbol{r}_{1,2}=\begin{bmatrix}l_1\mathrm{c}_1\\l_1\mathrm{s}_1\\0\end{bmatrix},\quad \boldsymbol{r}_{2,3}=\begin{bmatrix}l_2\mathrm{c}_{12}\\l_2\mathrm{s}_{12}\\0\end{bmatrix}$$

$$\boldsymbol{r}_{1,3}=\boldsymbol{r}_{1,2}+\boldsymbol{r}_{2,3}=\begin{bmatrix}l_1\mathrm{c}_1+l_2\mathrm{c}_{12}\\l_1\mathrm{s}_1+l_2\mathrm{s}_{12}\\0\end{bmatrix}$$

$$\boldsymbol{k}_1\times\boldsymbol{r}_{1,3}=\begin{bmatrix}-l_1\mathrm{s}_1-l_2\mathrm{s}_{12}\\l_1\mathrm{c}_1+l_2\mathrm{c}_{12}\\0\end{bmatrix}$$

$$\boldsymbol{k}_2\times\boldsymbol{r}_{2,3}=\begin{bmatrix}-l_2\mathrm{s}_{12}\\l_2\mathrm{c}_{12}\\0\end{bmatrix}$$

于是得到

$$\boldsymbol{J}=\begin{bmatrix}\boldsymbol{J}_{1,j}\\\boldsymbol{J}_{2,j}\\\boldsymbol{J}_{3,j}\\\boldsymbol{J}_{4,j}\\\boldsymbol{J}_{5,j}\\\boldsymbol{J}_{6,j}\end{bmatrix}=\begin{bmatrix}\boldsymbol{k}_1\times\boldsymbol{r}_{1,3} & \boldsymbol{k}_2\times\boldsymbol{r}_{2,3}\\\boldsymbol{k}_1 & \boldsymbol{k}_2\end{bmatrix}=\begin{bmatrix}-l_1\mathrm{s}_1-l_2\mathrm{s}_{12} & -l_2\mathrm{s}_{12}\\l_1\mathrm{c}_1+l_2\mathrm{c}_{12} & l_2\mathrm{c}_{12}\\0&0\\0&0\\0&0\\1&1\end{bmatrix} \tag{4-37}$$

解毕。

4.2.3 雅可比矩阵奇异问题

在一般情况下，雅可比矩阵可以写成如下形式：

$$\boldsymbol{J}=\begin{bmatrix} J_{11} & J_{12} & \cdots & J_{1n} \\ J_{21} & J_{22} & \cdots & J_{2n} \\ \vdots & \vdots & & \vdots \\ J_{m1} & J_{m2} & \cdots & J_{mn} \end{bmatrix} \tag{4-38}$$

这时，由式(4-29)表示的速度关系可得一般的简写形式：

$$\dot{\boldsymbol{x}}_{m\times 1}=\boldsymbol{J}_{m\times n}\times\dot{\boldsymbol{q}}_{n\times 1} \tag{4-39}$$

式中，n 表示末端执行的运动自由度数目，对三维空间情况，$n=6$；m 表示操作机运动链的自由度数目，视具体结构而定；$\dot{\boldsymbol{x}}$ 表示广义速度列向量；$\dot{\boldsymbol{q}}$ 表示广义关节速率列向量。

由线性代数可知：当 $m\neq n$ 时，$\boldsymbol{J}$ 为非方阵，这时式(4-39)的求逆运算可用引出$[\boldsymbol{J}]$的伪逆阵方法解决。即在式(4-39)两边各前乘 $\boldsymbol{J}^{\mathrm{T}}$：

$$\boldsymbol{J}^{\mathrm{T}}\dot{\boldsymbol{x}}=\boldsymbol{J}^{\mathrm{T}}\boldsymbol{J}\dot{\boldsymbol{q}}$$

于是

$$\dot{\boldsymbol{q}}=[\boldsymbol{J}^{\mathrm{T}}\boldsymbol{J}]^{-1}\boldsymbol{J}^{\mathrm{T}}\dot{\boldsymbol{x}} \tag{4-40}$$

式中，$[\boldsymbol{J}^{\mathrm{T}}\boldsymbol{J}]^{-1}\boldsymbol{J}^{\mathrm{T}}$ 称为非方阵$[\boldsymbol{J}]$的伪逆阵。

当 $m<n$，即操作机的独立关节变量少于末端执行器的运动自由度数目，一般说来方程(4-39)无逆解。这就是说，这时操作机的全速度控制是不可能的。例如，五自由度全旋转关节操作机($5R$ 操作机)是不能满足末端执行器的六个运动速度要求的。故它多用于焊接作业，因为在这时，焊丝绕自身的旋转速度是无要求的，只要五个运动速度控制就可以了。

当 $m>n$ 时，即独立关节变量的数目多于末端执行器运动自由度的数目，其中 $m-n$ 个关节变量可作为自由变量，即冗余变量，可取任意可能的值。这就构成了无穷多解，故可从中选择，进行优化控制。

当 $m=n$ 时，也可分为两种情况：

(1) 当$|\boldsymbol{J}|\neq 0$ 时，存在 $\boldsymbol{J}$ 的逆阵 $\boldsymbol{J}^{-1}$，故式(4-39)可反解。即可由给定的末端执行器的运动速度向量 $\dot{\boldsymbol{x}}$，求出赖以产生该速度向量的关节速率向量 $\dot{\boldsymbol{q}}$。但严格来讲，还要求式(4-39)的增广矩阵$[\boldsymbol{J}\dot{\boldsymbol{x}}]$与$[\boldsymbol{J}]$有相同的秩。

(2) 当$|\boldsymbol{J}|=0$ 时，称雅可比矩阵 $\boldsymbol{J}$ 奇异。此时不存在 $\boldsymbol{J}^{-1}$，即在 $\boldsymbol{J}$ 中的行(或列)向量线性相关，也就是，其中总有一行(列)向量与其他行(列)向量之一，或几个行(列)向量的和向量平行，即表示某个关节或某几个关节丧失了自由度。这时由关节速度所引起的末端执行器的速度向量只具有某一特定方向，要求获得任意的速度向量是不可能的(在计算上将出现某个或某些关节速率为无穷大)。这时操作机将无法进行速度控制。

举例说明如下。

现仍考虑例 4-1 的两杆平面操作机(图 4-3)。对 O_3 点来说，可得如下平面线速度关系式：

$$\begin{bmatrix} v_{3x} \\ v_{3y} \end{bmatrix}=\begin{bmatrix} -l_1\mathrm{s}_1-l_2\mathrm{s}_{12} & -l_2\mathrm{s}_{12} \\ l_1\mathrm{c}_1+l_2\mathrm{c}_{12} & l_2\mathrm{c}_{12} \end{bmatrix}\begin{bmatrix} \dot{\theta}_1 \\ \dot{\theta}_2 \end{bmatrix}$$

其中,雅可比矩阵为二阶方阵,它的行列式结果是

$$|\boldsymbol{J}|=\begin{vmatrix} -l_1 s_1 - l_2 s_{12} & -l_2 s_{12} \\ l_1 c_1 + l_2 c_{12} & l_2 c_{12} \end{vmatrix} = l_1 l_2 \sin\theta_2$$

当 $\theta_2=0,\pi$ 时,$|\boldsymbol{J}|=0$,即这时雅可比矩阵奇异。图 4-6 表示了与 $\theta_2=0$ 相对应的奇异位形(图中的位形Ⅰ)。

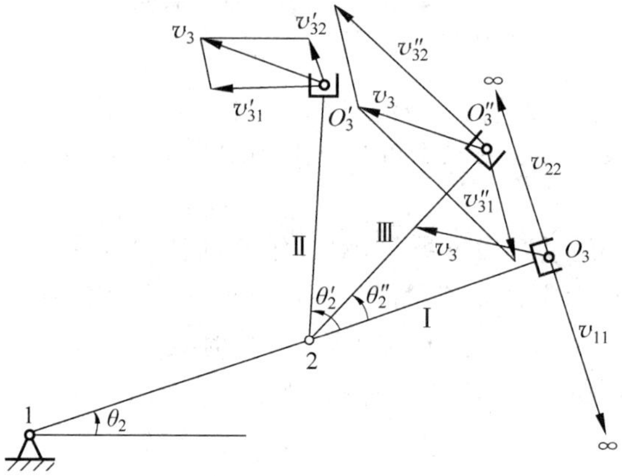

图 4-6 两杆操作机的奇异位形

由图可知,这时驱动关节 2 和关节 1,对 O_3 只能产生相同方向的运动作用,所以在该瞬时,操作机丧失了一个自由度,二自由度的操作机变成了一自由度的操作机。

由图清楚地看出,为了使 O_3 得到相等的运动速度 v_3,在位形Ⅱ时,只需驱动关节 2 和关节 1,使之相应产生 v'_{32} 和 v'_{31} 即可合成 v_3。但在位形Ⅲ时,就需要产生 v''_{32} 和 v''_{31} 才可合成 v_3,可以看出后两者的模大于前两者。当由位形Ⅲ变到位形Ⅰ时,为了产生相应的 v_3,v_{32} 和 v_{31} 必须逐渐加大,直到无穷,与之相应的关节速率 $\dot{\theta}_1$,$\dot{\theta}_2$ 也必须逐渐加大到无穷,这是无法办到的。故该瞬时操作机速度失控。

4.3 微分运动

所谓微分运动(也称微分变化),就是无限小运动(或无限小变化),即无限小移动和无限小转动。本节讨论在关节坐标中当关节变量作无限小变化时,与操作机末端执行器在直角(笛卡儿)坐标空间所引起的无限小运动之间的关系,以及两直角坐标空间无限小变化之间的关系。

4.3.1 关节坐标与直角坐标之间微分运动关系

当关节变量在关节坐标空间作无限小运动 $\delta \boldsymbol{q}_r$ 时,操作机末端执行器在直角坐标空间 S_e 中将引起相应的无限小运动,设沿三坐标的微分平移和微分旋转分别是

$$\delta \boldsymbol{r}=\boldsymbol{d}=[d_x \quad d_y \quad d_z]^{\mathrm{T}}, \quad \delta \boldsymbol{\varphi}=\boldsymbol{\delta}=[\delta_x \quad \delta_y \quad \delta_z]^{\mathrm{T}}$$

由于

$$\frac{\mathrm{d}\boldsymbol{q}_r}{\mathrm{d}t}=\dot{\boldsymbol{q}}_r, \quad \frac{\mathrm{d}\boldsymbol{r}_e}{\mathrm{d}t}=\boldsymbol{v}_e, \quad \frac{\mathrm{d}\boldsymbol{\varphi}_e}{\mathrm{d}t}=\boldsymbol{\omega}_e$$

故有

$$\delta \boldsymbol{q}_r = \dot{\boldsymbol{q}}_r \delta t$$

$$\delta \boldsymbol{r}_e = \boldsymbol{v}_e \delta t = \sum_{r=1}^{n} \boldsymbol{v}_{er} \dot{\boldsymbol{q}}_r \delta t = \boldsymbol{d}$$

$$\delta \boldsymbol{\varphi}_e = \boldsymbol{\omega}_e \delta t = \sum_{r=1}^{n} \boldsymbol{\omega}_{er} \dot{\boldsymbol{q}}_r \delta t = \boldsymbol{\delta}$$

将上三式代入式(4-29)，即可得到

$$\begin{bmatrix} d_x \\ d_y \\ d_z \\ \delta_x \\ \delta_y \\ \delta_z \end{bmatrix} = \boldsymbol{J} \begin{bmatrix} \delta q_1 \\ \vdots \\ \delta q_r \\ \vdots \\ \delta q_n \end{bmatrix} \tag{4-41}$$

式(4-41)简记为

$$\delta \boldsymbol{p} = \boldsymbol{J} \cdot \delta \boldsymbol{q}$$

于是可得

$$\delta \boldsymbol{q} = \boldsymbol{J}^{-1} \cdot \delta \boldsymbol{p} \tag{4-42}$$

式(4-41)和式(4-42)就是关节坐标和直角(笛卡儿)坐标之间的微分变化关系。

用下例说明式(4-41)的一种应用。

例 4-4　试求操作机(图 4-7)处于奇异位形时在工作空间所形成的奇异曲面。

解　设操作机具有 n 个自由度，取末端执行器(手爪)坐标系 O_ε(看不到)的原点 O_e 为手部参考点。在参考坐标系 S_0 中的向径是

$$\boldsymbol{r}_{O0,Oe} = \boldsymbol{r} = \boldsymbol{r}(q_1, q_2, \cdots, q_n) \tag{a}$$

$\boldsymbol{r}$ 的微分则是

$$\mathrm{d}\boldsymbol{r} = [\Delta r_x \quad \Delta r_y \quad \Delta r_z]^{\mathrm{T}} \tag{b}$$

根据式(4-41)，可得

$$\begin{bmatrix} \Delta r_x \\ \Delta r_y \\ \Delta r_z \end{bmatrix}_{3\times1} = \boldsymbol{J}_{3\times n} \begin{bmatrix} \delta q_1 \\ \delta q_2 \\ \vdots \\ \delta q_n \end{bmatrix}_{n\times1} \tag{c}$$

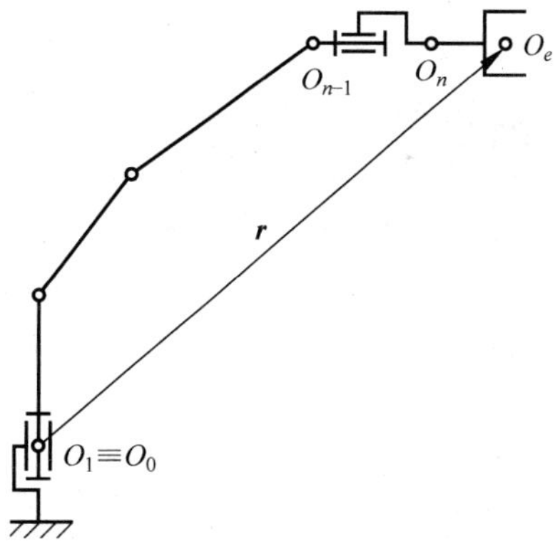

图 4-7　操作机简图

和

$$\boldsymbol{J}_{3\times n} = \begin{bmatrix} \dfrac{\partial r_x}{\partial q_1} & \dfrac{\partial r_x}{\partial q_2} & \cdots & \dfrac{\partial r_x}{\partial q_n} \\ \dfrac{\partial r_y}{\partial q_1} & \dfrac{\partial r_y}{\partial q_2} & \cdots & \dfrac{\partial r_y}{\partial q_n} \\ \dfrac{\partial r_z}{\partial q_1} & \dfrac{\partial r_z}{\partial q_2} & \cdots & \dfrac{\partial r_z}{\partial q_n} \end{bmatrix} \tag{d}$$

所谓奇异位形，即操作机处于该位形时，不论列向量 $\delta\boldsymbol{q}=[\delta q_1 \quad \delta q_2 \quad \cdots \quad \delta q_n]^{\mathrm{T}}$ 如何变化，参考点 O_e 在直角坐标空间，只能沿某曲面（或某曲线）变化，而不能沿空间的任意方向变化。

一系列的奇异位形所决定的参考点 O_e 的集合，即工作空间 $W(O_e)$ 的奇异曲面。奇异曲面一定是 $W(O_e)$ 的界限曲面（或曲线），也可以是包括界限曲面在内的一族曲面（或曲线）。

操作机的手部参考点 O_e 处于奇异曲面（或曲线）上，将产生 4.2.3 节中所说的速度失控。

由线性代数可知，向量 $\delta\boldsymbol{q}=[\delta q_1 \quad \delta q_2 \quad \cdots \quad \delta q_n]^{\mathrm{T}}$ 变化时，$\mathrm{d}\boldsymbol{r}=[\Delta r_x \quad \Delta r_y \quad \Delta r_z]^{\mathrm{T}}$ 也随之变化，而其变化所在空间的维数应等于系数矩阵 $\boldsymbol{J}$ 的秩。所以奇异位形的充要条件是 $\boldsymbol{J}$ 的秩<3，等于 2（或 1）。

式(d)所示的矩阵 $\boldsymbol{J}$ 的秩等于 2 的条件是：若设 $\dfrac{\partial \boldsymbol{r}}{\partial q_{n-1}}\neq 0$，$\dfrac{\partial \boldsymbol{r}}{\partial q_n}\neq 0$ 且 $\dfrac{\partial \boldsymbol{r}}{\partial q_{n-1}}\neq\dfrac{\partial \boldsymbol{r}}{\partial q_n}$ 时，$\boldsymbol{J}$ 中所有包括 $\dfrac{\partial \boldsymbol{r}}{\partial q_{n-1}}$，$\dfrac{\partial \boldsymbol{r}}{\partial q_n}$ 的 3×3 子矩阵的行列式等于零。

这样就得到了相应于奇异位形的曲面方程，可表示为

$$\begin{cases}\boldsymbol{r}=\boldsymbol{r}(q_1 q_2 \cdots q_n)\\[4pt] \dfrac{\partial \boldsymbol{r}}{\partial q_i}\cdot\left(\dfrac{\partial \boldsymbol{r}}{\partial q_{n-1}}\times\dfrac{\partial \boldsymbol{r}}{\partial q_n}\right)=0 \quad i=1,2,\cdots,n-2\\[4pt] \dfrac{\partial \boldsymbol{r}}{\partial q_{n-1}}\neq 0 \quad \dfrac{\partial \boldsymbol{r}}{\partial q_n}\neq 0 \quad \dfrac{\partial \boldsymbol{r}}{\partial q_{n-1}}\neq\dfrac{\partial \boldsymbol{r}}{\partial q_n}\end{cases} \tag{e}$$

注意：

$$\frac{\partial \boldsymbol{r}}{\partial q_i}\cdot\left(\frac{\partial \boldsymbol{r}}{\partial q_{n-1}}\times\frac{\partial \boldsymbol{r}}{\partial q_n}\right)=\begin{vmatrix}\dfrac{\partial r_x}{\partial q_i} & \dfrac{\partial r_x}{\partial q_{n-1}} & \dfrac{\partial r_x}{\partial q_n}\\[6pt] \dfrac{\partial r_y}{\partial q_i} & \dfrac{\partial r_y}{\partial q_{n-1}} & \dfrac{\partial r_y}{\partial q_n}\\[6pt] \dfrac{\partial r_z}{\partial q_i} & \dfrac{\partial r_z}{\partial q_{n-1}} & \dfrac{\partial r_z}{\partial q_n}\end{vmatrix}=0$$

式(e)有 $n+3$ 个未知量（$x,y,z,q_1,q_2,\cdots,q_n$），$n-2+3$ 个方程式，故是一曲面方程。解毕。

对于实际的操作机，因各关节变量均有结构限制，即不能作整周（360°）回转和无限长移动，这时在使用上式时，要分“段”使用，即某 q_i 达到限制值时，就消去这一变量。把它固结，这时的广义坐标（亦即自由度）数为 $n-1$，再使用式(e)。

4.3.2 直角坐标系之间的微分运动关系

1. 微分平移与旋转

1）微分平移

设在参考坐标系 S_0 中沿 x_0、y_0、z_0 各有微分平移 $\mathrm{d}x$、$\mathrm{d}y$、$\mathrm{d}z$，则有

$$\begin{aligned}&\text{Trans}(x_0,\mathrm{d}x)\text{Trans}(y_0,\mathrm{d}y)\text{Trans}(z_0,\mathrm{d}z)\\&=\text{Trans}(\mathrm{d}x,\mathrm{d}y,\mathrm{d}z)=\begin{bmatrix}1&0&0&\mathrm{d}x\\0&1&0&\mathrm{d}y\\0&0&1&\mathrm{d}z\\0&0&0&1\end{bmatrix}\end{aligned}\tag{4-43}$$

可见微分平移与非微分平移一样，可以线性相加，与平移的次序无关。

2）微分旋转

前面曾说过，有限角位移不是向量，连续角位移的结果与该连续序列中角位移的次序有关。例如：$\boldsymbol{R}(z,\theta)\boldsymbol{R}(y,\beta)\neq\boldsymbol{R}(z,\beta)\boldsymbol{R}(y,\theta)$，但当角位移是无限小量时，其结果与位移顺序无关，即符合向量运算的对易律是向量，下面作进一步的说明验证。

已知

$$\boldsymbol{R}(z,\theta)=\begin{bmatrix}c\theta&-s\theta&0\\s\theta&c\theta&0\\0&0&1\end{bmatrix}$$

今将无限小角位移记以 $\delta\theta$，当考虑到 $\cos\delta\theta=(c\,\delta\theta=)1$，$\sin\delta\theta=(s\delta\theta=)\delta\theta$ 时，则得

$$\boldsymbol{R}(z,\delta\theta)=\begin{bmatrix}1&-\delta\theta&0\\\delta\theta&1&0\\0&0&1\end{bmatrix}\tag{4-44}$$

仿此可得

$$\boldsymbol{R}(y,\delta\beta)=\begin{bmatrix}1&0&\delta\beta\\0&1&0\\-\delta\beta&0&1\end{bmatrix}\tag{4-45}$$

$$\boldsymbol{R}(x,\delta\gamma)=\begin{bmatrix}1&0&0\\0&1&-\delta\gamma\\0&\delta\gamma&1\end{bmatrix}\tag{4-46}$$

对于两次微旋转，并忽略二阶项则有

$$\boldsymbol{R}(z,\delta\theta)\boldsymbol{R}(y,\delta\beta)=\begin{bmatrix}1&-\delta\theta&\delta\beta\\\delta\theta&1&0\\-\delta\beta&0&1\end{bmatrix}$$

$$\boldsymbol{R}(y,\delta\beta)\boldsymbol{R}(z,\delta\theta)=\begin{bmatrix}1&-\delta\theta&\delta\beta\\\delta\theta&1&0\\-\delta\beta&0&1\end{bmatrix}$$

比较上两式可知，无限小角位移与变换顺序无关，亦即与左右乘顺序无关。表现为两者的线性相加，故沿三轴相继三次无限小角位移并忽略二阶项的结果是

$$\boldsymbol{R}(x,\delta\gamma)\boldsymbol{R}(y,\delta\beta)\boldsymbol{R}(z,\delta\theta)=\begin{bmatrix}1&-\delta\theta&\delta\beta\\\delta\theta&1&\delta\gamma\\-\delta\beta&\delta\gamma&1\end{bmatrix}\tag{4-47}$$

为了书写方便，取 $\delta\gamma=\delta_x$，$\delta\beta=\delta_z$，$\delta\theta=\delta_z$，并令$\boldsymbol{\delta}=[\delta_x\quad\delta_y\quad\delta_z]^{\mathrm{T}}$，式(4-47)可写成如

下形式：

$$
\begin{aligned}
&\mathrm{Rot}(x,\delta_x)\mathrm{Rot}(y,\delta_y)\mathrm{Rot}(z,\delta_z)\\
&=\mathrm{Rot}(\boldsymbol{\delta},\delta)=\mathrm{Rot}(\delta_x,\delta_y,\delta_z)\\
&=\begin{bmatrix} 1 & -\delta_x & \delta_y \\ \delta_z & 1 & -\delta_z \\ -\delta_y & \delta_x & 1 \end{bmatrix}
\end{aligned}
\tag{4-48}
$$

无限角位移的线性相加关系，还表现在

$$
\boldsymbol{R}(z,\delta\theta)\boldsymbol{R}(y,\delta\beta)\boldsymbol{R}(z,\delta\theta)=\begin{bmatrix} 1-\delta\theta^2 & -2\delta\theta & \delta\beta \\ 2\delta\theta & 1-2\delta\theta^2 & 0 \\ -\delta\beta & 0 & 1 \end{bmatrix}
$$

当略去二阶无限小量，即令 $\delta\theta^2=0$ 时，有

$$
\boldsymbol{R}(z,\delta\theta)\boldsymbol{R}(y,\delta\beta)\boldsymbol{R}(z,\delta\theta)=\begin{bmatrix} 1 & -2\delta\theta & \delta\beta \\ 2\delta\theta & 1 & 0 \\ -\delta\beta & 0 & 1 \end{bmatrix}
$$

由于无限小旋转矩阵相乘等于非对角元素相加，说明了绕各轴的无限小转动对姿势的影响是线性的。

3）微分平移与旋转

将式(4-43)与式(4-48)合并，即得微分平移与旋转公式：

$$
\mathrm{Trans}(d_x,d_y,d_z)\mathrm{Rot}(\delta_x,\delta_y,\delta_z)=\begin{bmatrix} 1 & -\delta_z & \delta_y & d_x \\ \delta_z & 1 & -\delta_x & d_y \\ -\delta_y & \delta_x & 1 & d_z \\ 0 & 0 & 0 & 1 \end{bmatrix}
\tag{4-49}
$$

2. 直角坐标系之间微分变换关系

为了便于叙述，引出微分变换的概念。

设 S_i 是经过 $\boldsymbol{T}_i^0$ 变换之后得到的坐标系（即坐标系 $\boldsymbol{T}_i$），当 S_i 沿表示于参考坐标系 S_0 中的向量 $\boldsymbol{d}=[d_x \quad d_y \quad d_z]^{\mathrm{T}}$ 作微分平移 (d_x,d_y,d_z)，并绕向量 $\boldsymbol{\delta}=[\delta_x \quad \delta_y \quad \delta_z]^{\mathrm{T}}$ 作微分旋转 $(\delta_x,\delta_y,\delta_z)$，根据“左基右一”规则，得

$$
\boldsymbol{T}_i^*=\mathrm{Trans}(d_x,d_y,d_z)\mathrm{Rot}(\delta_x,\delta_y,\delta_z)\boldsymbol{T}_i
$$

由于微分变化可以线性相加，定义

$$
\boldsymbol{T}_i^*=\boldsymbol{T}_i+\mathrm{d}\boldsymbol{T}_i^*
$$

于是可以得到

$$
\mathrm{d}\boldsymbol{T}_i^*=[\mathrm{Trans}(d_x,d_y,d_z)\mathrm{Rot}(\delta_x,\delta_y,\delta_z)-\boldsymbol{I}]\boldsymbol{T}_i
$$

式中，$\boldsymbol{I}$ 为单位矩阵。

令 $\boldsymbol{\Delta}_i$ 表示右端括号中的项，则有

$$
\mathrm{d}\boldsymbol{T}_i^*=\boldsymbol{\Delta}_i\boldsymbol{T}_i
$$

$\boldsymbol{\Delta}_i$ 称作参考系中的微分变换，表示在参考坐标系 S_0 中的量，故上角标省去。展开括号中的项，得

$$
\boldsymbol{\Delta}_i = \begin{bmatrix} 0 & -\delta_z & +\delta_y & d_x \\ -\delta_z & 0 & -\delta_x & d_y \\ -\delta_y & +\delta_x & 0 & d_z \\ 0 & 0 & 0 & 0 \end{bmatrix} \tag{4-50}
$$

如果 S_i 沿 S_i 中的向量 $\boldsymbol{d}_i^i$ 作微分平移 $(d_x^i \quad d_y^i \quad d_z^i)$，绕 S_i 中的向量 $\boldsymbol{\delta}_i^i$ 作微分旋转 $(\delta_x^i \quad \delta_y^i \quad \delta_z^i)$，根据“左基右一”规则，则有

$$
\boldsymbol{T}_i^{**} = \boldsymbol{T}_i + \mathrm{d}\boldsymbol{T}_i^{**} = \boldsymbol{T}_i \mathrm{Trans}(d'_x, d'_y, d'_z) \mathrm{Rot}(\delta'_x, \delta'_y, \delta'_z)
$$

$$
\mathrm{d}\boldsymbol{T}_i^{**} = \boldsymbol{T}_i [\mathrm{Trans}(d_x^i, d_y^i, d_z^i) \mathrm{Rot}(\delta_x^i, \delta_y^i, \delta_z^i) - \boldsymbol{I}] = \boldsymbol{T}_i \boldsymbol{\Delta}_i^i \tag{4-51}
$$

式中，$\boldsymbol{\Delta}_i^i$ 称作在 S_i 中的微分变换。

设 $\boldsymbol{T}_i$ 分别按 S_0 和按 S_i 经过微分变换 $(\boldsymbol{\Delta}_i, \boldsymbol{\Delta}_i^i)$ 之后得到了相同的结果，所以

$$
\boldsymbol{T}_i^{*} = \boldsymbol{T}_i^{**}
$$

则有

$$
\mathrm{d}\boldsymbol{T}_i^{*} = \mathrm{d}\boldsymbol{T}_i^{**}
$$

于是

$$
\boldsymbol{\Delta}_i \boldsymbol{T}_i = \boldsymbol{T}_i \boldsymbol{\Delta}_i^i
$$

得

$$
\boldsymbol{\Delta}_i^i = \boldsymbol{T}_i^{-1} \boldsymbol{\Delta}_i \boldsymbol{T}_i \tag{4-52}
$$

必须注意，虽然变换的微分相同 $(\mathrm{d}\boldsymbol{T}_i^{*} = \mathrm{d}\boldsymbol{T}_i^{**})$，但微分变换（$\boldsymbol{\Delta}_i$ 和 $\boldsymbol{\Delta}_i^i$）并不相等。因为前者是在 S_0 中进行的，而后者是在 S_i 中进行的。取

$$
\boldsymbol{T}_i = \begin{bmatrix} n_x & o_x & a_x & p_x \\ n_y & o_y & a_y & p_y \\ n_z & o_z & a_z & p_z \\ 0 & 0 & 0 & 1 \end{bmatrix}
$$

则

$$
\boldsymbol{T}_i^{-1} = \begin{bmatrix} n_x & n_y & n_z & -n \cdot p_x \\ o_x & o_y & o_z & -o \cdot p_y \\ a_x & a_y & a_z & -a \cdot p_z \\ 0 & 0 & 0 & 1 \end{bmatrix}
$$

于是，由式(4-52)得

$$
\boldsymbol{\Delta}_i^i = \boldsymbol{T}_i^{-1} \boldsymbol{\Delta}_i \boldsymbol{T}_i = \begin{bmatrix} n \cdot (\delta \times n) & n \cdot (\delta \times o) & n \cdot (\delta \times a) & n \cdot [(\delta \times p) + d] \\ o \cdot (\delta \times n) & o \cdot (\delta \times o) & o \cdot (\delta \times a) & o \cdot [(\delta \times p) + d] \\ a \cdot (\delta \times n) & a \cdot (\delta \times o) & a \cdot (\delta \times a) & a \cdot [(\delta \times p) + d] \\ 0 & 0 & 0 & 0 \end{bmatrix} \tag{4-53}
$$

由于三向量混合积有如下特性：

$$
\boldsymbol{a} \cdot (\boldsymbol{b} \times \boldsymbol{c}) = -\boldsymbol{b} \cdot (\boldsymbol{a} \times \boldsymbol{c}) = \boldsymbol{b} \cdot (\boldsymbol{c} \times \boldsymbol{a})
$$

$$
\boldsymbol{a} \cdot (\boldsymbol{b} \times \boldsymbol{a}) = 0
$$

得

$$\boldsymbol{\Delta}_i^i=\begin{bmatrix}0 & -\delta\cdot(n\times o) & \delta\cdot(a\times n) & \delta\cdot(p\times n)+n\cdot d\\ \delta\cdot(n\times o) & 0 & -\delta\cdot(o\times a) & \delta\cdot(p\times o)+o\cdot d\\ -\delta\cdot(a\times n) & \delta\cdot(o\times a) & 0 & \delta\cdot(p\times a)+a\cdot d\\ 0 & 0 & 0 & 0\end{bmatrix}\tag{4-54}$$

又因当 S_i 沿 $\boldsymbol{d}^i=[d_x^i\quad d_y^i\quad d_z^i]^{\mathrm{T}}$ 微分平移和绕 $\boldsymbol{\delta}^i=[\delta_x^i\quad \delta_y^i\quad \delta_z^i]^{\mathrm{T}}$ 微分旋转时，$\boldsymbol{\Delta}_i^i$ 可以写成微分平移和合成矩阵形式，即

$$\boldsymbol{\Delta}_i^i=\begin{bmatrix}0 & -\delta_z^i & \delta_y^i & d_x^i\\ \delta_z^i & 0 & -\delta_x^i & d_y^i\\ -\delta_y^i & \delta_x^i & 0 & d_z^i\\ 0 & 0 & 0 & 0\end{bmatrix}\tag{4-55}$$

根据式(4-54)和式(4-55)，得

$$\begin{cases}d_x^i=\delta\cdot(p\times n)+n\cdot d\\ d_y^i=\delta\cdot(p\times o)+o\cdot d\\ d_z^i=\delta\cdot(p\times a)+a\cdot d\\ \delta_x^i=\delta\cdot(o\times a)=\delta\cdot n\\ \delta_y^i=\delta\cdot(a\times n)=\delta\cdot o\\ \delta_z^i=\delta\cdot(n\times o)=\delta\cdot a\end{cases}\tag{4-56}$$

将式(4-56)写成矩阵形式，并考虑到

$$\boldsymbol{d}=[d_x\quad d_y\quad d_z]^{\mathrm{T}}$$

$$\boldsymbol{\delta}=[\delta_x\quad \delta_y\quad \delta_z]^{\mathrm{T}}$$

得

$$\begin{bmatrix}d_x^i\\ d_y^i\\ d_z^i\\ \delta_x\\ \delta_y\\ \delta_z\end{bmatrix}=\begin{bmatrix}n_x & n_y & n_z & (\boldsymbol{p}\times\boldsymbol{n})_x & (\boldsymbol{p}\times\boldsymbol{n})_y & (\boldsymbol{p}\times\boldsymbol{n})_z\\ o_x & o_y & o_z & (\boldsymbol{p}\times\boldsymbol{o})_x & (\boldsymbol{p}\times\boldsymbol{o})_y & (\boldsymbol{p}\times\boldsymbol{o})_z\\ a_x & a_y & a_z & (\boldsymbol{p}\times\boldsymbol{a})_x & (\boldsymbol{p}\times\boldsymbol{a})_y & (\boldsymbol{p}\times\boldsymbol{a})_z\\ 0 & 0 & 0 & n_x & n_y & n_z\\ 0 & 0 & 0 & o_x & o_y & o_z\\ 0 & 0 & 0 & a_x & a_y & a_z\end{bmatrix}\begin{bmatrix}d_x\\ d_y\\ d_z\\ \delta_x\\ \delta_y\\ \delta_z\end{bmatrix}\tag{4-57}$$

简记为

$$[\boldsymbol{d}^i\mid\boldsymbol{\delta}^i]^{\mathrm{T}}=\boldsymbol{J}^*[\boldsymbol{d}\mid\boldsymbol{\delta}]^{\mathrm{T}}$$

式中，

$$\boldsymbol{J}^*=\left[\begin{array}{c|ccc}\boldsymbol{R}^{\mathrm{T}} & (\boldsymbol{p}\times\boldsymbol{n})_x & (\boldsymbol{p}\times\boldsymbol{n})_y & (\boldsymbol{p}\times\boldsymbol{n})_z\\ & (\boldsymbol{p}\times\boldsymbol{o})_x & (\boldsymbol{p}\times\boldsymbol{o})_y & (\boldsymbol{p}\times\boldsymbol{o})_z\\ & (\boldsymbol{p}\times\boldsymbol{a})_x & (\boldsymbol{p}\times\boldsymbol{a})_y & (\boldsymbol{p}\times\boldsymbol{a})_z\\ \hline 0 & & \boldsymbol{R}^{\mathrm{T}} & \end{array}\right]\tag{4-58}$$

$\boldsymbol{J}^*$ 即为直角坐标系之间，联系微分运动的雅可比矩阵。其矩阵元素可由 $\boldsymbol{T}_i$ 元素组成的向量 $\boldsymbol{n}$，$\boldsymbol{o}$，$\boldsymbol{a}$，$\boldsymbol{p}$ 按式(4-57)中给出的运算规则求出。

至此，就建立了两直角坐标系之间微分变化(运动)量之间的关系。

为了使两坐标系之间的微分变化(运动)关系的计算公式(4-56)更具一般性,把 S_0 取作 S_j,S_i 仍取作 S_i,这时需作下列代换,即

$$\boldsymbol{T}_i \Rightarrow \boldsymbol{T}_i^j = \left[\begin{array}{ccc|c} \boldsymbol{n}_i^j & \boldsymbol{o}_i^j & \boldsymbol{a}_i^j & \boldsymbol{p}_i^j \\ \hline & 0 & & 1 \end{array}\right]$$

$$\boldsymbol{d} \Rightarrow d_j^j, \quad \boldsymbol{\delta} \Rightarrow \delta_j^j, \quad \boldsymbol{\Delta} \Rightarrow \Delta_j^j$$

$$\boldsymbol{d}^i \Rightarrow d_i^i, \quad \boldsymbol{\delta}^i \Rightarrow \delta_i^i, \quad \boldsymbol{\Delta}^i \Rightarrow \Delta_i^i$$

式(4-56)变作

$$\begin{cases} d_{ix}^i = \boldsymbol{\delta}_j^j \cdot (\boldsymbol{p}_i^j \times \boldsymbol{n}_i^j) + \boldsymbol{n}_i^j \cdot \boldsymbol{d}_j^j = \boldsymbol{n}_i^j \cdot (\boldsymbol{\delta}_j^j \times \boldsymbol{p}_i^j + \boldsymbol{d}_j^j) \\ d_{iy}^i = \boldsymbol{\delta}_j^j \cdot (\boldsymbol{p}_i^j \times \boldsymbol{o}_i^j) + \boldsymbol{o}_i^j \cdot \boldsymbol{d}_j^j = \boldsymbol{o}_i^j \cdot (\boldsymbol{\delta}_j^j \times \boldsymbol{p}_i^j + \boldsymbol{d}_j^j) \\ d_{iz}^i = \boldsymbol{\delta}_j^j \cdot (\boldsymbol{p}_i^j \times \boldsymbol{a}_i^j) + \boldsymbol{a}_i^j \cdot \boldsymbol{d}_j^j = \boldsymbol{a}_i^j \cdot (\boldsymbol{\delta}_j^j \times \boldsymbol{p}_i^j + \boldsymbol{d}_j^j) \\ \delta_{ix}^i = \boldsymbol{\delta}_j^j \cdot (\boldsymbol{o}_i^j \times \boldsymbol{a}_i^j) = \boldsymbol{\delta}_j^j \cdot \boldsymbol{n}_i^j \\ \delta_{iy}^i = \boldsymbol{\delta}_j^j \cdot (\boldsymbol{a}_i^j \times \boldsymbol{n}_i^j) = \boldsymbol{\delta}_j^j \cdot \boldsymbol{o}_i^j \\ \delta_{iz}^i = \boldsymbol{\delta}_j^j \cdot (\boldsymbol{n}_i^j \times \boldsymbol{o}_i^j) = \boldsymbol{\delta}_j^j \cdot \boldsymbol{a}_i^j \end{cases} \tag{4-59}$$

这时式(4-57)和式(4-58)也可作相应变换,请读者自己写出相应的公式。

例 4-5　在六自由度操作机上架设一摄像机(图 4-8)。在摄像机上置坐标系 S_c,S_c 相对杆 5 坐标系 S_5(未画,原点在 O_5)的变换为

$$\boldsymbol{T}_c^5 = \begin{bmatrix} 0 & 0 & -1 & 5 \\ 0 & -1 & 0 & 0 \\ -1 & 0 & 0 & 10 \\ 0 & 0 & 0 & 1 \end{bmatrix}$$

S_6 相对 S_5 的变换为

$$\boldsymbol{T}_6^5 = \begin{bmatrix} 0 & -1 & 0 & 0 \\ 1 & 0 & 0 & 0 \\ 0 & 0 & 1 & 8 \\ 0 & 0 & 0 & 1 \end{bmatrix}$$

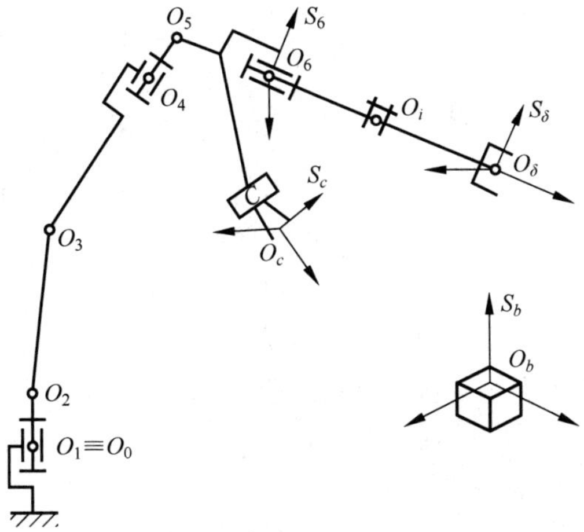

图 4-8　操作机及摄像机简图

由图知，在杆 6 上连接一工具，其坐标系为 S_i（未画，原点为 O_i），工具的工作点为 O_δ，再以 O_δ 为原点置坐标系 S_e（它就是前些章节叙述的末端执行器坐标系，在工作时，它要与工件坐标系重合）。工件为立方体，上置坐标系 S_b。

假定由摄像机观察到工件和末端执行器，经图像处理后判定，只要在摄像机坐标系 S_c 中作微变化：

$$\boldsymbol{d}_c^c = -1\boldsymbol{i} + 1\boldsymbol{j} + 0\boldsymbol{k}$$

$$\boldsymbol{\delta}_c^c = 0\boldsymbol{i} + 0\boldsymbol{j} + 0.1\boldsymbol{k}$$

末端执行器即可夹住工件。

试求在 $\boldsymbol{T}_6^5$ 中要产生的微分变换 $\boldsymbol{\Delta}_6^6$。

解 （1）按题意作出矩阵方程算图（图 4-9）。

（2）使用式（4-59），则 $S_c \Rightarrow S_j$，$S_6 \Rightarrow S_i$，$\boldsymbol{T}_6^5 \Rightarrow \boldsymbol{T}_j^i$。由图 4-9 知

$$\boldsymbol{T}_6^c = [\boldsymbol{T}_c^5]^{-1}[\boldsymbol{T}_5^0]^{-1}\boldsymbol{T}_5^0\boldsymbol{T}_6^5 = [\boldsymbol{T}_c^5]^{-1}\boldsymbol{T}_6^5 \tag{a}$$

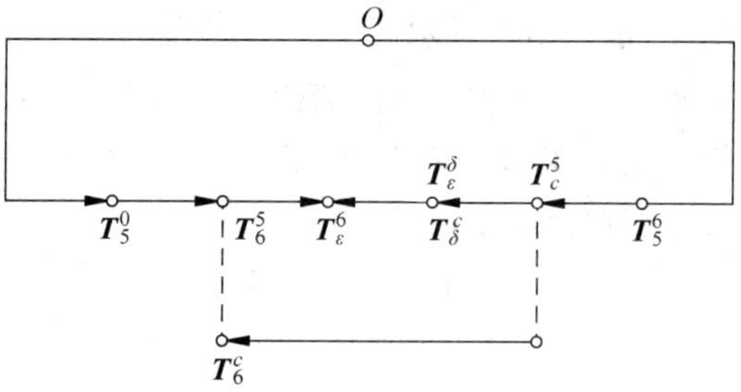

图 4-9 矩阵方程算图

由题设可得：

$$[\boldsymbol{T}_c^5]^{-1} = \begin{bmatrix} 0 & 0 & -1 & 10 \\ 0 & -1 & 0 & 0 \\ -1 & 0 & 0 & 5 \\ 0 & 0 & 0 & 1 \end{bmatrix} \tag{b}$$

于是

$$\boldsymbol{T}_6^c = [\boldsymbol{T}_c^5]^{-1}\boldsymbol{T}_6^5 = \begin{bmatrix} 0 & 0 & -1 & 2 \\ -1 & 0 & 0 & 0 \\ 0 & 1 & 0 & 5 \\ 0 & 0 & 0 & 1 \end{bmatrix} \tag{c}$$

（3）由 $\boldsymbol{T}_6^c$ 中得

$$\begin{cases} \boldsymbol{p}_6^c = 2\boldsymbol{i} + 0\boldsymbol{j} + 5\boldsymbol{k} \\ \boldsymbol{n}_6^c = 0\boldsymbol{i} - 1\boldsymbol{j} + 0\boldsymbol{k} \\ \boldsymbol{o}_6^c = 0\boldsymbol{i} + 0\boldsymbol{j} + 1\boldsymbol{k} \\ \boldsymbol{a}_6^c = -1\boldsymbol{i} + 0\boldsymbol{j} + 0\boldsymbol{k} \end{cases} \tag{d}$$

（4）利用式（4-59）求 d^6，δ^6：

$$d^6_{6x}=\boldsymbol{\delta}^c_c\cdot(\boldsymbol{p}^c_6\times\boldsymbol{n}^c_6)+\boldsymbol{n}^c_6\cdot\boldsymbol{d}^c_c$$

$$=\begin{bmatrix}0\\0\\0.1\end{bmatrix}\cdot\left(\begin{bmatrix}2\\0\\5\end{bmatrix}\times\begin{bmatrix}0\\-1\\0\end{bmatrix}\right)+\begin{bmatrix}0\\-1\\0\end{bmatrix}\cdot\begin{bmatrix}-1\\1\\0\end{bmatrix}=\begin{bmatrix}0\\0\\0.1\end{bmatrix}\cdot\begin{bmatrix}5\\0\\-2\end{bmatrix}+(-1)=-1.2$$

以及

$$d^6_{6y}=0,\quad d^6_{6z}=1$$

$$d^6_{6x}=1,\quad d^6_{6y}=0.1,\quad d^6_{6z}=0$$

于是

$$\boldsymbol{d}^6_6=-1.2\boldsymbol{i}+0\boldsymbol{j}+1\boldsymbol{k}$$

$$\boldsymbol{\delta}^6_6=0\boldsymbol{i}+0.1\boldsymbol{j}+0\boldsymbol{k}$$

可得

$$\boldsymbol{\Delta}^6_6=\begin{bmatrix}0&0&0.1&-1.2\\0&0&0&0\\-0.1&0&0&1\\0&0&0&0\end{bmatrix}$$

解毕。

习　　题

4-1　任何具有三个旋转关节且连杆长度非零的机构在其工作空间内一定有一条奇异点轨迹的说法是否正确？

4-2　画出一个3自由度机构的简图，它的线速度雅可比矩阵在操作臂所有位形下是3×3的单位矩阵。用一两句话描述运动学解。

4-3　习题4-3图所示是具有两个转动关节的操作臂。计算操作臂末端的速度，将它表达成关节速度的函数。给出两种形式的解答，一种用坐标系{3}表示，另一种用坐标系{0}表示。

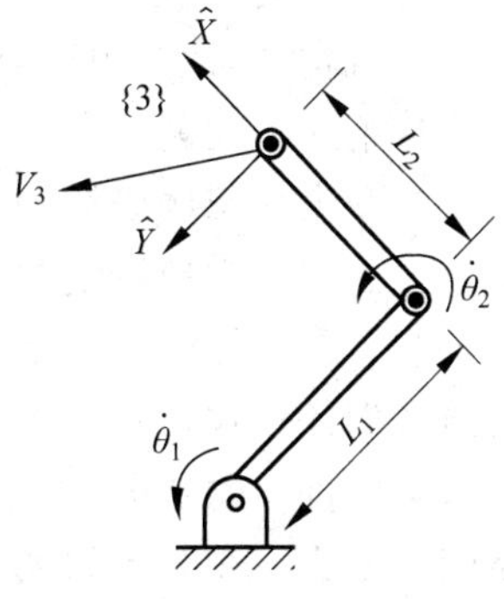

习题4-3图　两连杆操作臂

4-4　对于习题4-3所示的简单两连杆操作臂，奇异位形在什么位置？奇异位形的物理意义是什么？它们是工作空间边界的奇异位形还是工作空间内部的奇异位形？

4-5　如下所示，T坐标系经过一系列微分运动后，其改变量为$\mathrm{d}\boldsymbol{T}$。求微分变化量$\mathrm{d}\boldsymbol{x}$，$\mathrm{d}\boldsymbol{y}$，$\mathrm{d}z$，$\delta\boldsymbol{x}$，$\delta\boldsymbol{y}$，δz以及相对T坐标系的微分算子。

$$\boldsymbol{T}=\begin{bmatrix}1&0&0&5\\0&0&1&3\\0&-1&0&8\\0&0&0&1\end{bmatrix},\quad \mathrm{d}\boldsymbol{T}=\begin{bmatrix}0&-0.1&-0.1&0.6\\0.1&0&0&0.5\\-0.1&0&0&-0.5\\0&0&0&0\end{bmatrix}$$

4-6　请解释这句话的含义：“一个处于奇异位形的n个自由度操作臂可以看作是一个处于$n-1$维空间的冗余操作臂。”

第 5 章 静力和动力分析

静力和动力分析，是机器人操作机设计和动态性能分析的基础。特别是动力分析，它还是机器人控制器动态仿真的基础。目前，已提出了多种动力学分析方法，它们分别基于不同的力学方程和原理，如牛顿-欧拉方程、拉格朗日方程、凯恩方程、阿沛尔方程、广义达伦贝尔原理以及高斯最小拘束原理等。可以说，只要在理论力学和分析力学中有一种动力学方法，就可应用它对操作机进行动力分析，从而得出一种操作机的动力学算法。我们知道，各种动力学分析方法或方程式，由于研究的是同一个对象的同一种运动形态，所以形式虽不相同、计算过程的繁简程度也相差很大，但最终的计算结果都是完全相同的，即它们都是等价的。

静力分析比较简单，本章将用较大的篇幅介绍和研究动力分析。与运动学位姿问题相仿，动力分析也有正、逆两类问题。

机器人操作机动力学正问题是，已知操作机各主动关节提供的广义驱动力随时间(或随位形)的变化规律，求解机器人的运动轨迹以及轨迹上各点的速度和加速度。其逆问题则是，已知通过轨迹规划给出的运动路径以及各点的速度和加速度，求解驱动器必须提供给主动关节的随时间(或位形)变化的广义驱动力。

对于机构学研究最具实际意义的是动力学逆问题，因为它是控制器设计的基本依据。本章只讨论这一问题。

目前动力学问题研究的焦点是算法的计算速度问题，因为只有在足够高的计算速度下，才能为控制器实时地给定广义力的需要值，从而使控制器根据这一要求去进行驱动器的输出力控制。迄今算法在速度上能够达到实时控制的目的仍是难点，这也是各种算法迭起以及目前人们还在孜孜不倦进行这一问题研究的重要原因。

基于等价性的考虑，本章只讨论几种较具代表性的方法，即牛顿-欧拉方法、凯恩方法和拉格朗日方法。在开始叙述这三种方法之前，先介绍操作机惯性参数的计算，因为只有首先提供准确的惯性参数，动力学计算才成为可能。本章最后还对上述三种方法的等价性进行了验证。

5.1 静力分析

5.1.1 杆件之间的静力传递

在操作机中，任取两连杆 L_i，L_{i+1}，如图 5-1 所示。设在杆 L_{i+1} 上作用在点 O_{i+1} 有力

矩 $\boldsymbol{M}_{i+1}$ 和力 $\boldsymbol{F}_{i+1}$；在杆 L_i 上作用有自重 $\boldsymbol{G}_i$（过质心 C_i）；r_i 和 r_{Ci} 分别为由 O_i 到 O_{i+1} 和 C_i 的向径 $\boldsymbol{r}_i$（或记为 $\boldsymbol{r}_{i,i+1}$）和 $\boldsymbol{r}_{Ci}$（或记为 $\boldsymbol{r}_{i,Ci}$）。

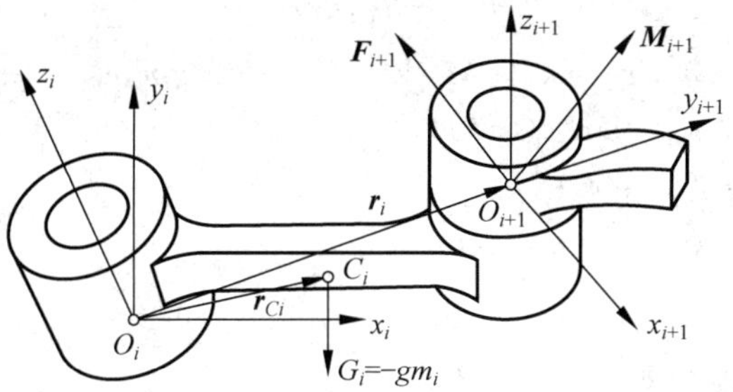

图 5-1 杆件之间的静力传递

按静力学方法，把这些力、力矩简化到 S_i（L_i 的固联坐标系 O_i-$x_iy_iz_i$），可得

$$\begin{cases}\boldsymbol{F}_i=\boldsymbol{F}_{i+1}+\boldsymbol{G}_i\\ \boldsymbol{M}_i=\boldsymbol{M}_{i+1}+\boldsymbol{r}_i\times\boldsymbol{F}_{i+1}+\boldsymbol{r}_{Ci}\times\boldsymbol{G}_i\end{cases}\tag{5-1}$$

当必须指明 F 和 M 描述坐标系时，则得

$$\begin{cases}\boldsymbol{F}_i^i=\boldsymbol{R}_{i+1}^i\boldsymbol{F}_{i+1}^{i+1}+\boldsymbol{R}_0^i\boldsymbol{G}_i^0\\ \boldsymbol{M}_i^i=\boldsymbol{R}_{i+1}^i\boldsymbol{M}_{i+1}^{i+1}+\boldsymbol{r}_i^i\times\boldsymbol{R}_{i+1}^i\boldsymbol{F}_{i+1}^{i+1}+\boldsymbol{r}_{Ci}^i\times\boldsymbol{R}_0^i\boldsymbol{G}_i^0\end{cases}\tag{5-2}$$

式中，$\boldsymbol{G}_i^0=-m_i\boldsymbol{g}$（$m_i$ 为杆 L_i 的质量）。

求出 $\boldsymbol{F}_i$ 和 $\boldsymbol{M}_i$ 在 z_i 轴上的分量，就得到了关节力和扭矩，它们就是在忽略摩擦之后，驱动器为使操作机保持静力平衡所应提供的关节力或关节力矩，记作 τ_i（因其只是 z 轴方向的分量，可不用向量标记），其大小为

$$\boldsymbol{\tau}_i=\begin{cases}\boldsymbol{k}_i\boldsymbol{F}_i, & \text{对移动关节}\\ \boldsymbol{k}_i\boldsymbol{M}_i, & \text{对转动关节}\end{cases}\tag{5-3}$$

当忽略掉杆件自重 $\boldsymbol{G}_i$ 时，式(5-2)可简记为

$$\begin{bmatrix}\boldsymbol{F}_i^i\\ \boldsymbol{M}_i^i\end{bmatrix}=\begin{bmatrix}\boldsymbol{R}_{i+1}^i & 0\\ \boldsymbol{r}_i\times\boldsymbol{R}_{i+1}^i & \boldsymbol{R}_{i+1}^i\end{bmatrix}\begin{bmatrix}\boldsymbol{F}_{i+1}^{i+1}\\ \boldsymbol{M}_{i+1}^i\end{bmatrix}\tag{5-4}$$

若以 τ_{i0} 表示不计重力的关节力或力矩值，对于转动关节则有

$$\boldsymbol{\tau}_i=\boldsymbol{\tau}_{i0}+\boldsymbol{k}_i\cdot\sum_{j=i}^{a}(\boldsymbol{r}_{i,Cj}\times\boldsymbol{G}_j)\tag{5-5}$$

式中，$\boldsymbol{r}_{i,Cj}$ 是自 O_i 到杆 L_j 的质心 C_j 的向径。

例 5-1 求两杆操作机（图 5-2）的静关节力矩（坐标系与结构尺寸如图）。

解 设已知

$$\boldsymbol{F}_3^3=[F_{3x}^3,F_{3y}^3,0]^{\mathrm{T}}$$

$$\boldsymbol{F}_2^2=\boldsymbol{R}_3^2\boldsymbol{F}_3^3=[F_{3x}^3,F_{3y}^3,0]^{\mathrm{T}}$$

$$\boldsymbol{M}_2^2=\boldsymbol{r}_2^2\times\boldsymbol{F}_2^2+\boldsymbol{r}_{C2}^2\times\boldsymbol{R}_0^2(-m_2\boldsymbol{g})$$

$$=\begin{bmatrix}l_2\\0\\0\end{bmatrix}\times\begin{bmatrix}F_{3x}^3\\F_{3y}^3\\0\end{bmatrix}+\begin{bmatrix}l_{C2}\\0\\0\end{bmatrix}\times\begin{bmatrix}-gm_2\mathrm{s}_{12}\\-gm_2\mathrm{c}_{12}\\0\end{bmatrix}$$

$$= \begin{bmatrix} 0 \\ 0 \\ l_2 F_{3y}^3 - l_{C2} g m_2 c_{12} \end{bmatrix}$$

$$\boldsymbol{\tau}_2 = \boldsymbol{k}_2^2 \cdot \boldsymbol{M}_2^2 = l_2 \boldsymbol{F}_{3y}^3 - l_{C2} \boldsymbol{g} \boldsymbol{m}_2 c_{12} \tag{a}$$

式中，$c_{12} = \cos(\theta_1 + \theta_2)$；$s_{12} = \sin(\theta_1 + \theta_2)$。

$$\boldsymbol{F}_1^1 = \boldsymbol{R}_2^1 \boldsymbol{F}_2^2 = \begin{bmatrix} c_2 F_{3x}^3 - s_2 F_{3y}^3 \\ s_2 F_{3x}^3 + c_2 F_{3y}^3 \\ 0 \end{bmatrix}$$

$$\boldsymbol{M}_1^1 = \boldsymbol{R}_2^1 \boldsymbol{M}_2^2 + \boldsymbol{r}_1^1 \times \boldsymbol{F}_1^1 + \boldsymbol{r}_{C1}^1 \times \boldsymbol{G}_1^1$$

$$= \begin{bmatrix} 0 \\ 0 \\ l_2 F_{3y} - l_{C2} g m_2 c_{12} \end{bmatrix} + \begin{bmatrix} l_1 \\ 0 \\ 0 \end{bmatrix} \times \begin{bmatrix} c_2 F_{3x}^3 - s_2 F_{3y}^3 \\ s_2 F_{3x}^3 + c_2 F_{3y}^3 \\ 0 \end{bmatrix} + \begin{bmatrix} l_{C1} \\ 0 \\ 0 \end{bmatrix} \times \begin{bmatrix} -m_1 g s_1 \\ -m_1 g c_1 \\ 0 \end{bmatrix}$$

$$= \begin{bmatrix} 0 \\ 0 \\ F_{3y}^3 (l_2 + l_1 c_2) + l_1 s_2 F_{3x}^3 - (l_{C2} m_2 g c_{12} + l_{C1} m_1 g c_1) \end{bmatrix}$$

$$\boldsymbol{\tau}_1 = \boldsymbol{k}_1^1 \cdot \boldsymbol{M}_1^1 = F_{3y}^3 (l_2 + l_1 c_2) + l_1 s_2 F_{3x}^3 - (l_{C2} m_2 g c_{12} + l_{C1} m_1 g c_1) \tag{b}$$

当略去重力力矩时，有

$$\boldsymbol{\tau} = \begin{bmatrix} \tau_1 \\ \tau_2 \end{bmatrix} = \begin{bmatrix} l_1 s_2 & l_2 + l_1 c_2 \\ 0 & l_2 \end{bmatrix} \begin{bmatrix} F_{3x}^3 \\ F_{3y}^3 \end{bmatrix} \tag{c}$$

解毕。

5.1.2 操作机的静力平衡

设有操作机如图 5-2 所示，每个关节都作用有关节力矩$\boldsymbol{\tau}_i$（广义驱动力，指向 z_i 的正向），在末端执行器的参考点 $\boldsymbol{P}_e$ 处将产生力 $\boldsymbol{F}_e$ 和力矩 $\boldsymbol{M}_e$，由于 $\boldsymbol{F}_e$、$\boldsymbol{M}_e$ 分别是操作机作用于外界对象的力和力矩，为了和输入关节力矩$\boldsymbol{\tau}_i$ 一起进行运算，故应取负值，如图 5-3 所示。

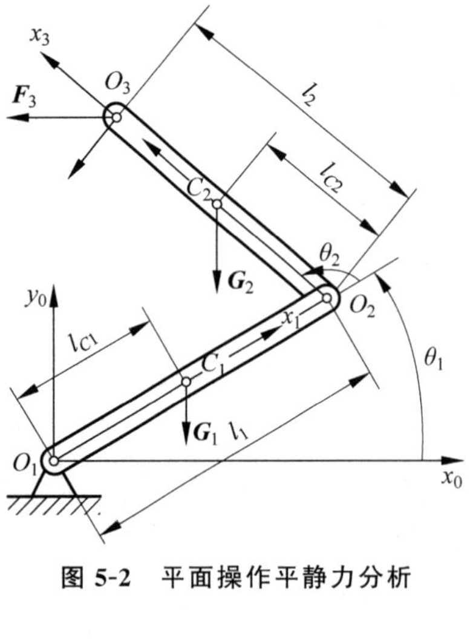

图 5-2 平面操作平静力分析

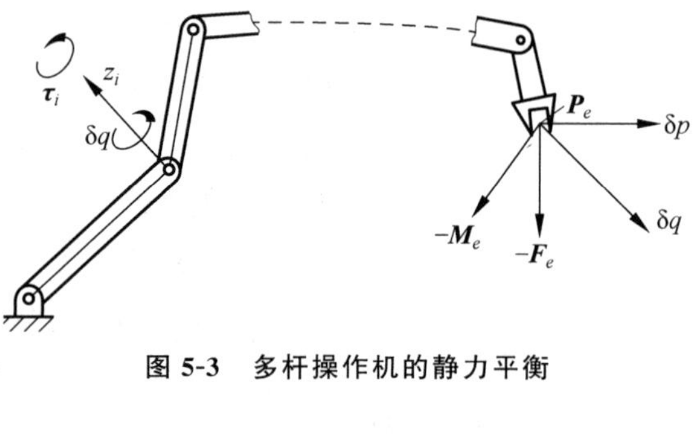

图 5-3 多杆操作机的静力平衡

令

$$\boldsymbol{\tau}=[\tau_1\cdots\tau_i\cdots\tau_n]^{\mathrm{T}}$$
$$\boldsymbol{Q}=[F_{ex},F_{ey},F_{ez},M_{ex},M_{ey},M_{ez}]^{\mathrm{T}}$$
$$\delta\boldsymbol{q}=[\delta q_1\cdots\delta q_i\cdots\delta q_n]^{\mathrm{T}}$$
$$\delta\boldsymbol{p}=[\delta x_e,\delta y_e,\delta z_e,\delta\varphi_x,\delta\varphi_y,\delta\varphi_z]^{\mathrm{T}}$$

于是,操作机的总虚功是

$$\delta\boldsymbol{W}=\boldsymbol{\tau}^{\mathrm{T}}\delta\boldsymbol{q}-\boldsymbol{Q}^{\mathrm{T}}\delta\boldsymbol{p}$$

根据虚功原理,若系统处于平衡,则总虚功(虚功之和)为0,即

$$\boldsymbol{\tau}^{\mathrm{T}}\delta\boldsymbol{q}-\boldsymbol{Q}^{\mathrm{T}}\delta\boldsymbol{p}=0$$

前式(4-3)已证明,$\delta\boldsymbol{p}=\boldsymbol{J}\delta\boldsymbol{q}$,故有

$$[\boldsymbol{\tau}-\boldsymbol{J}^{\mathrm{T}}\boldsymbol{Q}]^{\mathrm{T}}\delta\boldsymbol{q}=0$$

因 q_i 是独立坐标,故 $\delta\boldsymbol{q}\neq 0$,所以得到

$$\boldsymbol{\tau}=\boldsymbol{J}^{\mathrm{T}}\boldsymbol{Q} \tag{5-6}$$

式中:$\boldsymbol{J}$ 是速度分析时引出的雅可比矩阵,其元素为相应的偏速度。

仍以图5-2的操作机为例,用式(5-6)去求$\boldsymbol{\tau}$ 是很方便的,前式(4-3)已求出

$$\boldsymbol{J}=\begin{bmatrix}-l_1\mathrm{s}_1-l_2\mathrm{s}_{12} & -l_2\mathrm{s}_{12}\\ l_1\mathrm{c}_1+l_2\mathrm{c}_{12} & l_2\mathrm{c}_{12}\end{bmatrix}$$

根据式(5-6),得

$$\begin{bmatrix}\tau_1\\ \tau_2\end{bmatrix}=\begin{bmatrix}-l_1\mathrm{s}_1-l_2\mathrm{s}_{12} & l_1\mathrm{c}_1+l_2\mathrm{c}_{12}\\ -l_2\mathrm{s}_{12} & l_2\mathrm{c}_{12}\end{bmatrix}\begin{bmatrix}F_{3x}\\ F_{3y}\end{bmatrix}$$

注意:在上式中的 F_{3x}、F_{3y} 是 $\boldsymbol{F}_3$ 在 S_0 中的分量,而例5-1中 F_{3x}^3、F_{3y}^3 是 $\boldsymbol{F}_3$ 在 S_3 中的分量。即

$$\begin{bmatrix}F_{3x}\\ F_{3y}\end{bmatrix}=\boldsymbol{R}_3^0\begin{bmatrix}F_{3x}^3\\ F_{3y}^3\end{bmatrix}$$

式(5-6)是针对操作机的关节力与执行器参考点 P_e 间所产生的力和力矩之间的关系式。该式表明关节空间和直角坐标空间广义力可以借助雅可比矩阵 $\boldsymbol{J}$ 进行变换。这种变换关系也可推广到任两杆间固联直角坐标系中的广义力变换,这时,应将关节空间与直角坐标空间的雅可比矩阵变换作直角坐标空间的雅可比矩阵。现举例说明如下。

例5-2 如图5-4所示,操作机的手爪正在持扳手扭动某一螺栓,手爪上方连接一测力传感器,可测六维力向量(力和力矩)。试确定测力传感器和扭动扳手时力和力矩的关系。

解 设在测力传感器上置坐标系 $S(O_f\text{-}uvw)$,在螺栓上置坐标系 $S(O\text{-}xyz)$,(图5-4)。在图示瞬间,两坐标系彼此平行。因刚体的无限小位移(平移和转动)可表示为六维向量,故对两者的微位移可分别表示为

$$\begin{cases}\delta\boldsymbol{q}=[\delta x,\delta y,\delta z,\delta\varphi_x,\delta\varphi_y,\delta\varphi_z]\\ \delta\boldsymbol{p}=[\delta u,\delta v,\delta w,\delta\varphi_u,\delta\varphi_v,\delta\varphi_w]\end{cases} \tag{a}$$

由式(4-55),参考图5-4,由于 $S(x,y,z)$ 与 $S(u,v,w)$ 两坐标系的坐标轴平行,故式(4-55)中的

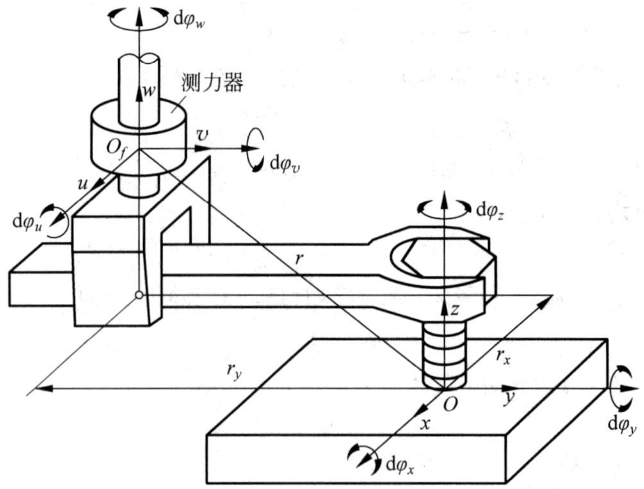

图 5-4 测力器

$$\begin{cases} \boldsymbol{n}=[1\quad 0\quad 0]^{\mathrm{T}},\boldsymbol{o}=[0\quad 1\quad 0]^{\mathrm{T}},\boldsymbol{a}=[0\quad 0\quad 1]^{\mathrm{T}} \\ \boldsymbol{p}=\boldsymbol{r}=[r_x\quad r_y\quad r_z]^{\mathrm{T}} \\ [\boldsymbol{p}\times\boldsymbol{n}]=[0\quad r_z\quad -r_y]^{\mathrm{T}} \\ [\boldsymbol{p}\times\boldsymbol{n}]=[-r_z\quad 0\quad r_x]^{\mathrm{T}} \\ [\boldsymbol{p}\times\boldsymbol{n}]=[r_y\quad -r_x\quad 0]^{\mathrm{T}} \end{cases} \tag{b}$$

于是就可以得出

$$\delta\boldsymbol{p}=\begin{bmatrix}\delta u\\ \delta v\\ \delta w\\ \delta\varphi_u\\ \delta\varphi_v\\ \delta\varphi_w\end{bmatrix}=\begin{bmatrix}1&0&0&0&r_z&-r_y\\ 0&1&0&-r_z&0&r_x\\ 0&0&1&r_y&-r_x&0\\ 0&0&0&1&0&0\\ 0&0&0&0&1&0\\ 0&0&0&0&0&1\end{bmatrix}\begin{bmatrix}\delta x\\ \delta y\\ \delta z\\ \delta\varphi_x\\ \delta\varphi_y\\ \delta\varphi_z\end{bmatrix}=\boldsymbol{J}\,\delta\boldsymbol{q} \tag{c}$$

该式也可由图 5-4 直观求得。

令 $\boldsymbol{Q}$ 为相应于 $\boldsymbol{q}$ 的广义向量，$\boldsymbol{p}$ 为相应于 $\boldsymbol{p}$ 的广义力向量，则由式(5-6)可得

$$\boldsymbol{Q}=\begin{bmatrix}F_x\\ F_y\\ F_z\\ F_{\varphi_x}\\ F_{\varphi_y}\\ F_{\varphi_z}\end{bmatrix}=\begin{bmatrix}1&0&0&0&0&0\\ 0&1&0&0&0&0\\ 0&0&1&0&0&0\\ 0&-r_z&r_y&1&0&0\\ r_z&0&-r_x&0&1&0\\ r_y&r_x&0&0&0&1\end{bmatrix}\begin{bmatrix}F_u\\ F_v\\ F_w\\ F_{\varphi_u}\\ F_{\varphi_v}\\ F_{\varphi_w}\end{bmatrix}=\boldsymbol{J}^{\mathrm{T}}\boldsymbol{P}(d)$$

式中，$\boldsymbol{F}_{\varphi}$ 为力矩向量。

上式也可用虚功原理求得。

5.2　惯性参数计算

为了对机器人进行动力学分析，首先必须对真实的机器人操作机取得足够准确的惯性参数，否则动力学分析会因原始参数不准而失去实用意义。所谓惯性参数，即指刚体的质量、质心位置和惯量张量。其中，最困难的是惯量张量的获得。如果机器人操作机已经制造出来，可用实测方法取得惯性参数，但到目前为止，非规则零构件的惯量张量，特别是其中惯量积的实测，还存在一定的困难。

也有学者主张用系统辨识的方法，对操作机系统的输入输出进行测量，然后通过专用仪器进行分析处理，从而估算出操作机的惯性参数。但在实际进行中，由于摩擦力和各种阻尼的存在，用辨识法也很难得到惯性参数的准确值。

实践表明，把操作机的零构件划分成有限个刚体单元，然后用计算法求出各单元刚体的惯性参数，再按各单元在整体零构件中的位置进行合成，从而求出操作机的惯性参数，是一种相当准确的方法。而且这种计算方法在操作机造出之前，即可根据设计图纸进行计算。为此，可编制操作机惯性参数计算软件包，对具体的操作机进行计算，有研究表明计算结果与实测值进行比较，两者十分一致。

下面首先介绍一些惯性参数的常用公式，然后介绍试验方法和有限元计算方法的思路。

5.2.1　惯性参数计算公式

1. 质量 M

对于具有 n 个质点 $P_1, P_2, \cdots, P_n$ 的质点系 s，有

$$M = \sum_{i=1}^{n} m_i \tag{5-7}$$

对于均质规则物体则有

$$M = \int_v \rho \mathrm{d}v \tag{5-8}$$

式中，m_i 为质点 P_i 的质量；ρ 为质量密度。

2. 质心及质心位置

对于质点系 s，存在唯一的一点 C，使得由 C 到各质点 P_i 的向径 $\boldsymbol{r}_i$ 与各点质量 m_i 之积满足

$$\sum_{i=1}^{n} m_i \boldsymbol{r}_i = 0$$

则 C 称为 s 的质心。对于均质规则物体，则有

$$\int_v \rho \boldsymbol{r}_i \mathrm{d}v = 0$$

对于质点系 s 有一参考坐标系 S_0，用 $\boldsymbol{P}_i$ 表示原点 O 到各质点的向径，$\boldsymbol{P}_C$ 表示原点到质心 C 的向径，则有

$$\boldsymbol{P}_C=\frac{\sum_{i=1}^{n}m_i\boldsymbol{P}_i}{\sum_{i=1}^{n}m_i} \tag{5-9}$$

对于均质规则物体,可得

$$\boldsymbol{P}_C=\frac{\int_v \rho\boldsymbol{P}_i\,\mathrm{d}v}{\int_v \rho\,\mathrm{d}v} \tag{5-10}$$

为了便于使用,将式(5-9)和式(5-10)写成分量形式:

$$\begin{cases} x_C=\sum_{i=1}^{n}m_ix_i\Big/\sum_{i=1}^{n}m_i \\ y_C=\sum_{i=1}^{n}m_iy_i\Big/\sum_{i=1}^{n}m_i \\ z_C=\sum_{i=1}^{n}m_iz_i\Big/\sum_{i=1}^{n}m_i \end{cases} \tag{5-11}$$

$$\begin{cases} x_C=\int_v \rho(\boldsymbol{P}_i)_x\,\mathrm{d}v\Big/\int_v \rho\,\mathrm{d}v \\ y_C=\int_v \rho(\boldsymbol{P}_i)_y\,\mathrm{d}v\Big/\int_v \rho\,\mathrm{d}v \\ z_C=\int_v \rho(\boldsymbol{P}_i)_z\,\mathrm{d}v\Big/\int_v \rho\,\mathrm{d}v \end{cases} \tag{5-12}$$

式中,$(\boldsymbol{P}_i)_x$,$(\boldsymbol{P}_i)_y$,$(\boldsymbol{P}_i)_z$ 为向量 $\boldsymbol{P}_i$ 在 x,y,z 轴上的分量。

3. 惯量张量

1) 转动惯量

转动惯量是用以度量刚体转动时惯性大小的量。当绕定轴(如 z 轴)转动时,其值 $\boldsymbol{I}_z$ 是

$$\boldsymbol{I}_z=\sum \boldsymbol{r}_i^2\Delta m_i \tag{5-13}$$

对于均质刚体:

$$\boldsymbol{I}_z=\int_M r_i^2\,\mathrm{d}m=\int_v \rho r^2\,\mathrm{d}v \tag{5-14}$$

式中,r_i 为 Δm(或 dm)为距 z 轴的平均距离(或 dm:距 z 轴的距离)。

2) 惯量张量

设刚体绕固定点 O 转动,它的瞬时角速度为$\boldsymbol{\omega}$,刚体对 O 点的动量矩 $\boldsymbol{G}$ 是

$$\boldsymbol{G}=\sum \boldsymbol{r}_i\times m_i\boldsymbol{v} \tag{5-15}$$

由于$\boldsymbol{v}=\boldsymbol{\omega}\times\boldsymbol{r}$,利用三向量的向量积公式:

$$\boldsymbol{r}\times(\boldsymbol{\omega}\times\boldsymbol{r})=(\boldsymbol{r}\cdot\boldsymbol{r})\boldsymbol{\omega}-(\boldsymbol{r}\cdot\boldsymbol{\omega})\boldsymbol{r}$$

可将式(5-15)展开成

$$\boldsymbol{G}=\left[\sum(m_i\boldsymbol{r}_i^2)\right]\boldsymbol{\omega}-\sum[m_i(\boldsymbol{r}_i\cdot\boldsymbol{\omega})\boldsymbol{r}_i] \tag{5-16}$$

对于刚体可过点 O 取两坐标系,即参考系 S_0 和固联于刚体上随刚体运动的坐标系 S(图 5-5)。设 $\boldsymbol{r}_i$ 和$\boldsymbol{\omega}$ 在 S 中的分量分别表示为

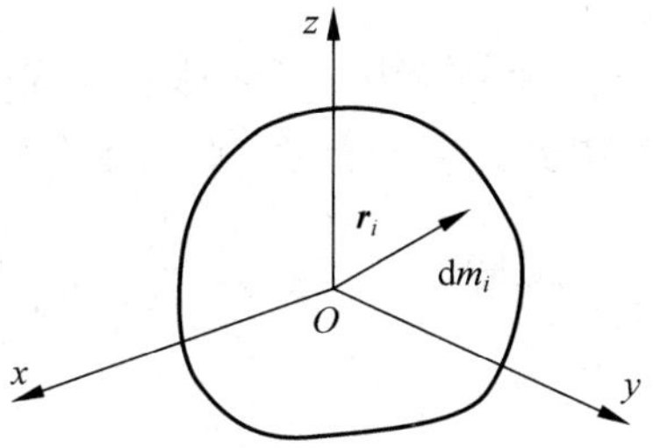

图 5-5　刚体绕定点转动

$$r_i = x_i i + y_i j + z_i k$$
$$\omega = \omega_x i + \omega_y j + \omega_z k$$

将上两式代入式(5-16)，可得 G 在 x 轴上的分量为

$$G_x = \omega_x \sum [m_i(x_i^2 + y_i^2 + z_i^2)] - \sum [m_i(x_i\omega_x + y_i\omega_y + z_i\omega_z)x]$$
$$= \sum [m_i(y_i^2 + z_i^2)]\omega_x - \sum (m_i x_i y_i)\omega_y - \sum (m_i x_i z_i)\omega_z$$

同理可得 G_y，G_z，可用矩阵形式表述如下：

$$\begin{bmatrix} G_x \\ G_y \\ G_z \end{bmatrix} = \begin{bmatrix} \sum m_i(y_i^2 + z_i^2) & -\sum (m_i x_i y_i) & -\sum (m_i x_i z_i) \\ -\sum (m_i x_i y_i) & \sum m_i(z_i^2 + x_i^2) & -\sum (m_i y_i z_i) \\ -\sum (m_i x_i z_i) & -\sum (m_i y_i z_i) & \sum m_i(x_i^2 + y_i^2) \end{bmatrix} \begin{bmatrix} \omega_x \\ \omega_y \\ \omega_z \end{bmatrix} \tag{5-17}$$

简记为

$$G = I\omega \tag{5-18}$$

其中，I 称作刚体的惯量矩阵，因为这一矩阵符合将向量线性变换成向量的张量定义，所以它实质上是一个在三维变换中的二阶张量，故 I 通常称作刚体的惯量张量。

对于均质连续的规则刚体，求和号可换成积分号。取

$$\begin{cases} I_{xx} = \sum m_i(y_i^2 + z_i^2) = \int (y^2 + z^2)\mathrm{d}m \\ I_{yy} = \sum m_i(z_i^2 + x_i^2) = \int (z^2 + x^2)\mathrm{d}m \\ I_{zz} = \sum m_i(x_i^2 + y_i^2) = \int (x^2 + y^2)\mathrm{d}m \end{cases} \tag{5-19}$$

$$\begin{cases} I_{xy} = I_{yx} = \sum (m_i x_i y_i) = \int xy\,\mathrm{d}m \\ I_{yz} = I_{zy} = \sum (m_i y_i z_i) = \int yz\,\mathrm{d}m \\ I_{zx} = I_{xz} = \sum (m_i z_i x_i) = \int zx\,\mathrm{d}m \end{cases} \tag{5-20}$$

则刚体的惯量张量表示为

$$I = \begin{bmatrix} I_{xx} & -I_{xy} & -I_{xz} \\ -I_{yx} & I_{yy} & -I_{yz} \\ -I_{zx} & -I_{zy} & I_{zz} \end{bmatrix} \tag{5-21}$$

3）惯量张量的平行移轴定理

设刚体在原点过其质心的坐标系 S_C 中的惯量张量如式(5-21)所示。坐标系 S' 是经过平移 $\boldsymbol{O}_{o,o'}=[x_C \quad y_C \quad z_C]^{\mathrm{T}}$ 而得到的新坐标系，则刚体在坐标系 S' 中的惯量张量 $\boldsymbol{I}'$ 可由下式表示：

$$\boldsymbol{I}'=\begin{bmatrix} I_{x'x'} & -I_{x'y'} & -I_{x'z'} \\ -I_{y'x'} & I_{y'y'} & -I_{y'z'} \\ -I_{x'z'} & -I_{y'z'} & I_{z'z'} \end{bmatrix}$$

$$=\begin{bmatrix} I_{xx} & -I_{xy} & -I_{xz} \\ -I_{yx} & I_{yy} & -I_{yz} \\ -I_{xz} & -I_{yz} & I_{zz} \end{bmatrix}+\begin{bmatrix} M(z_C^2+y_C^2) & -Mx_Cy_C & -Mx_Cz_C \\ -Mx_Cy_C & M(y_C^2+x_C^2) & -My_Cz_C \\ -Mx_Cz_C & -My_Cz_C & M(x_C^2+z_C^2) \end{bmatrix} \tag{5-22}$$

式中，M 为刚体的质量。

4）惯量张量的坐标轴旋转计算公式

设刚体在原点过其质心的坐标系 S_C 中的惯量张量如式(5-21)所示，坐标系 S' 是经过旋转变换 $\boldsymbol{R}^C$ 而得到的新坐标系。根据张量的旋转变换法则，刚体的惯量张量在 S' 中表示为

$$\boldsymbol{I}'=[\boldsymbol{R}^C]^{\mathrm{T}}\boldsymbol{I}[\boldsymbol{R}^C] \tag{5-23}$$

写成分量形式则是

$$\begin{cases} I'_x=[\boldsymbol{n}^C]^{\mathrm{T}}\boldsymbol{I}[\boldsymbol{n}^C] \\ I'_y=[\boldsymbol{o}^C]^{\mathrm{T}}\boldsymbol{I}[\boldsymbol{o}^C] \\ I'_z=[\boldsymbol{a}^C]^{\mathrm{T}}\boldsymbol{I}[\boldsymbol{a}^C] \end{cases} \tag{5-24}$$

式中，$\boldsymbol{n}^C$、$\boldsymbol{o}^C$、$\boldsymbol{a}^C$ 分别是 $\boldsymbol{R}^C$ 中的三个列向量，即 $\boldsymbol{R}^C=[\boldsymbol{n}^C \quad \boldsymbol{o}^C \quad \boldsymbol{a}^C]$。

5）惯性主轴

由矩阵理论可知，当 $\boldsymbol{I}$ 是 3×3 实对称矩阵时，总存在一个正交变换 $\boldsymbol{R}$，使得 $\boldsymbol{I}$ 在 S 坐标系中成为

$$\boldsymbol{I}=\begin{bmatrix} I_{xx} & 0 & 0 \\ 0 & I_{yy} & 0 \\ 0 & 0 & I_{zz} \end{bmatrix} \tag{5-25}$$

我们知道，I_{xx}、I_{yy}、I_{zz}（其中至少有两个互不相等）是该矩阵的特征根。由此即可求出与之对应的三个互相正交的特征向量，以它们作为坐标系 S（即 $O\text{-}xyz$ 系）的基向量 $\boldsymbol{i}$、$\boldsymbol{j}$、$\boldsymbol{k}$，则该坐标系的坐标轴称作刚体的惯性主轴。

一般来说，过质心的三个刚体的对称正交平面的三条交线（正交），就是刚体的三个惯性主轴。把这三条轴线选作某坐标系的坐标轴，则刚体在该坐标系的惯量张量有式(5-25)所示的最简形式。

例 5-3 求图 5-6 所示均质六面体相对于所设坐标系 S 的惯量张量。

解 令 $\mathrm{d}m=\rho\mathrm{d}x\mathrm{d}y\mathrm{d}z$。

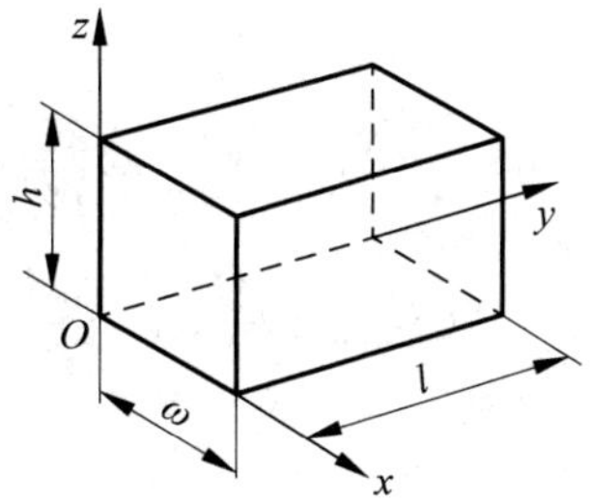

图 5-6 均质矩形体

(1) 求轴转动惯量：

$$\begin{aligned} I_{xx} &= \int_M (y^2+z^2)\mathrm{d}m \\ &= \int_0^h\int_0^l\int_0^w (y^2+z^2)\rho\mathrm{d}x\mathrm{d}y\mathrm{d}z = \left(\frac{hl^3w}{3}+\frac{h^3lw}{3}\right)\rho \\ &= \frac{M}{3}(l^2+h^2) \end{aligned} \tag{a}$$

同理：

$$I_{yy} = \frac{M}{3}(w^2+h^2),\quad I_{zz} = \frac{M}{3}(l^2+w^2)$$

式中，M 为六面体总质量($M=\rho hlw$)。

(2) 求惯量积：

$$I_{xy} = \int_M xy\mathrm{d}m = \int_0^h\int_0^l\int_0^w xy\rho\mathrm{d}x\mathrm{d}y\mathrm{d}z = \frac{M}{4}wl$$

同理：

$$I_{xz} = \frac{M}{4}hw,\quad I_{yz} = \frac{M}{4}hl \tag{b}$$

(3) 求惯量张量。

将 $I_{xx}\cdots I_{xy}\cdots$ 代入式(5-21)得

$$\boldsymbol{I} = \begin{bmatrix} \frac{M}{3}(l^2+h^2) & -\frac{M}{4}wl & -\frac{M}{4}hw \\ -\frac{M}{4}wl & \frac{M}{3}(w^2+h^2) & -\frac{M}{4}hl \\ -\frac{M}{4}hw & -\frac{M}{4}hl & \frac{M}{3}(l^2+w^2) \end{bmatrix} \tag{c}$$

若将 S_C 的原点 O_C 置于质心上，且 x_C、y_C、z_C 分别平行于 x、y、z，根据平行移轴定理，有

$$x_C = -\frac{w}{2},\quad y_C = -\frac{l}{2},\quad z_C = -\frac{h}{2}$$

$$I_{xx} = I_{zz_C} + M(x_C^2+y_C^2)$$

于是

$$I_{zz_C} = I_{zz} - M(x_C^2+y_C^2) = \frac{M}{12}(l^2+w^2)$$

同理：

$$I_{yy_C}=\frac{M}{12}(w^2+h^2),\quad I_{xx_C}=\frac{M}{12}(l^2+h^2)$$

$$I_{xy_C}=I_{xy}-Mx_Cy_C=\frac{M}{4}wl-\frac{M}{4}wl=0$$

$$I_{xz_C}=I_{yz_C}=0$$

于是

$$\boldsymbol{I}_C=\begin{bmatrix}\frac{M}{12}(l^2+h^2) & 0 & 0\\ 0 & \frac{M}{12}(w^2+h^2) & 0\\ 0 & 0 & \frac{M}{12}(l^2+w^2)\end{bmatrix} \tag{d}$$

解毕。

例 5-4 设有均质薄板，过质心 C 有两固联坐标系(图 5-7)。已知该薄板在 S 坐标系中的惯量矩阵 $\boldsymbol{I}$：

$$\boldsymbol{I}=\begin{bmatrix}I_{xx} & -I_{xy}\\ -I_{xy} & I_{yy}\end{bmatrix}$$

求在 S'中的惯量矩阵。

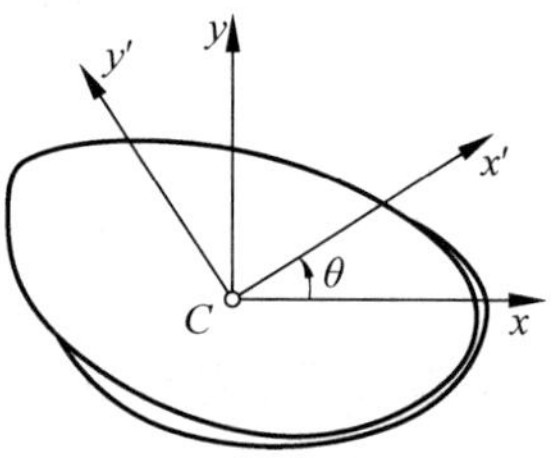

图 5-7 均质薄板及固联坐标系

解 (1) 求 S'相对于 S 的变换矩阵。由图 5-7 可知，旋转变换矩阵是

$$\boldsymbol{R}=\begin{bmatrix}\cos\theta & -\sin\theta\\ \sin\theta & \cos\theta\end{bmatrix} \tag{a}$$

(2) 计算 $\boldsymbol{I}'$。利用式(5-23)，可得

$$\boldsymbol{I}'=\boldsymbol{R}^{\mathrm{T}}\boldsymbol{I}\boldsymbol{R}=\begin{bmatrix}\cos\theta & \sin\theta\\ -\sin\theta & \cos\theta\end{bmatrix}\begin{bmatrix}I_{xx} & -I_{xy}\\ -I_{xy} & I_{yy}\end{bmatrix}\begin{bmatrix}\cos\theta & -\sin\theta\\ \sin\theta & \cos\theta\end{bmatrix}$$

展开后得

$$\begin{cases}I_{x'x'}=I_{xx}\cos^2\theta+I_{yy}\sin^2\theta-2I_{xy}\sin\theta\cos\theta\\ I_{y'y'}=I_{xx}\sin^2\theta+I_{yy}\cos^2\theta+2I_{xy}\sin\theta\cos\theta\\ I_{x'y'}=(I_{xx}-I_{yy})\sin\theta\cos\theta+I_{xy}(\cos^2\theta-\sin^2\theta)\end{cases} \tag{b}$$

解毕。

4. 伪惯量矩阵(Pseudo Inertia Matrix)

当取向径 $\boldsymbol{r}$ 为四列向量，即用齐次坐标表示 $\boldsymbol{r}$ 时，$\boldsymbol{r}=[x\quad y\quad z\quad 1]^{\mathrm{T}}$，则惯量矩阵变为 4×4 方阵，这时得到

$$
\boldsymbol{I}=\int_M \boldsymbol{r}^2\,\mathrm{d}m=\int_M [\boldsymbol{r}][\boldsymbol{r}]^{\mathrm{T}}\mathrm{d}m
=\begin{bmatrix}
\int x^2\mathrm{d}m & \int xy\,\mathrm{d}m & \int xz\,\mathrm{d}m & \int x\,\mathrm{d}m\\
\int xy\,\mathrm{d}m & \int y^2\mathrm{d}m & \int yz\,\mathrm{d}m & \int y\,\mathrm{d}m\\
\int xz\,\mathrm{d}m & \int yz\,\mathrm{d}m & \int z^2\mathrm{d}m & \int z\,\mathrm{d}m\\
\int x\,\mathrm{d}m & \int y\,\mathrm{d}m & \int z\,\mathrm{d}m & \int \mathrm{d}m
\end{bmatrix} \tag{5-26}
$$

上述 4×4 矩阵即为刚体的伪惯量矩阵。可以看出，它的左上角 3×3 列阵就是刚体的惯量张量。矩阵的其他元素是刚体对坐标轴之矩和刚体自身的质量。这一矩阵在用齐次坐标进行动力学计算时将会出现。

5.2.2 惯性参数测量方法

关于质心位置，可用众所周知的悬挂法或称重法求得，不再赘述。下面介绍一种比较适用于操作机不规则构件的测量方法：三线悬挂法。

如图 5-8 所示，有一构件已测得其重心 C。过 C 确定三个互相垂直的坐标轴 x、y、z。为了测得对某坐标轴的转动惯量，如对 z 轴的 I_{zz}，可在以 z 为轴线、半径为 r 的圆柱面上取三条等分圆周的素线，在这素线位置，用等长(l)的三根细钢丝把该构件悬挂起来，然后使该构件绕 z 轴微扭摆动，测出扭摆周期 T。即可用下式求出绕 z 轴的转动惯量 I_{zz}：

$$I_{zz}=r^2T^2W/4\pi^2 l \tag{5-27}$$

式中，W 为构件重量。

再用同样的方法即可测得 I_{xx}、I_{yz}。

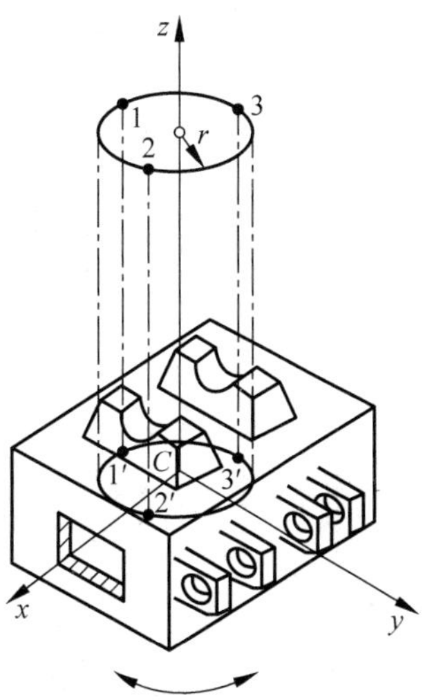

图 5-8　测转动惯量

5.2.3 操作机惯性参数的有限元计算

大家知道，对于任何刚体，都可划分成有限个具有规则几何形状的刚体单元。对这些刚体单元，总可准确地求出其重心位置、质量。在设立坐标轴后，又可用计算法求单元对该坐标系的惯量张量，然后按单元坐标系与刚体整体坐标系的相对关系，求出整个刚体的质心位置。再用惯量张量的移轴和转轴定理(式(5-22)和式(5-23))，将所有单元归化到整体坐标系中，从而得出刚体对其固联坐标系的惯量张量。这一方法和构件应力分析的有限元法有着相同的思路，故称之为惯性参数的有限元计算。由于单元划分较多，手算十分繁琐，为此可编制计算软件包，包括数据输入和检查认可、单元惯性参数计算、刚体惯性参数的合成计算等，方便地借助计算机进行计算。

表 5-1 列出了部分刚体单元的惯性参数计算公式。

表 5-1 单元刚体惯性参数计算

序号	单元	公式
01	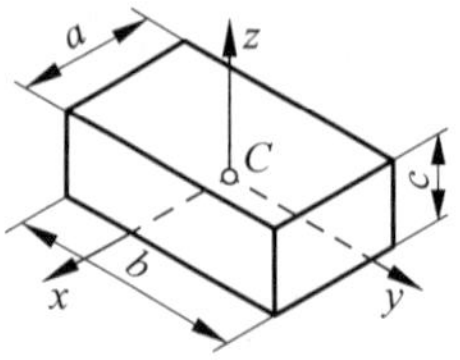	$x_c = y_c = z_c = 0, m = \rho abc$ $I_{xx} = \frac{1}{12}m(b^2 + c^2)$; $I_{yy} = \frac{1}{12}m(a^2 + c^2)$ $I_{zz} = \frac{1}{12}m(a^2 + b^2)$ $I_{xy} = I_{yz} = I_{zx} = 0$
02	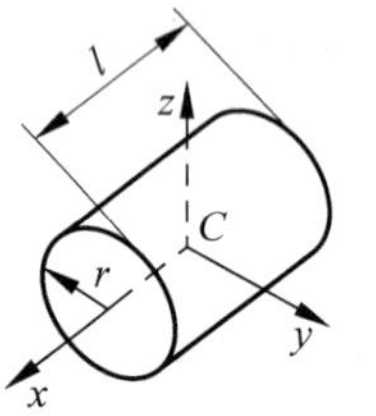	$x_c = y_c = z_c = 0, m = \rho \pi r^2 l$ $I_{xx} = \frac{1}{12}mr^2$; $I_{yy} = \frac{1}{12}m(3r^2 + l^2)$ $I_{zz} = \frac{1}{12}m(3r^2 + l^2)$ $I_{xy} = I_{yz} = I_{zx} = 0$
03	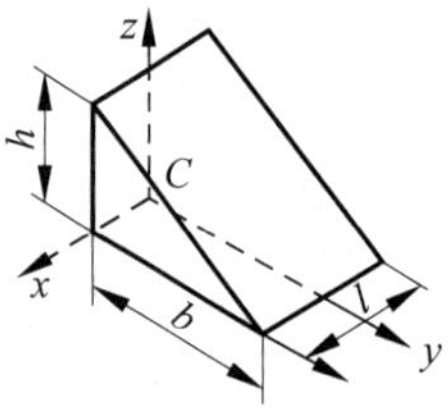	$x_c = 0, y_c = \frac{1}{3}b, z_c = \frac{1}{3}h, m = \frac{1}{2}\rho bhl$ $I_{xx} = \frac{1}{18}m(b^2 + h^2), I_{yy} = \frac{1}{36}m(3l^2 + 2h^2)$ $I_{zz} = \frac{1}{36}m(l^2 + 2b^2)$ $I_{xy} = I_{xz} = 0, I_{yx} = -\frac{1}{36}mbh$
04	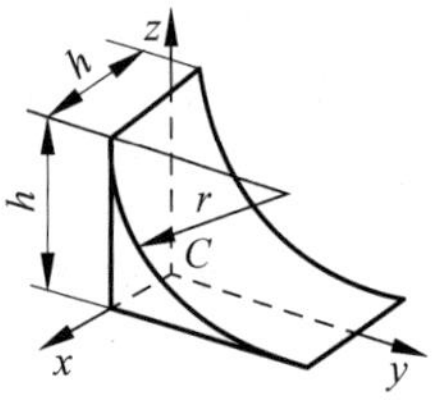	$x_c = 0, y_c = z_c = \frac{10 - 3\pi}{3(4 - \pi)}r$ $m = \frac{1}{4}\rho hr^2(4 - \pi)$ $I_{xx} = \frac{1}{24}\rho hr^4(16 - 3\pi) - \frac{2\rho hr^2}{9(4 - \pi)}$ $I_{yy} = I_{zz} = \frac{1}{48}\rho hr^2[(4 - \pi)h^2 + (16 - 3\pi)r] - \frac{\rho hr^4}{9(4 - \pi)}$ $I_{xy} = I_{xz} = 0, I_{yz} = \frac{1}{8}\rho hr^4 - \frac{\rho hr^4}{9(4 - \pi)}$

5.3 基于牛顿-欧拉方程的动力学算法

基于牛顿-欧拉方程的动力学算法,是以理论力学的两个最基本的方程——牛顿方程和欧拉方程为出发点,结合操作机的速度和加速度分析而得出的一种操作机动力学算法。它常以递推的形式出现,具有较高的计算速度,但形成最终的动力学完整方程(闭合解)却比较麻烦。它的一个特点,是要计算关节之间的约束力,所以在用于含闭链的操作机动力学计算时比较困难。但也正由于算出了关节处的约束力，对于操作机机构设计，提供了力分析的原始条件，又是它的一大优点。为了方便读者，这里简要给出刚体的牛顿-欧拉方程。

牛顿动力学方程有如下形式：

$$\boldsymbol{F}=m\boldsymbol{a}=m\dot{\boldsymbol{v}}=\mathrm{d}(m\boldsymbol{v})/\mathrm{d}t \tag{5-28}$$

式中，$\boldsymbol{a}$ 为具有质量为 m 的刚体的质心加速度；$\boldsymbol{v}$ 为具有质量为 m 的刚体的质心速度。

写成分量形式则是

$$\begin{cases}F_x=ma_x=m\dfrac{\mathrm{d}v_x}{\mathrm{d}t}\\ F_y=ma_y=m\dfrac{\mathrm{d}v_y}{\mathrm{d}t}\\ F_z=ma_z=m\dfrac{\mathrm{d}v_z}{\mathrm{d}t}\end{cases} \tag{5-29}$$

欧拉动力学方程是对绕定点转动的刚体给出的。刚体绕定点转动时对该点的动量矩是 $\boldsymbol{J}$：

$$\boldsymbol{J}=\sum_{i=1}^{n}(r_i\times m_iv_i)=I\omega$$

式中，r_i、m_i、v_i 分别为组成刚体的质点 P_i 的向径、质量和速度；ω 为刚体绕定点的角速度；I 为刚体的惯量张量。

应用动量矩定理，对于刚体的固联坐标系（I 为常数）有

$$M=\frac{\mathrm{d}\boldsymbol{J}}{\mathrm{d}t}=\dot{\boldsymbol{J}}+\omega\times\boldsymbol{J}=I\dot{\omega}+\omega\times I\omega \tag{5-30}$$

式中，M 为外力对于定点的合力矩，或称主矩。

写成分量形式，且设固联坐标轴是刚体的惯性主轴，由于这时 $I_{xy}=I_{yz}=I_{zx}=0$，则

$$\begin{cases}M_x=I_{xx}\dot{\omega}_x-(I_{yy}-I_{zz})\omega_y\omega_z\\ M_y=I_{yy}\dot{\omega}_y-(I_{zz}-I_{xx})\omega_z\omega_x\\ M_z=I_{zz}\dot{\omega}_z-(I_{xx}-I_{yy})\omega_x\omega_y\end{cases} \tag{5-31}$$

5.3.1 引例

取操作机中任一连杆 L_i，其受力如图 5-9 所示。设该杆在力、力矩和重力作用下作一般运动，即质心 C_i 以 v_{Ci} 移动，整个连杆又绕 C_i 以 ω_i 角速度转动，并伴随线加速度 $\boldsymbol{a}_{Ci}=\dot{\boldsymbol{v}}_{Ci}$、角加速度 $\boldsymbol{\varepsilon}=\dot{\boldsymbol{\omega}}$ 的运动。根据达伦贝尔原理，牛顿-欧拉方程分别变为

$$\begin{cases}\boldsymbol{F}_{i-1,i}-\boldsymbol{F}_{i,i+1}+m_i\boldsymbol{g}-m_i\dot{\boldsymbol{v}}_{Ci}=0\\ \boldsymbol{M}_{i-1,i}-\boldsymbol{M}_{i,i+1}+\boldsymbol{r}_{i,Ci}\times\boldsymbol{F}_{i-1,i}-\boldsymbol{r}_{i+1,Ci}\times\boldsymbol{F}_{i,i+1}-I_i\dot{\omega}_i-\omega_i\times I_i\omega_i=0\end{cases} \tag{5-32}$$

若自操作机的末杆算起，当已知 $\boldsymbol{F}_{i,i+1}$、$\boldsymbol{M}_{i,i+1}$，即可逐次求得关节的约束力和约束力矩。现仍以图 5-2 所示的平面二杆操作机为例，说明操作手动力学计算，以及公式中所得各项的物理意义。为了简便，取 $\boldsymbol{F}_3=0$，并已知 I_1、I_2。

将式(5-32)用于二杆操作机的末杆 L_2，即 $i=2$，则得

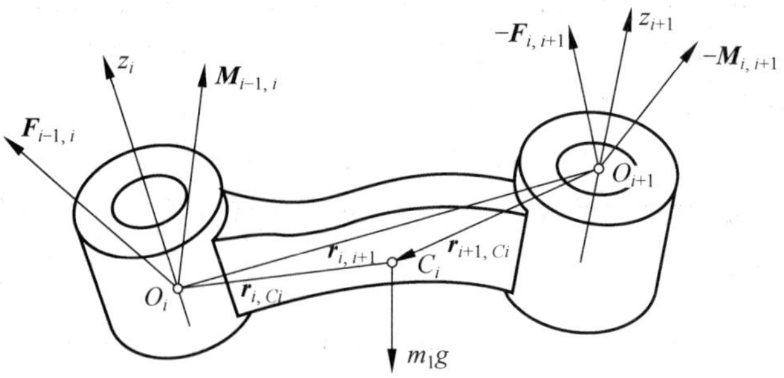

图 5-9 连杆受力图

$$\begin{cases} \boldsymbol{F}_{1,2}+m_2\boldsymbol{g}-m_2\dot{\boldsymbol{v}}_{C2}=0 \\ \boldsymbol{M}_{1,2}+\boldsymbol{r}_{2,C2}\times\boldsymbol{F}_{1,2}-I_2\dot{\omega}_2-\omega_2\times(I_2\omega_2)=0 \end{cases} \tag{a}$$

对于杆 L_i，$i=1$，则得

$$\begin{cases} \boldsymbol{F}_{0,1}-\boldsymbol{F}_{1,2}+m_1\boldsymbol{g}-m_1\dot{\boldsymbol{v}}_{C1}=0 \\ \boldsymbol{M}_{0,1}-\boldsymbol{M}_{1,2}-\boldsymbol{r}_{2,C1}\times\boldsymbol{F}_{1,2}+\boldsymbol{r}_{1,C1}\times\boldsymbol{F}_{0,1}-I_1\dot{\omega}_1-\omega_1\times(I_1\omega_1)=0 \end{cases} \tag{b}$$

当求出角速度、角加速度和质心加速度之后，即可由式(a)、式(b)逐次求出各关节的约束力和约束力矩。

前式(4.1)已求出

$$\boldsymbol{\omega}_1=[0\quad 0\quad \dot{\theta}_1]^{\mathrm{T}},\quad \dot{\boldsymbol{\omega}}_1=[0\quad 0\quad \ddot{\theta}_1]^{\mathrm{T}}$$

$$\boldsymbol{\omega}_2=[0\quad 0\quad \dot{\theta}_1+\dot{\theta}_2]^{\mathrm{T}},\quad \dot{\boldsymbol{\omega}}_2=[0\quad 0\quad \ddot{\theta}_1+\ddot{\theta}_2]^{\mathrm{T}}$$

$$\boldsymbol{v}_{C1}=\begin{bmatrix} -l_{C1}\dot{\theta}_1\mathrm{s}_1 \\ l_{C1}\dot{\theta}_1\mathrm{c}_1 \\ 0 \end{bmatrix}$$

$$\boldsymbol{v}_{C2}=\begin{bmatrix} -(l_1\mathrm{s}_1+l_{C2}\mathrm{s}_{12})\dot{\theta}_1-l_{C2}\mathrm{s}_{12}\dot{\theta}_2 \\ (l_1\mathrm{c}_1+l_{C2}\mathrm{c}_{12})\dot{\theta}_1+l_{C2}\mathrm{c}_{12}\dot{\theta}_2 \\ 0 \end{bmatrix}$$

对 v_{C1}、v_{C2} 求导，得

$$\dot{\boldsymbol{v}}_{C1}=\begin{bmatrix} -l_{C1}(\mathrm{s}_1\ddot{\theta}_1+\mathrm{c}_1\dot{\theta}_1^2) \\ l_{C1}(\mathrm{c}_1\ddot{\theta}_1-\mathrm{s}_1\dot{\theta}_1^2) \\ 0 \end{bmatrix}$$

$$\dot{\boldsymbol{v}}_{C2}=\begin{bmatrix} -(l_1\mathrm{s}_1+l_{C2}\mathrm{s}_{12})\ddot{\theta}_1-l_{C2}\mathrm{s}_{12}\ddot{\theta}_2-l_1\mathrm{c}_1\dot{\theta}_1^2-l_{C2}\mathrm{c}_{12}\dot{\theta}_1^2-2l_{C2}\mathrm{c}_{12}\dot{\theta}_1\dot{\theta}_2-l_{C2}\mathrm{c}_{12}\dot{\theta}_2^2 \\ (l_1\mathrm{c}_1+l_{C2}\mathrm{c}_{12})\ddot{\theta}_1+l_{C2}\mathrm{c}_{12}\ddot{\theta}_2-l_1\mathrm{s}_1\dot{\theta}_1^2-l_{C2}\mathrm{s}_{12}\dot{\theta}_1^2-2l_{C2}\mathrm{s}_{12}\dot{\theta}_1\dot{\theta}_2-l_{C2}\mathrm{s}_{12}\dot{\theta}_2^2 \\ 0 \end{bmatrix}$$

对于杆 $L_2(i=2)$，根据式(a)，可得

$$\boldsymbol{F}_{1,2}=-m_2\boldsymbol{g}+m_2\dot{\boldsymbol{v}}_{C2}$$

$$=m_2\begin{bmatrix}0\\-g\\0\end{bmatrix}+$$

$$m_2\begin{bmatrix}-(l_1s_1+l_{C2}s_{12})\ddot{\theta}_1-l_{C2}s_{12}\ddot{\theta}_2-l_1c_1\dot{\theta}_1^2-l_{C2}c_{12}\dot{\theta}_1^2-2l_{C2}c_{12}\dot{\theta}_1\dot{\theta}_2-l_{C2}c_{12}\dot{\theta}_2^2\\(l_1c_1+l_{C2}c_{12})\ddot{\theta}_1+l_{C2}c_{12}\ddot{\theta}_2-l_1s_1\dot{\theta}_1^2-l_{C2}s_{12}\dot{\theta}_1^2-2l_{C2}s_{12}\dot{\theta}_1\dot{\theta}_2-l_{C2}s_{12}\dot{\theta}_2^2\\0\end{bmatrix}\quad(c)$$

$$\boldsymbol{M}_{1,2}=-\boldsymbol{r}_{2,C2}\times(-m_2\boldsymbol{g}+m_2\dot{\boldsymbol{v}}_{C2})+I_2\dot{\omega}_2+\omega_2\times(I_2\omega_2)$$

$$=\begin{bmatrix}0\\0\\l_{C2}c_{12}m_2g+m_2[(l_1l_{C2}c_2+l_{C2}^2)\ddot{\theta}_1+l_{C2}^2\ddot{\theta}_2+l_1l_{C2}s_2\dot{\theta}_1^2]\end{bmatrix}+I_2\begin{bmatrix}0\\0\\\ddot{\theta}_1+\ddot{\theta}_2\end{bmatrix}\quad(d)$$

对于杆 $L_1(i=1)$，由式(b)得

$$\boldsymbol{F}_{0,1}=\boldsymbol{F}_{1,2}-m_1\boldsymbol{g}+m_2\dot{\boldsymbol{v}}_{C1}=\boldsymbol{F}_{1,2}-m_1\begin{bmatrix}0\\-g\\0\end{bmatrix}+m_2\begin{bmatrix}-l_{C1}(s_1\ddot{\theta}_1+c_1\dot{\theta}_1^2)\\l_{C1}(c_1\ddot{\theta}_1+s_1\dot{\theta}_1^2)\\0\end{bmatrix}\quad(e)$$

$$\boldsymbol{M}_{0,1}=\boldsymbol{M}_{1,2}+\boldsymbol{r}_{2,C1}\times\boldsymbol{F}_{1,2}-\boldsymbol{r}_{1,C1}\times\boldsymbol{F}_{0,1}+I_1\dot{\omega}_1+\omega_1\times(I_1\omega_1)$$

$$=\boldsymbol{M}_{1,2}+\begin{bmatrix}0\\0\\m_1l_{C1}^2\ddot{\theta}_1+m_2(l_1^2\ddot{\theta}_1+l_1l_{C2}c_2\ddot{\theta}_1+l_1l_{C2}c_2\ddot{\theta}_2-l_1l_{C2}c_2\dot{\theta}_1^2-\\2l_1l_{C2}s_2\dot{\theta}_1\dot{\theta}_2-l_1l_{C2}c_2\dot{\theta}_2^2)+m_1l_{C1}c_1g+m_2l_1c_1g\end{bmatrix}\quad(f)$$

由于

$$\tau_1=k_1\cdot\boldsymbol{M}_{0,1},\quad\tau_2=k_2\cdot\boldsymbol{M}_{1,2}$$

可以求得不计摩擦的关节驱动力矩：

$$\tau_1=(m_1l_{C1}^2+m_2l_1^2+2m_2l_1l_{C2}c_2+m_2l_{C2}^2+I_1+I_2)\ddot{\theta}_1+(m_2l_1l_{C2}c_2+I_2+m_2l_{C2}^2)\ddot{\theta}_2-$$
$$m_2l_1l_{C2}s_2\dot{\theta}_2^2-2m_2l_1l_{C2}s_2\dot{\theta}_1\dot{\theta}_2+m_1l_{C1}c_1g+m_2(l_1c_1g+l_{C2}c_{12}g)\quad(g)$$

$$\tau_2=m_2(l_1l_{C2}c_2+l_{C2}^2)\ddot{\theta}_1+m_2l_{C2}^2\ddot{\theta}_2+m_2l_1l_{C2}s_2\dot{\theta}_1-l_{C2}c_{12}m_2g+I_2(\ddot{\theta}_1+\ddot{\theta}_2)\quad(h)$$

将 τ_1,τ_2 写成如下形式：

$$\begin{cases}\tau_1=H_{11}\ddot{\theta}_1+H_{12}\ddot{\theta}_2+h_{122}\dot{\theta}_2^2+2h_{122}\dot{\theta}_1\dot{\theta}_2+G_1\\\tau_2=H_{22}\ddot{\theta}_2+H_{21}\ddot{\theta}_1+h_{211}\dot{\theta}_1^2+G_2\end{cases}\quad(i)$$

式中：$H_{11}=m_1l_{C1}^2+I_1+m_2(l_1^2+l_{C2}^2+2l_1l_{C2}c_2)+I_2$；$H_{22}=m_2l_{C2}^2+I_2$；$H_{12}=H_{21}=m_2l_1l_{C2}c_2+m_2l_{C2}^2+I_2$；$h_{112}=h_{122}=-h_{211}=-m_2l_1l_{C2}s_2$；$G_1=m_1l_{C1}c_1g+m_2g(l_1c_1+l_{C2}c_{12})$；$G_2=m_2l_{C2}gc_{12}$。

5.3.2 动力学方程及其各项的物理意义

由式(i)可得操作机动力学方程的如下规范形式：

$$\tau_i = \sum_{j=1}^{n} H_{ij}\ddot{q}_j + \sum_{j=1}^{n}\sum_{k=1}^{n} h_{ijk}\dot{q}_j\dot{q}_k + G_i \tag{5-33}$$

今后将以式(5-33)为讨论操作机动力学的基础，现将其中各项的物理意义分述如下：

1. 惯性力矩($H_{ij}\ddot{q}_j$)

由线加速度或角加速度引起的，分为两类：

1) 自加速惯性力矩($i=j$)

由于连杆 L_i 自身的加速度 $\ddot{q}_{j=i}$ 而引起作用在自身转动轴上的惯性力矩。如式(i)中的 τ_1 中的 $H_{11}\ddot{\theta}_1$：

$$H_{11}\ddot{\theta}_1 = [m_1 l_{C1}^2 + I_1 + m_2(l_1^2 + l_{C2}^2 + 2l_1 l_{C2}\mathrm{c}_2) + I_2]\ddot{\theta}_1$$

其中：$m_1 l_{C1}^2\ddot{\theta}_1 = (m_1 l_{C1}\ddot{\theta}_1)l_{C1}$ 为杆 L_i 质心 C_i 加速度($l_{C1}\ddot{\theta}_1$)引起的作用在过 O_1 的关节轴(以下称关节轴 J_1)的惯性力矩；$I_1\ddot{\theta}_1$ 为杆 L_i(具有转动惯量 I_1)因加速度($\ddot{\theta}_1$)而引起的对 J_1 的惯性力矩；$m_2(l_1^2 + l_{C2}^2 + 2l_1 l_{C2}\mathrm{c}_2)\ddot{\theta}_1$ 为由 $\ddot{\theta}_1$ 而使杆 L_2 的质心 C_2 产生加速度($\sqrt{l_1^2 + l_{C2}^2 + 2l_1 l_{C2}\mathrm{c}_2}\ddot{\theta}_1$)时，作用在 J_1 的惯性力矩。

在 τ_2 中，

$$H_{22}\ddot{\theta}_2 = (m_2 l_{C2}^2 + I_2)\ddot{\theta}_2$$

2) 耦合惯性力矩 $i \neq j$

在 τ_1 和 τ_2 中分别是

$$H_{12}\ddot{\theta}_2 = [m_2(l_{C2}^2 + l_{C2}l_1\mathrm{c}_2) + I_2]\ddot{\theta}_2$$

$$H_{21}\ddot{\theta}_1 = [m_2(l_{C2}^2 + l_{C2}l_1\mathrm{c}_2) + I_2]\ddot{\theta}_1$$

在 $H_{12}\ddot{\theta}_2$ 中 $m_2(l_{C2}+l_1\mathrm{c}_2)l_{C2}\ddot{\theta}_2$ 是由 $\ddot{\theta}_2$ 使杆 L_2 在 C_2 产生线加速度($l_{C2}\ddot{\theta}_2$)而引起的绕 J_1 的惯性力矩(图 5-10)。

$I_2\ddot{\theta}_2$ 是由杆 L_2(具有 I_2)由角加速度($\ddot{\theta}_2$)而引起的作用在 J_1 上的惯性力矩(图 5-11)。

关于 $H_{21}\ddot{\theta}_1$ 中各项的意义请读者自己分析。

当 $\theta_2=0$ 时，$H_{12}\ddot{\theta}_2$、$H_{21}\ddot{\theta}_1$ 的物理意义更加明显。这时，有

$$H_{12}\ddot{\theta}_2 = I_2\ddot{\theta}_2 + m_2 l_{C2}\ddot{\theta}_2(l_1 + l_{C2})$$

$$H_{12}\ddot{\theta}_1 = I_2\ddot{\theta}_1 + m_2 l_{C2}\ddot{\theta}_1(l_1 + l_{C2})$$

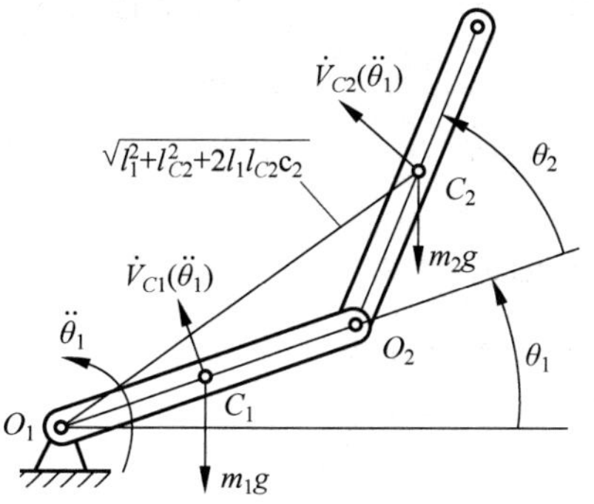

图 5-10 加速度示意图

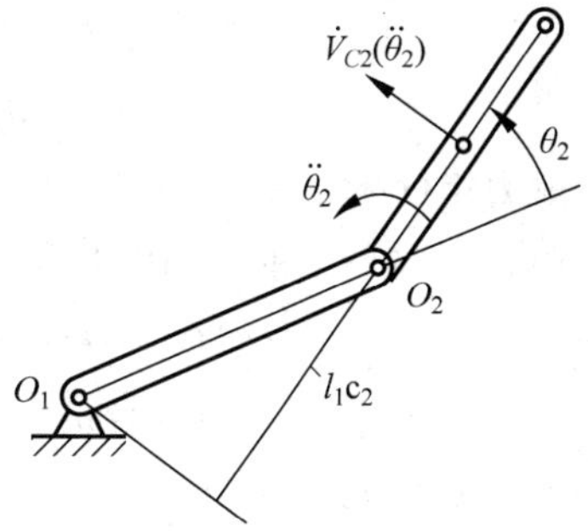

图 5-11 加速度示意图

2. 离心惯性力矩($h_{ijj}\dot{q}_j\dot{q}_j=h_{ijj}\dot{q}_j^2$)

离心惯性力矩都是耦合的,因为离心力对自己的旋转轴是不产生力矩的。由式(i)知,在 τ_1、τ_2 中的离心力矩分别是

$$h_{122}\dot{\theta}_2^2=-m_2l_1l_{C2}s_2\dot{\theta}_2^2$$

$$h_{211}\dot{\theta}_1^2=m_2l_1l_{C2}s_2\dot{\theta}_1^2$$

其中,$m_2l_1l_{C2}s_2\dot{\theta}_2^2$ 是由杆 L_2 的角速度($\dot{\theta}_2$)而引起的 C_2 处的向心加速度($l_{C2}\dot{\theta}_2^2$)作用在 J_1 上的惯性力矩(图 5-12)。

对于 $m_2l_1l_{C2}s_2\dot{\theta}_1^2$,请读者自己分析。

3. 哥氏惯性力矩($h_{ijk}\dot{q}_j\dot{q}_k$)

在转动坐标系(设转速为$\boldsymbol{\omega}$)中有质点作相对运动(相对速度为$\boldsymbol{v}'$)时,将产生哥氏加速度。对于二杆操作机,第二杆在跟随第一杆转动的同时,又作相对于第一杆的运动(在质心 C_2 处,有$\boldsymbol{v}'=\boldsymbol{\omega}_2\boldsymbol{l}_{C2}$),所以在第二杆质心 C_2 产生哥氏加速度 $\boldsymbol{a}_C$,由理论力学知

$$\boldsymbol{a}_C=2\boldsymbol{\omega}\times\boldsymbol{v}'$$

对于二杆操作机在 C_2 产生的哥氏加速度如图 5-13 所示,可以表示为

$$\boldsymbol{a}_C=2\boldsymbol{\omega}_1\times\boldsymbol{v}'_1=2\dot{\theta}_1l_{C2}\dot{\theta}_2\frac{\boldsymbol{a}_C}{|\boldsymbol{a}_C|}$$

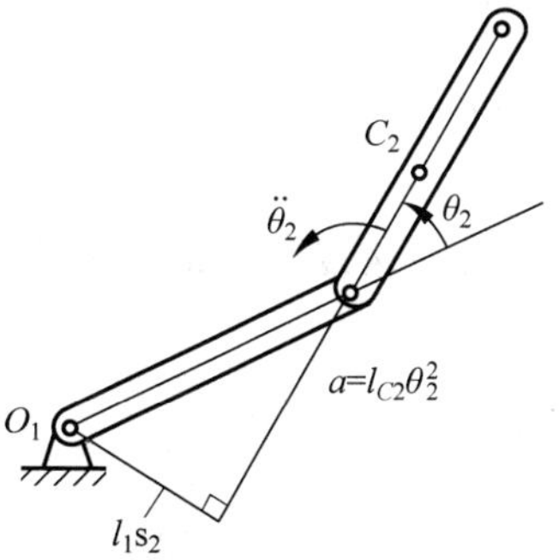

图 5-12 离心加速度示意图

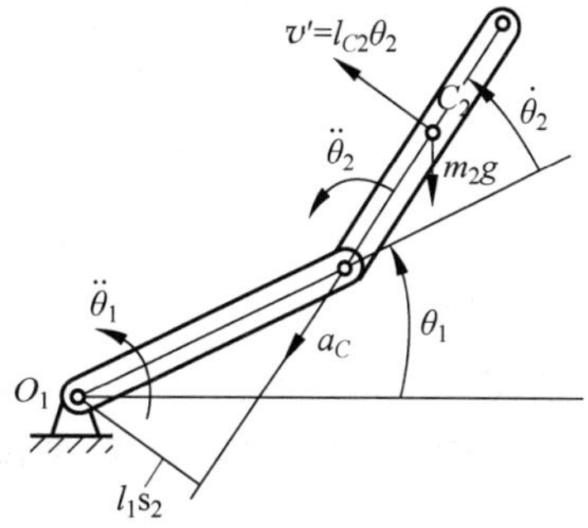

图 5-13 哥氏加速度示意图

故对 J_2(过 O_2 的关节轴)不产生哥氏惯性力矩,但对 J_1 却产生哥氏惯性力矩,在 τ_1 中表现为

$$h_{122}\dot{\theta}_1\dot{\theta}_2 = -2m_2 l_1 l_{C2} \mathrm{s}_2 \dot{\theta}_1\dot{\theta}_2$$

4. 重力矩($\boldsymbol{G}_2$)

由式(i)知,在 τ_1 和 τ_2 中,由重力产生的力矩分别为

$$G_1 = m_1 g l_{C1} \mathrm{c}_1 + m_2 g l_1 \mathrm{c}_1 + m_2 g l_{C2} \mathrm{c}_{12}$$

$$G_2 = m_2 g l_{C2} \mathrm{c}_{12}$$

各项的意义请读者自己分析。

5.3.3 递推算法

Luh、Walker 和 Paul 在 1980 年提出了递推的牛顿-欧拉方程算法,从而大大加快了操作机动力学的计算机计算。该法是由基座前推,即向末杆递推,逐次求出各杆的角速度、角加速度和质心加速度,再由末杆的末关节向第一关节(与基座相联)后推,从而求出各关节力矩(或力)。全旋转关节的具体公式如下:

1. 速度和惯性力(力矩)前推

$$\boldsymbol{\omega}_i^i = \boldsymbol{R}_{i-1}^i \boldsymbol{\omega}_{i-1}^{i-1} + \dot{\theta}_i \boldsymbol{k}_i^i \tag{5-34a}$$

$$\dot{\boldsymbol{\omega}}_i^i = \boldsymbol{R}_{i-1}^i \dot{\boldsymbol{\omega}}_{i-1}^{i-1} + \boldsymbol{R}_{i-1}^i \boldsymbol{\omega}_{i-1}^{i-1} \times \dot{\theta}_i \boldsymbol{k}_i^i + \ddot{\theta}_i \boldsymbol{k}_i^i \tag{5-34b}$$

$$\boldsymbol{v}_i^i = \boldsymbol{R}_{i-1}^i (\boldsymbol{v}_{i-1}^{i-1} + \boldsymbol{\omega}_{i-1}^{i-1} \times \boldsymbol{r}_{i-1,i}^{i-1}) \tag{5-34c}$$

$$\dot{\boldsymbol{v}}_i^i = \boldsymbol{R}_{i-1}^i [\dot{\boldsymbol{\omega}}_{i-1}^{i-1} \times \boldsymbol{r}_{i-1,i}^{i-1} + \boldsymbol{\omega}_{i-1}^{i-1} \times (\boldsymbol{\omega}_{i-1}^{i-1} \times \boldsymbol{r}_{i-1,i}^{i-1}) + \dot{\boldsymbol{v}}_{i-1}^{i-1}] \tag{5-34d}$$

$$\boldsymbol{v}_{Ci} = \boldsymbol{v}_i^i + \boldsymbol{\omega}_i^i \times \boldsymbol{r}_{i,Ci}^i \tag{5-34e}$$

$$\dot{\boldsymbol{v}}_{Ci}^i = \dot{\boldsymbol{\omega}}_i^i \times \boldsymbol{r}_{i,Ci}^i + \boldsymbol{\omega}_i^i \times (\boldsymbol{\omega}_i^i \times \boldsymbol{r}_{i,Ci}^i) + \dot{\boldsymbol{v}}_i^i \tag{5-34f}$$

$$\boldsymbol{f}_i^i = m_i \dot{\boldsymbol{v}}_{Ci}^i \tag{5-34g}$$

$$\boldsymbol{N}_i^i = I_i \dot{\boldsymbol{\omega}}_i^i + \boldsymbol{\omega}_i^i (I_i \boldsymbol{\omega}_i^i) \tag{5-34h}$$

2. 约束力和关节力矩后推

$$\boldsymbol{F}_i^i = \boldsymbol{R}_{i+1}^i \boldsymbol{F}_{i+1}^{i+1} + \boldsymbol{F}_i^i \tag{5-34i}$$

$$\boldsymbol{M}_i^i = \boldsymbol{N}_i^i + \boldsymbol{R}_{i+1}^i \boldsymbol{M}_{i+1}^{i+1} + \boldsymbol{r}_{i,ci}^i \times \boldsymbol{f}_i^i + \boldsymbol{r}_{i,i+1}^i \boldsymbol{R}_{i+1}^i \boldsymbol{F}_{i+1}^{i+1} \tag{5-34j}$$

$$\boldsymbol{\tau}_i = \boldsymbol{k}_i^i \cdot \boldsymbol{M}_i^i \tag{5-34k}$$

为了考虑重力力矩,可对整个操作手附加一个与重力加速度相反的加速度($-g$)。即在 z_0 向上时,取 $\dot{\boldsymbol{v}}_0^0 = [0 \quad 0 \quad -g]^{\mathrm{T}}$。

图 5-14 表示了这种算法的结构形式,可用作程序框图。

关于有移动关节时的递推公式,请读者自己导出。

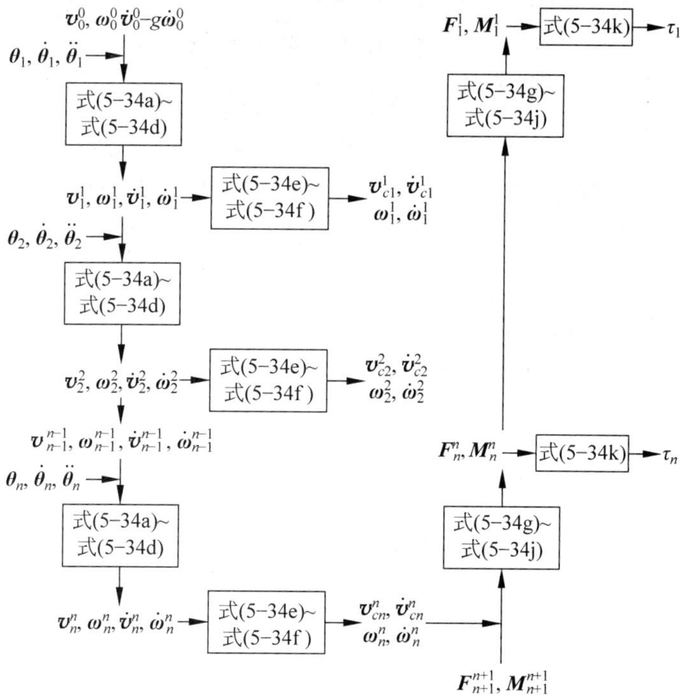

图 5-14 动力学递推结构

5.4 基于凯恩方程的动力学算法

5.3 节根据牛顿-欧拉方程的动力学递推算法，既要进行速度和加速度后推，又要进行力、力矩前推，而且为了求得完整形式的动力学公式，还要消去关节约束力。本节讨论一种基于凯恩动力学方程的方法，它只需一次后推，即可得到完整形式的动力学方程。这样，更便于利用微机进行数值计算。由于不求关节处的约束反力，该法还特别适用于含有闭链结构的操作机的动力学计算。

5.4.1 凯恩动力学方程

1. 动力学普遍方程式

设一质点系具有 n 个质点，其动力学普遍方程为

$$\sum_{i=1}^{n}(\boldsymbol{F}_i - m_i\boldsymbol{a}_i)\cdot\delta\boldsymbol{r}_i = 0 \tag{5-35}$$

式中，$\boldsymbol{F}_i$ 为作用于质点上的主动力；m_i 为质点 i 的质量；$\boldsymbol{a}_i$ 为质点 i 的加速度；$\delta\boldsymbol{r}_i$ 为质点 i 的位移变分；$\boldsymbol{r}_i$ 为质点 i 在参考系中的向径。

2. 凯恩质点系动力学方程

凯恩质点系动力学方程可由动力学普遍方程(5-35)导出。设质点系为完整系统，具有 l

个自由度和广义坐标,质点 i 的位置向量为 $\boldsymbol{r}_i$,则

$$\boldsymbol{r}_i=\boldsymbol{r}_i(q_1,q_2,\cdots,q_l,t) \tag{5-36}$$

式中,q_j 为广义坐标;t 为时间变量。

所以

$$\frac{\mathrm{d}\boldsymbol{r}_i}{\mathrm{d}t}=\boldsymbol{v}_i=\sum_{j=1}^{l}\frac{\partial \boldsymbol{r}_i}{\partial q_j}\dot{q}_j+\boldsymbol{v}_{io}=\sum_{j=1}^{l}\boldsymbol{v}_{i,j}\dot{q}_j+\boldsymbol{v}_{io} \tag{5-37}$$

式中,$\dot{q}_j$ 为广义速率,是标量;$\boldsymbol{v}_{i,j}=\dfrac{\partial \boldsymbol{r}_i}{\partial q_j}=\dfrac{\partial \boldsymbol{v}_i}{\partial \dot{q}_j}$,凯恩称之为相对于 $\dot{q}_j$ 的偏速度,也就是第3章中组成雅可比矩阵的偏速度。

由式(5-37)可得 $\boldsymbol{r}_i$ 的变分 $\delta\boldsymbol{r}_i$ 为

$$\delta\boldsymbol{r}_i=\sum_{j=1}^{l}\frac{\partial \boldsymbol{r}_i}{\partial q_j}\delta q_j=\sum_{j=1}^{l}\boldsymbol{v}_{i,j}\delta q_j$$

将上式代入式(5-35),可得

$$\sum_{i=1}^{n}(\boldsymbol{F}_i-m_i\boldsymbol{a}_i)\cdot\sum_{j=1}^{l}\boldsymbol{v}_{i,j}\delta q_j=0$$

交换求和号,可得

$$\sum_{j=1}^{l}\left[\sum_{i=1}^{n}(\boldsymbol{F}_i-m_i\boldsymbol{a}_i)\cdot\boldsymbol{v}_{i,j}\right]\delta q_j=0$$

因为 δq_j 是独立变量,故

$$\sum_{i=1}^{n}(\boldsymbol{F}_i-m_i\boldsymbol{a}_i)\cdot\boldsymbol{v}_{i,j}=0,\quad j=1,2,\cdots,l$$

可以写成

$$\sum_{i=1}^{n}\boldsymbol{F}_i\cdot\boldsymbol{v}_{i,j}-\sum_{i=1}^{n}m_i\boldsymbol{a}_i\cdot\boldsymbol{v}_{i,j}=0$$

简记为

$$\boldsymbol{F}_j+\boldsymbol{F}_j^*=0,\quad j=1,2,\cdots,l \tag{5-38}$$

式(5-38)是凯恩首先推出的,故称之为凯恩质点系动力学方程。其中,

$$\boldsymbol{F}_j=\sum_{i=1}^{n}\boldsymbol{F}_i\cdot\boldsymbol{v}_{i,j}$$

$$\boldsymbol{F}_j^*=-\sum_{i=1}^{n}m_i\boldsymbol{a}_i\cdot\boldsymbol{v}_{i,j}$$

式中,$\boldsymbol{F}_j$ 为质点系相对 $\dot{q}_j$ 的广义主动力;$\boldsymbol{F}_j^*$ 为质点系相对于 $\dot{q}_j$ 的广义惯性力。

3. 关于刚体的凯恩方程

为了简便起见,取刚体的质心为力的简化中心。作用于刚体上的力和力矩总可简化为作用在质心 C 上的合力 $\boldsymbol{R}_C$ 和合力矩 $\boldsymbol{M}_C$,即

$$\boldsymbol{R}_C=\sum_{i=1}^{n}\boldsymbol{F}_i$$

$$\boldsymbol{M}_C=\sum_{i=1}^{n}(\boldsymbol{r}_i\times\boldsymbol{F}_i)$$

式中,$\boldsymbol{F}_i$ 为作用于刚体上 i 点的主动力;$\boldsymbol{r}_i$ 为由质心 C 到 i 点的距离。

当刚体以角速度 ω 转动时，点 i 的速度为

$$\boldsymbol{v}_i = \boldsymbol{v}_C + \boldsymbol{\omega} \times \boldsymbol{r}_i$$

式中，$\boldsymbol{v}_C$ 为质心 C 处的线速度。

该点对于 $\dot{q}_j$ 的偏速度则是

$$\frac{\partial \boldsymbol{v}_i}{\partial \dot{q}_j} = \boldsymbol{v}_{i,j} = \frac{\partial \boldsymbol{v}_C}{\partial \dot{q}_j} + \frac{\partial(\boldsymbol{\omega} \times \boldsymbol{r}_i)}{\partial \dot{q}_j} = \boldsymbol{v}_{C,j} + \boldsymbol{\omega}_j \times \boldsymbol{r}_i \tag{5-39}$$

式中，$\boldsymbol{v}_{C,j}$ 为刚体质心相对 $\dot{q}_j$ 的偏线速度；$\boldsymbol{\omega}_j$ 为刚体相对于 $\dot{q}_j$ 的偏角速度。

为了明确起见，可将偏速度记作 $\boldsymbol{v}_{C\dot{q}_j}$，$\boldsymbol{\omega}_{\dot{q}_j}$。于是，作用于刚体上相对于 $\dot{q}_j$ 的广义主动力 $\boldsymbol{F}_j$ 可示为

$$\boldsymbol{F}_j = \sum_{i=1}^{n} \boldsymbol{F}_i \cdot \boldsymbol{v}_{i\dot{q}_j} = \sum_{i=1}^{n} \boldsymbol{F}_i \cdot \boldsymbol{v}_{C\dot{q}_j} + \sum_{i=1}^{n} (\boldsymbol{r}_i \times \boldsymbol{F}_i) \cdot \boldsymbol{\omega}_{\dot{q}_j} = \boldsymbol{R}_C \cdot \boldsymbol{v}_{C\dot{q}_j} + \boldsymbol{M}_C \cdot \boldsymbol{\omega}_{\dot{q}_j} \tag{5-40}$$

相对于 $\dot{q}_j$ 的广义惯性力则可写成

$$\boldsymbol{F}_j^* = -m\boldsymbol{a}_C \cdot \boldsymbol{v}_{C\dot{q}_j} - (\boldsymbol{r}_C \times m\boldsymbol{a}_C) \cdot \boldsymbol{\omega}_{\dot{q}_j}$$

因为

$$(\boldsymbol{r}_C \times m\boldsymbol{a}_C) = \frac{\mathrm{d}}{\mathrm{d}t}(\boldsymbol{r}_C \times m\boldsymbol{v}_C) = \frac{\mathrm{d}\boldsymbol{J}}{\mathrm{d}t}$$

式中，m 为刚体质量；$\boldsymbol{J}$ 为刚体相对于质心 C 的动量矩。由式(5-30)知，对于刚体的固联坐标系，有

$$\frac{\mathrm{d}\boldsymbol{J}}{\mathrm{d}t} = I\dot{\omega} + \omega \times (I\omega)$$

于是最后得到

$$\boldsymbol{F}_j^* = -m\boldsymbol{a}_i \cdot \boldsymbol{v}_{C\dot{q}_j} - (I\dot{\omega} + \omega \times I\omega) \cdot \omega_{\dot{q}_j} \tag{5-41}$$

联立式(5-40)、式(5-41)，得到刚体的凯恩方程为

$$\boldsymbol{R}_C \cdot \boldsymbol{v}_{C\dot{q}_j} + \boldsymbol{M}_C \cdot \boldsymbol{\omega}_{\dot{q}_j} = -m\boldsymbol{a}_C \cdot \boldsymbol{v}_{C\dot{q}_j} + \boldsymbol{N} \cdot \boldsymbol{\omega}_{\dot{q}_j} \tag{5-42}$$

其中，$\boldsymbol{N} = I\dot{\omega} + \omega \times I\omega$。

对于多刚体系统，设刚体数为 n，则上式变为

$$\sum_{i=1}^{n} \boldsymbol{R}_{Ci} \cdot \boldsymbol{v}_{Ciq_j} + \sum_{i=1}^{n} \boldsymbol{M}_{Ci} \cdot \boldsymbol{\omega}_{i\dot{q}_j} = \sum_{i=1}^{n} m_i \boldsymbol{a}_{Ci} \cdot \boldsymbol{v}_{Ciq_j} + \boldsymbol{N}_i \cdot \boldsymbol{\omega}_{i\dot{q}_j} \tag{5-43}$$

5.4.2 基于凯恩方程的动力学算法

1. 操作机的偏速度计算

根据定义，由速度公式(5-34a)、式(5-34c)、式(5-34e)可得偏角速度

$$\boldsymbol{\omega}_{i\dot{q}_j}^{i} = \begin{cases} \boldsymbol{R}_{i-1}^{i}\, \boldsymbol{\omega}_{i-1,\dot{q}_j}^{i-1}, & j < i \\ \boldsymbol{k}_i^i, & j = i \\ 0, & j > i \end{cases} \tag{5-44}$$

或

$$\boldsymbol{\omega}^i_{i\dot{q}_j}=\boldsymbol{\omega}^i_i\begin{pmatrix}\dot{q}_j=1\\ \dot{q}_j=0\end{pmatrix} \tag{5-45}$$

式中，$\dot{q}_j$ 为非 j 号关节速率。

偏线速度为

$$\boldsymbol{v}^i_{i\dot{q}_j}=\begin{cases}\boldsymbol{R}^i_{i-1}(\boldsymbol{\omega}^{i-1}_{i-1,\dot{q}_j}\times\boldsymbol{l}^{i-1}_{i-1}+\boldsymbol{v}^{i-1}_{i-1,\dot{q}_j}), & j<i\\ 0, & j\geqslant i\end{cases} \tag{5-46}$$

或

$$\boldsymbol{v}^i_{i\dot{q}_j}=\boldsymbol{v}^i_i\begin{pmatrix}\dot{q}_j=1\\ \dot{q}_j=0\end{pmatrix} \tag{5-47}$$

质心偏线速度为

$$\boldsymbol{v}^i_{Ci\dot{q}_j}=\boldsymbol{v}^i_{i\dot{q}_j}+\boldsymbol{\omega}^i_{i\dot{q}_j}\times\boldsymbol{l}^i_{Ci} \tag{5-48}$$

或

$$\boldsymbol{v}^i_{Ci\dot{q}_j}=\boldsymbol{v}^i_{Ci}\begin{pmatrix}\dot{q}_j=1\\ \dot{q}_j=0\end{pmatrix} \tag{5-49}$$

2. 应用凯恩刚体动力学方程解算操作机关节力矩

取末杆 L_n 为研究对象，用 $\dot{\boldsymbol{v}}^n_{Cn}$ 含有 $\boldsymbol{g}$ 分量考虑重力作用时，相对于关节速率 $\dot{q}_n$ 的计算简图如图 5-15 所示。

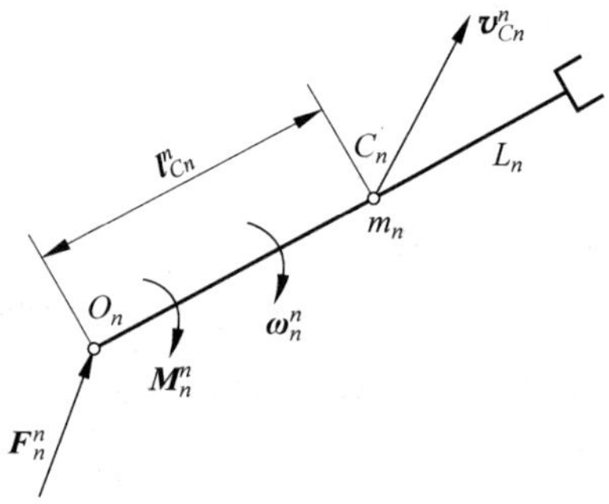

图 5-15 末杆计算简图

应用凯恩刚体动力学方程(5-42)得

$$\boldsymbol{F}^n_n\cdot\boldsymbol{v}_{Cn\dot{q}_n}+(\boldsymbol{M}^n_n+\boldsymbol{F}^n_n\times\boldsymbol{l}^n_{Cn})\cdot\boldsymbol{\omega}^n_{n\dot{q}_n}$$

$$=m_n\dot{\boldsymbol{v}}^n_{Cn}\cdot\boldsymbol{v}^n_{Cn\dot{q}_n}+(\boldsymbol{I}_n\dot{\boldsymbol{\omega}}^n_n+\boldsymbol{\omega}^n_n\times\boldsymbol{I}_n\boldsymbol{\omega}^n_n)\cdot\boldsymbol{\omega}^n_{n\dot{q}_n}$$

式中，m_n 为末杆 L_n 的质量；$\boldsymbol{I}_n$ 为末杆 L_n 的惯量张量(3×3 矩阵)。

利用前面的偏速度公式，因为 $j=n$ 和 $\boldsymbol{\omega}^n_{n\dot{q}_n}=\boldsymbol{k}^n_n$，得

$$\boldsymbol{F}^n_n\cdot\boldsymbol{v}^n_{Cn\dot{q}_n}=\boldsymbol{F}^n_n\cdot(\boldsymbol{\omega}^n_{n\dot{q}_n}\times\boldsymbol{l}^n_{Cn})=\boldsymbol{F}^n_n\cdot(\boldsymbol{k}^n_n\times\boldsymbol{l}^n_{Cn})$$

$$(\boldsymbol{F}^n_n\times\boldsymbol{l}^n_{Cn})\cdot\boldsymbol{\omega}^n_{n\dot{q}_n}=(\boldsymbol{F}^n_n\times\boldsymbol{l}^n_{Cn})\cdot\boldsymbol{k}^n_n=-\boldsymbol{F}^n_n\cdot(\boldsymbol{k}^n_n\times\boldsymbol{l}^n_{Cn})$$

故得

$$\boldsymbol{M}^n_n\cdot\boldsymbol{\omega}^n_{n\dot{q}_n}=m_n\dot{\boldsymbol{v}}^n_{Cn}\cdot\boldsymbol{v}^n_{Cn\dot{q}_n}+\boldsymbol{N}^n_n\cdot\boldsymbol{\omega}^n_{n\dot{q}_n}$$

式中，$\boldsymbol{N}^n_n=\boldsymbol{I}_n\dot{\boldsymbol{\omega}}^n_n+\boldsymbol{\omega}^n_n\times\boldsymbol{I}_n\boldsymbol{\omega}^n_n$。

所以关节转矩 $\boldsymbol{\tau}_{\dot{q}_n}$ 的计算公式为

$$\boldsymbol{\tau}_{\dot{q}_n}=\boldsymbol{k}^n_n\cdot\boldsymbol{M}^n_n=m_n\dot{\boldsymbol{v}}^n_{Cn}\cdot\boldsymbol{v}^n_{Cn\dot{q}_n}+\boldsymbol{N}^n_n\cdot\boldsymbol{\omega}^n_{n\dot{q}_n} \tag{5-50}$$

取 L_{n-1} 到 L_n 杆的两杆系统为研究对象，同样用 $\dot{\boldsymbol{v}}^n_{Cn}$、$\dot{\boldsymbol{v}}^{n-1}_{Cn-1}$ 中含有 $\boldsymbol{g}$ 分量来考虑重力

作用时，相对于 $\dot{q}_{n-1}$ 的计算简图如图 5-16 所示。

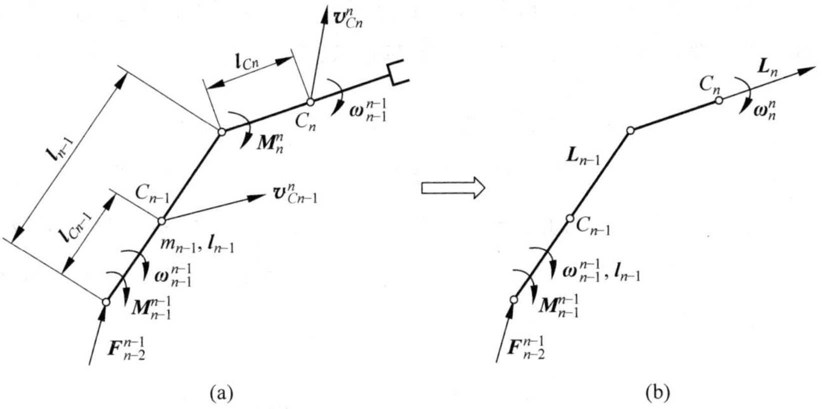

图 5-16　二杆系统计算简图

应用凯恩刚体动力学方程，得

$$\begin{aligned}F_{\dot{q}_{n-1}} = & F_{n-1}^{n-1}\cdot v_{Cn-1,\dot{q}_{n-1}}^{n-1} + (F_{n-1}^{n-1}\times l_{Cn-1}^{n-1})\cdot \omega_{n-1,\dot{q}_{n-1}}^{n-1} + M_{n-1}^{n-1}\omega_{n-1,\dot{q}_{n-1}}^{n-1} - \\ & R_n^{n-1}F_n^n v_{Cn-1,\dot{q}_{n-1}}^{n-1} - [R_n^{n-1}F_n^n\times(l_{Cn-1}^{n-1}-l_{n-1}^{n-1})]\cdot\omega_{n-1,\dot{q}_{n-1}}^{n-1} - R_n^{n-1}M_n^n\cdot\omega_{n-1,\dot{q}_{n-1}}^{n-1} + \\ & F_n^n\cdot v_{Cn\dot{q}_{n-1}}^{n} + (F_n^n\times l_{Cn}^n)\cdot\omega_{n\dot{q}_{n-1}}^{n} + M_n^n\cdot\omega_{n\dot{q}_{n-1}}^{n}\end{aligned}$$

利用偏速度公式将上式展开，并考虑

$$F_{n-1}^{n-1}\cdot v_{Cn-1,\dot{q}_{n-1}}^{n-1} = 0$$

$$F_{n-1}^{n-1}\cdot(\omega_{n-1,\dot{q}_{n-1}}^{n-1}\times l_{Cn-1}^{n-1}) = -(F_{n-1}^{n-1}\times l_{Cn-1}^{n-1})\cdot\omega_{n-1,\dot{q}_{n-1}}^{n-1}$$

$$-R_n^{n-1}F_n^n(\omega_{n-1,\dot{q}_{n-1}}^{n-1}\times l_{Cn-1}^{n-1}) = (R_n^{n-1}F_n^n\times l_{Cn-1}^{n-1})\cdot\omega_{n-1,\dot{q}_{n-1}}^{n-1}$$

$$-R_n^{n-1}F_n^n v_{Cn-1,\dot{q}_{n-1}}^{n-1} = F_n^n R_{n-1}^n v_{Cn-1,\dot{q}_{n-1}}^{n-1}$$

$$(R_n^{n-1}F_n^n\times l_{n-1}^{n-1})\cdot\omega_{n-1,\dot{q}_{n-1}}^{n-1} = -R_n^{n-1}F_n^n\cdot(\omega_{n-1,\dot{q}_{n-1}}^{n-1}\times l_{n-1}^{n-1})$$

$$R_n^{n-1}M_n^n\omega_{n-1,\dot{q}_{n-1}}^{n-1} = M_n^n\cdot R_{n-1}^n\omega_{n-1,\dot{q}_{n-1}}^{n-1}$$

可以求得

$$F_{\dot{q}_{n-1}} = M_{n-1}^{n-1}\cdot\omega_{n-1,\dot{q}_{n-1}}^{n-1} = M_{n-1}^{n-1}\cdot k_{n-1}^{n-1}$$

而

$$F_{\dot{q}_{n-1}}^{*} = -(m_n\dot{v}_{Cn}^n\cdot v_{Cn\dot{q}_{n-1}}^n + N_n^n\cdot\omega_{n\dot{q}_{n-1}}^{n-1} + m_{n-1}\dot{v}_{Cn-1}^{n-1}\cdot v_{Cn-1,\dot{q}_{n-1}}^{n-1} + N_{n-1}^{n-1}\cdot\omega_{n-1,\dot{q}_{n-1}}^{n-1})$$

从而得到关节(J_{n-1})相对于 $\dot{q}_{n-1}$ 的转矩 $\tau_{\dot{q}_{n-1}}$：

$$\begin{aligned}\tau_{\dot{q}_{n-1}} & = k_{n-1}^{n-1}\cdot M_{n-1}^{n-1} = F_{\dot{q}_{n-1}} = -F_{\dot{q}_{n-1}}^{*} \\ & = m_n\dot{v}_{Cn}^n\cdot v_{Cn\dot{q}_{n-1}}^n + N_n^n\cdot\omega_{n\dot{q}_{n-1}}^n + m_{n-1}\dot{v}_{Cn-1}^{n-1}\cdot v_{Cn-1,\dot{q}_{n-1}}^{n-1} + N_{n-1}^{n-1}\cdot\omega_{n-1,\dot{q}_{n-1}}^{n-1}\end{aligned} \tag{5-51}$$

式中，各符号的意义同前。

由式(5-51)可以看出，为了计算在关节 J_{n-1} 处的相应于 $\dot{q}_{n-1}$ 的关节转矩，可用图 5-16(b)代替图 5-16(a)。也就是说，在计算关节 J_{n-1} 处的转矩$\boldsymbol{\tau}_{\dot{q}_{n-1}}$时，在关节 J_n 处的内主动力矩和力($\boldsymbol{M}_n$,$\boldsymbol{F}_n$)，由于对杆 L_n 和 L_{n-1} 的作用大小相等方向相反，故互相抵消，可不予考虑。

仿上面的推导，即可得出一般的计算关节转矩公式：

$$\boldsymbol{\tau}_{\dot{q}_j}=\sum_{i=j}^{n}m_i\dot{\boldsymbol{v}}_{Ci}^{i}\cdot\boldsymbol{v}_{Ci\dot{q}_j}^{i}+\sum_{i=j}^{n}\boldsymbol{N}_i^i\boldsymbol{\omega}_{i\dot{q}_j}^{i} \tag{5-52}$$

当关节为移动关节时，也可得到相仿的求移动关节力 $\boldsymbol{f}_{\dot{q}_j}$ 的计算公式，当将两者合并到一起时，$\boldsymbol{\tau}_{\dot{q}_{n-1}}$ 为广义力(对移动关节代表力，对转动关节代表力矩)，公式仍取式(5-52)的形式，只是速度和加速度递推时，要用一个等于 1 或 0 的标识符。见下面给出的递推公式(5-53)。

3. 递推公式和程序框图

仿式(5-34)，可得式(5-53)的递推公式。其中 s_i 为标识符，当关节为转动关节时，$s_i=0$，当关节为移动关节时，$s_i=1$，所以这组公式适用于移动或转动关节的两种形式。

$$\boldsymbol{\omega}_i^i=\boldsymbol{R}_{i-1}^i\boldsymbol{\omega}_{i-1}^{i-1}+(1-s_i)\dot{q}_i\boldsymbol{k}_i^i \tag{5-53a}$$

$$\boldsymbol{v}_i^i=\boldsymbol{R}_{i-1}^i(\boldsymbol{v}_{i-1}^{i-1}+\boldsymbol{\omega}_{i-1}^{i-1}\times\boldsymbol{l}_{i-1,i}^{i-1})+s_i\dot{q}_i\boldsymbol{k}_i^i \tag{5-53b}$$

$$\dot{\boldsymbol{\omega}}_i^i=\boldsymbol{R}_{i-1}^i\dot{\boldsymbol{\omega}}_{i-1}^{i-1}+(1-s_i)(\boldsymbol{R}_{i-1}^i\boldsymbol{\omega}_{i-1}^{i-1}\times\dot{q}_i\boldsymbol{k}_i^i+\ddot{q}_i\boldsymbol{k}_i^i) \tag{5-53c}$$

$$\dot{\boldsymbol{v}}_i^i=\boldsymbol{R}_{i-1}^i[\dot{\boldsymbol{\omega}}_{i-1}^{i-1}\times\boldsymbol{l}_{i-1,i}^{i-1}+\boldsymbol{\omega}_{i-1}^{i-1}\times(\boldsymbol{\omega}_{i-1}^{i-1}\times\boldsymbol{l}_{i-1,i}^{i-1})+\dot{\boldsymbol{v}}_{i-1}^{i-1}]+s_i(\boldsymbol{R}_{i-1}^i\boldsymbol{\omega}_{i-1}^{i-1}\times\dot{q}_i\boldsymbol{k}_i^i+\ddot{q}_i\boldsymbol{k}_i^i) \tag{5-53d}$$

$$\dot{\boldsymbol{v}}_{Ci}^i=\dot{\boldsymbol{v}}_i^i+(1-s_i)[\dot{\boldsymbol{\omega}}_i^i\times\boldsymbol{l}_{Ci}^i+\boldsymbol{\omega}_i^i\times(\boldsymbol{\omega}_i^i\times\boldsymbol{l}_{Ci}^i)] \tag{5-53e}$$

$$\boldsymbol{N}_i^i=\boldsymbol{I}_i\dot{\boldsymbol{\omega}}_i^i+\dot{\boldsymbol{\omega}}_i^i\times\boldsymbol{I}_i\boldsymbol{\omega}_i^i \tag{5-53f}$$

$$\boldsymbol{\omega}_{iq_j}^i=\begin{cases}\boldsymbol{R}_{i-1}^i\boldsymbol{\omega}_{i-1,\dot{q}_j}^{i-1}, & i>j\\(1-s_i)\boldsymbol{k}_i^i, & i=j\\0, & i<j\end{cases} \tag{5-53g}$$

$$\boldsymbol{v}_{iq_j}^i=\begin{cases}\boldsymbol{R}_{i-1}^i(\boldsymbol{v}_{i-1,\dot{q}_j}^{i-1}+\boldsymbol{\omega}_{i-1\dot{q}_j}^{i-1}\times\boldsymbol{l}_{i-1,i}^{i-1}), & i>j\\s_i\boldsymbol{k}_i^i, & i=j\\0, & i<j\end{cases} \tag{5-53h}$$

$$\boldsymbol{v}_{Ciq_j}^i=\boldsymbol{v}_{iq_j}^i+\boldsymbol{\omega}_{iq_j}^i\times\boldsymbol{l}_{Ci}^i \tag{5-53i}$$

$$\boldsymbol{M}_{iq_j}^i=m_i\dot{\boldsymbol{v}}_{Ci}^i\cdot\boldsymbol{v}_{Ciq_j}^i+\boldsymbol{N}_i^i\boldsymbol{\omega}_{i\dot{q}_j}^i \tag{5-53j}$$

$$\boldsymbol{\tau}_{q_j}=\sum_{i=j}^{n}\boldsymbol{M}_{iq_j} \tag{5-53k}$$

为了考虑重力影响，可假定基座有一加速度 $\boldsymbol{g}$。

在使用上述公式时，标架应按图 5-17 所示的规则设立。关节变量 q_i 如果是角位移，以逆 z_i 轴望去逆时针(即右手规则)为正，转速单位向量与 z_i 一致；如果是线位移，指向与 z_i 轴一致。

计算机实际计算的过程可表述如下：

(1) 输入机器人自由度和结构参数：n、α_i、$\boldsymbol{a}_i$、$d_i(i=1,2,\cdots,n)$；

(2) 输入参数：$\boldsymbol{l}_{i-1,i}^{i-1}$、$\boldsymbol{l}_{Ci}^{i}$、$s_i$、$m_i$、$\boldsymbol{I}_i$ $(i=1,2,\cdots,n)$；
(3) 输入初始值；
(4) 输入瞬时各关节变量；
(5) 利用递推公式进行计算；
① 置 $i=1$；
② 计算旋转变换矩阵公式 $\boldsymbol{R}_{i-1}^{i}$；
③ 由式(5-53a)～(5-53b)计算$\boldsymbol{\omega}_i^i$、$\boldsymbol{v}_i^i$；
④ 由式(5-53c)～(5-53f)计算$\dot{\boldsymbol{\omega}}_i^i$、$\dot{\boldsymbol{v}}_i^i$、$\dot{\boldsymbol{v}}_{Ci}^i$、$\boldsymbol{N}_i^i$；
⑤ 置 $j=1$；
⑥ 由式(5-53g)～(5-53i)计算$\boldsymbol{\omega}_{i\dot{q}_i}^i$、$\boldsymbol{v}_{i\dot{q}_i}^i$、$\boldsymbol{v}_{Ci\dot{q}_i}^i$；
⑦ 由式(5-53c)～(5-53f)计算 $\boldsymbol{M}_{i\dot{q}_i}$；
⑧ 如果 $j=i$，则进行步骤⑨，否则置 $j=i+1$，并返回到步骤⑥；
⑨ 如果 $i=n$，则进行步骤⑩，否则置 $i=i+1$，并返回到步骤②；
⑩ 置 $j=1$；
⑪ 由式(5-53k)计算广义关节驱动力$\boldsymbol{\tau}_{i\dot{q}_i}$；
⑫ 如果 $j=n$，则结束，否则置 $j=j+1$，并返回到步骤⑪。
基于凯恩方程的动力学递推算法框图见图 5-18。

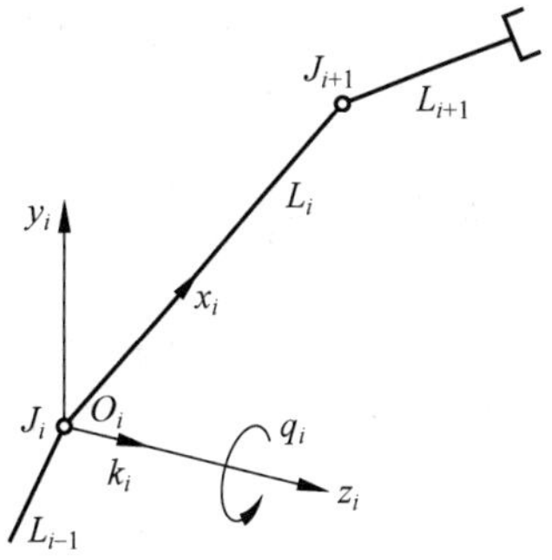

图 5-17 坐标设立规则

5.4.3 动力学方程符号推导示例

图 5-19 是比较流行的带有单闭链五自由度关节形弧焊机器人(如 YG-1、MOTOMAN、ASEA 等)的闭链系统示意图。对于这一局部结构，可以看作是平面四杆两自由度操作机，驱动器通过传动机构将动力矩分别作用在 $O_{1'}$ 和 O_1 处，以产生角位移 $\theta_{1'}$ 和 θ_1。今以该简化操作机为例，求其动力学方程式，即计算关节转矩$\boldsymbol{\tau}_{\dot{\theta}_1}$，$\boldsymbol{\tau}_{\dot{\theta}'_1}$。

1. 建立坐标系，求变换矩阵

现将闭链分作两路(右、左)，各杆分别命名为 L_1，L_2，$L_{1'}$，$L_{2'}L_{3'}\equiv L_2$。各关节坐标系的设立、结构参数和关节变量如图 5-19 所示。各杆的重心、质量、惯量张量分别记作 C_i、m_i、$\boldsymbol{I}_i$。

由图 5-19 可得各坐标变换矩阵如下：

对于右路(L_1，L_2)

$$\boldsymbol{T}_1^0=\begin{bmatrix} & & & 0\\ & \boldsymbol{R}_1^0 & & 0\\ & & & 0\\ 0 & 0 & 0 & 1\end{bmatrix},\quad \boldsymbol{R}_1^0=(\boldsymbol{R}_0^1)^{-1}=\begin{bmatrix}\mathrm{c}_1 & -\mathrm{s}_1 & 0\\ \mathrm{s}_1 & \mathrm{c}_1 & 0\\ 0 & 0 & 1\end{bmatrix}$$

$$\boldsymbol{T}_2^1=\begin{bmatrix} & & & l_1\\ & \boldsymbol{R}_2^1 & & 0\\ & & & 0\\ 0 & 0 & 0 & 1\end{bmatrix},\quad \boldsymbol{R}_2^1=(\boldsymbol{R}_1^2)^{-1}=\begin{bmatrix}-\mathrm{s}_2 & -\mathrm{c}_2 & 0\\ \mathrm{c}_2 & -\mathrm{s}_2 & 0\\ 0 & 0 & 1\end{bmatrix}$$

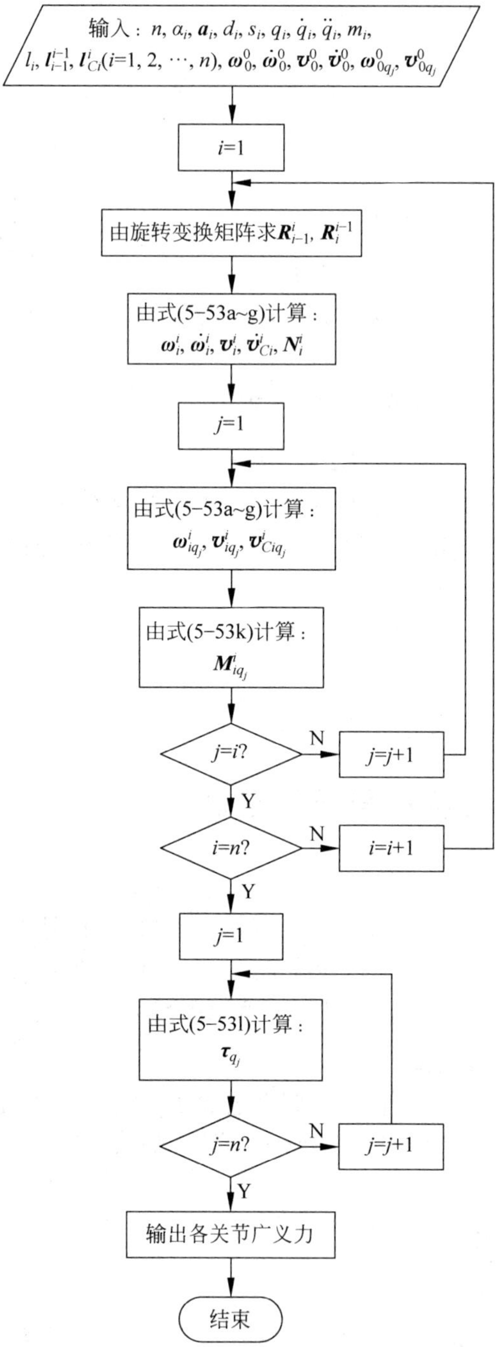

图 5-18 基于凯恩方程的动力学递推算法框图

$$\boldsymbol{RT}_2^0=\boldsymbol{T}_1^0\boldsymbol{T}_2^1=\begin{bmatrix} -s_{12} & -c_{12} & 0 & c_1 l_1 \\ c_{12} & -s_{12} & 0 & s_1 l_1 \\ 0 & 0 & 1 & 0 \\ 0 & 0 & 0 & 1 \end{bmatrix}$$

其中，$c_1=\cos\theta_1$，$s_1=\sin\theta_1$；$c_2=\cos\theta_2$，$s_2=\sin\theta_2$；$c_{12}=\cos(\theta_1+\theta_2)$，$s_{12}=\sin(\theta_1+\theta_2)$。

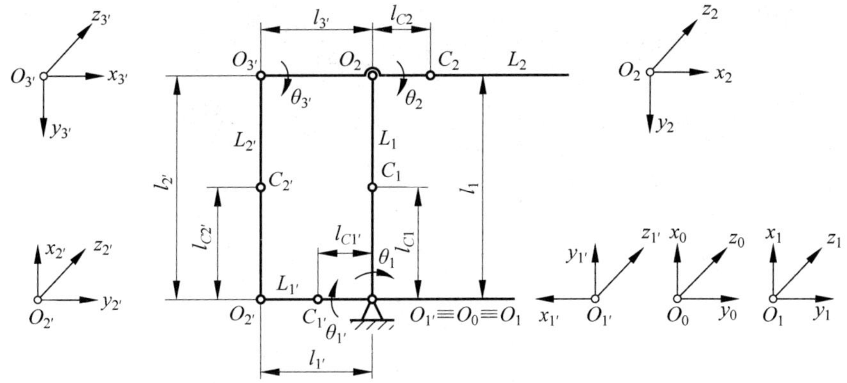

图 5-19 闭链操作机计算简图

对于左路($L_{1'}, L_{2'}, L_{3'} \equiv L_2$)

$$T_{1'}^{0} = \begin{bmatrix} & R_{1'}^{0} & & 0 \\ & & & 0 \\ & & & 0 \\ 0 & 0 & 0 & 1 \end{bmatrix}, \quad R_{1'}^{0} = (R_{0}^{1'})^{-1} = \begin{bmatrix} s_{1'} & c_{1'} & 0 \\ -c_{1'} & s_{1'} & 0 \\ 0 & 0 & 1 \end{bmatrix}$$

$$T_{2'}^{1'} = \begin{bmatrix} & R_{2'}^{1'} & & l_{1'} \\ & & & 0 \\ & & & 0 \\ 0 & 0 & 0 & 1 \end{bmatrix}, \quad R_{2'}^{1'} = (R_{1'}^{2'})^{-1} = \begin{bmatrix} -s_{2'} & -c_{2'} & 0 \\ c_{2'} & -s_{2'} & 0 \\ 0 & 0 & 1 \end{bmatrix}$$

$$T_{3'}^{2'} = \begin{bmatrix} & R_{3'}^{2'} & & l_{2'} \\ & & & 0 \\ & & & 0 \\ 0 & 0 & 0 & 1 \end{bmatrix}, \quad R_{3'}^{2'} = (R_{2'}^{3'})^{-1} = \begin{bmatrix} -s_{3'} & -c_{3'} & 0 \\ c_{3'} & -s_{3'} & 0 \\ 0 & 0 & 1 \end{bmatrix}$$

$$T_{2}^{3'} = \begin{bmatrix} & I & & l_{3'} \\ & & & 0 \\ & & & 0 \\ 0 & 0 & 0 & 1 \end{bmatrix}, \quad R_{2}^{3'} = (R_{3'}^{2})^{-1} = I$$

$$LT_{2}^{0} = T_{1'}^{0} T_{2'}^{1'} T_{3'}^{2'} T_{2}^{3'} = \begin{bmatrix} -s_{1'2'3'} & -c_{1'2'3'} & 0 & -s_{1'2'3'} l_{3'} + c_{1'2'} l_{2'} + s_{1'} l_{1'} \\ c_{1'2'3'} & -s_{1'2'3'} & 0 & c_{1'2'3'} l_{3'} + s_{1'2'} l_{2'} - c_{1'} l_{1'} \\ 0 & 0 & 1 & 0 \\ 0 & 0 & 0 & 1 \end{bmatrix}$$

2. 计算主、从转角关系

设主动杆 $L_1, L_{1'}$ 的转角为主动转角 $\theta_1, \theta_{1'}$,从动转角分别为 $\theta_{2'}, \theta_{3'} \equiv \theta_2$。根据几何关系,有 $RT_2^0 \equiv LT_2^0$,即

$$\begin{cases} \sin(\theta_1 + \theta_2) = \sin(\theta_{1'} + \theta_{2'} + \theta_{3'}) \\ \cos(\theta_1 + \theta_2) = \cos(\theta_{1'} + \theta_{2'} + \theta_{3'}) \\ -l_{3'} \sin(\theta_{1'} + \theta_{2'} + \theta_{3'}) + l_{2'} \cos(\theta_{1'} + \theta_{2'}) + l_{1'} \sin\theta_{1'} = l_1 \cos\theta_1 \\ l_{3'} \cos(\theta_{1'} + \theta_{2'} + \theta_{3'}) + l_{2'} \sin(\theta_{1'} + \theta_{2'}) - l_{1'} \cos\theta_{1'} = l_1 \sin\theta_1 \end{cases}$$

根据结构条件又有

$$\theta_{3'}=\theta_2 l_{3'}=l_{1'}l_{2'}=l_1$$

由此得到

$$\begin{cases}\theta_{3'}=\theta_2=\theta_{1'}-\theta_1\\ \theta_{2'}=\theta_1-\theta_{1'}\end{cases}$$

所以

$$\begin{cases}\dot\theta_{3'}=\dot\theta_2=\dot\theta_{1'}-\dot\theta_1\\ \dot\theta_{2'}=\dot\theta_1-\dot\theta_{1'}\end{cases}$$

3. 利用式(5-53a)～式(5-53j)求左二杆 $M_{i\dot\theta_i}$

为计及重力影响，取$\dot{\boldsymbol v}_0^0=[g\quad 0\quad 0]^{\mathrm T}$。

对于杆 $L_{1'}$，有

$$\boldsymbol\omega_{1'}^{1'}=\boldsymbol R_0^{1'}\boldsymbol\omega_0^0+\theta_{1'}\boldsymbol k_{1'}^{1'}=[0\quad 0\quad \dot\theta_{1'}]^{\mathrm T}$$

$$\boldsymbol\omega_{1'\dot\theta_{1'}}^{1'}=\boldsymbol\omega_{1'}^{1'}\begin{pmatrix}\dot\theta_{1'-1}\\ \dot\theta_{1-0}\end{pmatrix}=[0\quad 0\quad 1]^{\mathrm T}$$

$$\boldsymbol\omega_{1'\dot\theta_1}^{1'}=\boldsymbol\omega_{1'}^{1'}\begin{pmatrix}\dot\theta_{1-1}\\ \dot\theta_{1'-0}\end{pmatrix}=[0\quad 0\quad 0]^{\mathrm T}$$

$$\boldsymbol v_{1'}^{1'}=\boldsymbol R_0^{1'}(\boldsymbol\omega_0^0\times\boldsymbol l_0^0\times\boldsymbol v_0^0)=[0\quad 0\quad 0]^{\mathrm T}$$

$$\boldsymbol v_{1'C}^{1'}=\boldsymbol v_{1'}^{1'}+\boldsymbol\omega_{1'}^{1'}\times\boldsymbol l_{C1'}=\left[0\quad l_{C1'}\dot\theta_{1'}\quad 0\right]^{\mathrm T}$$

$$\boldsymbol v_{1'C\dot\theta_{1'}}^{1'}=\boldsymbol v_{1'C}^{1'}\begin{pmatrix}\dot\theta_{1'-1}\\ \dot\theta_{1-0}\end{pmatrix}=[0\quad l_{C1'}\quad 0]^{\mathrm T}$$

$$\boldsymbol v_{1'C\dot\theta_1}^{1'}=\boldsymbol v_{1'C}^{1'}\begin{pmatrix}\dot\theta_{1-1}\\ \dot\theta_{1'-0}\end{pmatrix}=[0\quad 0\quad 0]^{\mathrm T}$$

$$\dot{\boldsymbol\omega}_{1'}^{1'}=\boldsymbol R_0^{1'}\dot{\boldsymbol\omega}_0^0+\boldsymbol R_0^{1'}\boldsymbol\omega_0^0\times\dot\theta_{1'}\boldsymbol k_{1'}^{1'}+\ddot\theta_{1'}\boldsymbol k_{1'}^{1'}=\left[0\quad 0\quad \ddot\theta_{1'}\right]^{\mathrm T}$$

$$\dot{\boldsymbol v}_{1'}^{1'}=\boldsymbol R_0^{1'}[\dot{\boldsymbol v}_0^0+\dot{\boldsymbol\omega}_0^0\times\boldsymbol l_0^0+\boldsymbol\omega_0^0\times(\boldsymbol\omega_0^0\times\boldsymbol l_0^0)]=[g\,\mathrm s_{1'}\quad g\,\mathrm c_{1'}\quad 0]^{\mathrm T}$$

$$\boldsymbol v_{1'C}^{1'}=\boldsymbol v_{1'}^{1'}+\dot{\boldsymbol\omega}_{1'}^{1}\times\boldsymbol l_{C1'}^{1'}+\boldsymbol\omega_{1'}^{1'}\times(\boldsymbol\omega_{1'}^{1'}\times\boldsymbol l_{C1'}^{1'})=[g\,\mathrm s_{1'}-\boldsymbol l_{C1'}^{1'}(\dot\theta_{1'})^2\quad g\,\mathrm c_{1'}+l_{C1}\ddot\theta_{1'}\quad 0]^{\mathrm T}$$

$$\boldsymbol N_{1'}^{1'}=\boldsymbol l_{1'}\dot{\boldsymbol\omega}_{1'}^{1'}+\boldsymbol\omega_{1'}^{1'}\times\boldsymbol l_{1'}\boldsymbol\omega_{1'}^{1'}=\left[0\quad 0\quad \boldsymbol l_{1'zz}\ddot\theta_{1'}\right]^{\mathrm T}$$

$$\boldsymbol M_{1'\dot\theta_{1'}}=m_{1'}\dot{\boldsymbol v}_{1'C}^{1'}\cdot\boldsymbol v_{1'C\dot\theta_{1'}}^{1'}+\boldsymbol N_{1'}^{1'}\cdot\boldsymbol\omega_{1'\dot\theta_{1'}}^{1'}=m_{1'}(g\boldsymbol l_{C1'}c_{1'}+\boldsymbol l_{C1'}^2\ddot\theta_{1'})+\boldsymbol l_{1'zz}\ddot\theta_{1'}$$

$$\boldsymbol M_{1'\dot\theta_{1'}}=m_1\dot{\boldsymbol v}_{1'C}^{1'}\cdot\boldsymbol v_{1'C\dot\theta_{1'}}^{1'}+\boldsymbol N_{1'}^{1'}\cdot\boldsymbol\omega_{1'\dot\theta_1}^{1'}=0$$

对于杆 $L_{2'}$ 有

$$\boldsymbol\omega_{2'}^{2'}=\left[0\quad 0\quad \dot\theta_{1'}+\dot\theta_{2'}\right]^{\mathrm T}=\left[0\quad 0\quad \dot\theta_{1'}\right]^{\mathrm T}$$

$$\boldsymbol{\omega}^{2'}_{2'\dot{\theta}_{1'}}=0,\quad \boldsymbol{\omega}^{2'}_{2'\dot{\theta}_{1}}=[0\quad 0\quad 1]^{\mathrm{T}}$$

$$\boldsymbol{v}^{2'}_{2'}=\left[l_{1'}\mathrm{c}_{2'}\dot{\theta}_{1'}\quad -l_{1'}\mathrm{s}_{2'}\dot{\theta}_{1'}\quad 0\right]^{\mathrm{T}}=\left[l_{1'}\mathrm{c}_{1-1'}\dot{\theta}_{1'}\quad -l_{1'}\mathrm{s}_{1-1'}\dot{\theta}_{1'}\quad 0\right]^{\mathrm{T}}$$

$$\boldsymbol{v}^{2'}_{2'C}=\left[l_{1'}\mathrm{c}_{1-1'}\dot{\theta}_{1'}\quad -l_{1'}\mathrm{s}_{1-1'}\dot{\theta}_{1'}+l_{C2'}\dot{\theta}_{1}\quad 0\right]^{\mathrm{T}}$$

$$\boldsymbol{v}^{2'}_{2'C\dot{\theta}_{1'}}=[l_{1'}\mathrm{c}_{1-1'}\quad -l_{1'}\mathrm{s}_{1-1'}\quad 0]^{\mathrm{T}}$$

$$\boldsymbol{v}^{2'}_{2'C\dot{\theta}_{1}}=[0\quad l_{C2'}\quad 0]^{\mathrm{T}}$$

$$\dot{\boldsymbol{\omega}}^{2'}_{2'}=\left[0\quad 0\quad \ddot{\theta}_{1}\right]^{\mathrm{T}}$$

$$\dot{\boldsymbol{v}}^{2'}_{2'}=\begin{bmatrix} g\mathrm{c}_1+l_{1'}\mathrm{s}_{1-1'}(\dot{\theta}_{1'})^2+l_{1'}\mathrm{c}_{1-1'}\ddot{\theta}_{1'}\\ -g\mathrm{s}_1+l_{1'}\mathrm{c}_{1-1'}(\dot{\theta}_{1'})^2-l_{1'}\mathrm{s}_{1-1'}\ddot{\theta}_{1'}\\ 0\end{bmatrix}$$

$$\dot{\boldsymbol{v}}^{2'}_{2'C}=\begin{bmatrix} g\mathrm{c}_1+l_{1'}\mathrm{s}_{1-1'}(\dot{\theta}_{1'})^2+l_{1'}\mathrm{c}_{1-1'}\ddot{\theta}_{1'}-l_{C2'}(\dot{\theta}_{1})^2\\ -g\mathrm{s}_1+l_{1'}\mathrm{c}_{1-1'}(\dot{\theta}_{1'})^2-l_{1'}\mathrm{s}_{1-1'}\ddot{\theta}_{1'}+l_{C2'}\ddot{\theta}_{1}\\ 0\end{bmatrix}$$

$$M_{2'\dot{\theta}_{1'}}=m_{2'}[gl_{1'}\mathrm{c}_{1'}+l_{1'}^2\ddot{\theta}_{1'}-l_{1'}l_{C2'}\mathrm{c}_{1-1'}(\dot{\theta}_{1})^2-l_{1'}l_{C2'}\mathrm{s}_{1-1'}\ddot{\theta}_{1}]$$

$$M_{2'\dot{\theta}_{1}}=m_{2'}[-gl_{C2'}\mathrm{s}_1+l_{1'}l_{C2'}\mathrm{c}_{1-1'}(\dot{\theta}_{1'})^2-l_{1'}l_{C2'}\mathrm{s}_{1-1'}\ddot{\theta}_{1'}+l_{C2'}^2\ddot{\theta}_{1}]+I_{2'zz}\ddot{\theta}_{1}$$

4. 利用式(5-53a)～式(5-53j)求右二杆 $M_{i\dot{\theta}_j}$

过程与求左二杆相似，这里直接给出结果。

对于杆 L_1：

$$M_{1\dot{\theta}_{1}}=m_1(-gl_{C1}\mathrm{s}_1+l_{C1}^2\ddot{\theta}_1)+I_{1zz}\ddot{\theta}_1$$

$$M_{1\dot{\theta}_{1'}}=0$$

对于杆 L_2：

$$M_{2\dot{\theta}_{1}}=m_2[-gl_1\mathrm{s}_1+l_1^2\ddot{\theta}_1-l_1l_{C2}\mathrm{c}_{1'-1}(\dot{\theta}_{1'})^2-l_1l_{C2}\mathrm{s}_{1'-1}\ddot{\theta}_{1'}]$$

$$M_{2\dot{\theta}_{1'}}=m_2[-gl_{C2}\mathrm{c}_{1'}+l_1l_{C2}\mathrm{c}_{1'-1}(\dot{\theta}_{1})^2-l_1l_{C2}\mathrm{s}_{1'-1}\ddot{\theta}_1+l_{C2}^2\ddot{\theta}_{1'}]+I_{2zz}\ddot{\theta}_{1'}$$

5. 两自由度平行四杆系统动力学方程

令$\boldsymbol{\tau}_{\dot{\theta}_1}$ 表示驱动杆 L_1 的关节 J_1 处的所需转矩，$\boldsymbol{\tau}_{\dot{\theta}_{1'}}$ 表示驱动杆 $L_{1'}$ 的关节 $J_{1'}$ 处的所需转矩，有

$$\tau_{\dot\theta_1}=M_{1\dot\theta_1}+M_{2\dot\theta_1}+M_{1'\dot\theta_1}+M_{2'\dot\theta_1}=GM_{\dot\theta_1}+IM_{\dot\theta_1}+CM_{\dot\theta_1}$$

$$\tau_{\dot\theta_{1'}}=M_{1\dot\theta_{1'}}+M_{2\dot\theta_{1'}}+M_{1'\dot\theta_{1'}}+M_{2'\dot\theta_{1'}}=GM_{\dot\theta_{1'}}+IM_{\dot\theta_{1'}}+CM_{\dot\theta_{1'}}$$

其中，$GM_{\dot\theta_1}$、$GM_{\dot\theta_{1'}}$ 表示静力（杆自重）产生的力矩；$IM_{\dot\theta_1}$、$IM_{\dot\theta_{1'}}$ 表示由惯性力产生的力矩；$CM_{\dot\theta_1}$、$CM_{\dot\theta_{1'}}$ 表示由离心力、哥氏力产生的力矩。

这些力矩分别为

$$GM_{\dot\theta_1}=-g(m_1l_{C1}\sin\theta_1+m_2l_1\sin\theta_1+m_{2'}l_{C2'}\sin\theta_1)$$

$$GM_{\dot\theta_{1'}}=g(m_{1'}l_{C1}\cos\theta_{1'}+m_{2'}l_{1'}\cos\theta_{1'}-m_2l_{C2}\cos\theta_{1'})$$

$$IM_{\dot\theta_1}=(m_1l_{C1}^2+m_2l_1^2+m_{2'}l_{C2'}^2)\ddot\theta_1+(I_{1zz}+I_{2'zz})\ddot\theta_1-$$
$$[m_2l_2l_{C2}\sin(\theta_{1'}-\theta_1)+m_{2'}l_{1'}l_{C2'}\sin(\theta_1-\theta_{1'})]\ddot\theta_{1'}$$

$$IM_{\dot\theta_{1'}}=(m_{1'}l_{C1'}^2+m_{2'}l_{1'}^2+m_2l_{C2}^2)\ddot\theta_{1'}+(I_{1'zz}+I_{2zz})\ddot\theta_{1'}-$$
$$[m_{2'}l_{1'}l_{C2'}\sin(\theta_1-\theta_{1'})+m_2l_1l_{C2}\sin(\theta_{1'}-\theta_1)]\ddot\theta_1$$

$$CM_{\dot\theta_1}=[-m_2l_1l_{C2}\cos(\theta_{1'}-\theta_1)+m_{2'}l_{1'}l_{C2'}\cos(\theta_1-\theta_{1'})](\dot\theta_{1'})^2$$

$$CM_{\dot\theta_{1'}}=[-m_{2'}l_{1'}l_{C2'}\cos(\theta_1-\theta_{1'})+m_2l_1l_{C2}\cos(\theta_{1'}-\theta_1)](\dot\theta_1)^2$$

5.4.4 广义驱动力的归算问题

在前面的符号推导示例中，处理的是含有闭链的操作机的动力学逆问题。计算过程中，在求偏速度之前就将从动关节变量 θ_2、$\theta_{2'}$ 与从动关节速率 $\dot\theta_2$、$\dot\theta_{2'}$ 用主动关节变量 θ_1、$\theta_{1'}$ 和主动关节速率 $\dot\theta_1$、$\dot\theta_{1'}$ 置换，这对于手工推导是很方便的。但从计算的规范化和进行计算机推导角度就多有不便。为了规范化，可把图 5-19 所示的闭链机构分解为两个开链机构，如图 5-20 所示。分别用递推公式计算，得出的结果分别是 $M_{1\dot\theta_1}$、$M_{2\dot\theta_1}$；$M_{1\dot\theta_2}$、$M_{2\dot\theta_2}$ 和 $M_{1'\dot\theta_{1'}}$、$M_{2'\dot\theta_{1'}}$；$M_{1'\dot\theta_{2'}}$、$M_{2'\dot\theta_{2'}}$。于是出现了 $M_{1\dot\theta_2}$、$M_{2\dot\theta_2}$ 和 $M_{1'\dot\theta_{2'}}$、$M_{2'\dot\theta_{2'}}$ 如何向广义驱动力 $\tau_{\dot\theta_1}$ 和 $\tau_{\dot\theta_{1'}}$ 归算的问题。下面给出归算公式。

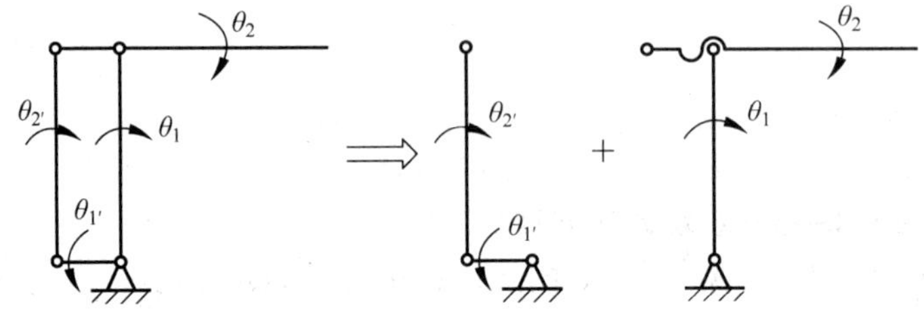

图 5-20 闭链机构的分解

设相应于广义速率 $\dot{q}_i$ 的广义惯性力为

$$\boldsymbol{F}^*_{\dot{q}_i} = m\boldsymbol{v}_C \cdot \boldsymbol{v}_{C\dot{q}_i} + \boldsymbol{N} \cdot \boldsymbol{\omega}_{\dot{q}_i}$$

根据几何约束方程，可得

$$\dot{q}_i = f(\dot{q}_j, \dot{q}_k, \dot{q}_l, \cdots)$$

因为

$$\boldsymbol{v}_{C\dot{q}_j} = \frac{\partial \boldsymbol{v}_C}{\partial \dot{q}_j} = \frac{\partial \boldsymbol{v}_C}{\partial \dot{q}_i}\frac{\partial \dot{q}_i}{\partial \dot{q}_j} = \boldsymbol{v}_{C\dot{q}_i}\frac{\partial \dot{q}_i}{\partial \dot{q}_j}$$

$$\boldsymbol{\omega}_{\dot{q}_j} = \frac{\partial \boldsymbol{\omega}}{\partial \dot{q}_j} = \frac{\partial \boldsymbol{\omega}}{\partial \dot{q}_i}\frac{\partial \dot{q}_i}{\partial \dot{q}_j} = \boldsymbol{\omega}_{\dot{q}_i}\frac{\partial \dot{q}_i}{\partial \dot{q}_j}$$

$$\begin{aligned}
\boldsymbol{F}^*_{\dot{\theta}_j} &= m\,\boldsymbol{v}_C \cdot \boldsymbol{v}_{C\dot{q}_j}\frac{\partial \dot{q}_i}{\partial \dot{q}_j} + \boldsymbol{N} \cdot \boldsymbol{\omega}_{\dot{q}_i}\frac{\partial \dot{q}_i}{\partial \dot{q}_j} \\
&= (m\,\boldsymbol{v}_C \cdot \boldsymbol{v}_{C\dot{q}_j} + \boldsymbol{N} \cdot \boldsymbol{\omega}_{\dot{q}_i})\frac{\partial \dot{q}_i}{\partial \dot{q}_j} \\
&= F^*_{\dot{\theta}_i}\frac{\partial \dot{q}_i}{\partial \dot{q}_j}
\end{aligned} \tag{5-54}$$

上述归算公式虽然是由广义惯性力导出的，由于重力也是惯性力，所以该公式对于为克服重力所需的驱动力矩也同样适用。

对于克服广义摩擦力和其他外力所需的广义驱动力，也采用上式归算。

这样，只要根据操作机的构形，列出几何约束方程，就可求出 $\dot{q}_i = f(\dot{q}_j, \dot{q}_k, \dot{q}_l, \cdots)$，再利用归算公式(5-54)，就解决了相应于不同广义速率的操作机广义驱动力的归算问题。

所以，对于上例，当采用将闭链分解为开链进行计算时，则有

$$\tau_{\dot{\theta}_1} = M_{1\dot{\theta}_1} + M_{2\dot{\theta}_1} + (M_{1\dot{\theta}_2} + M_{2\dot{\theta}_2})\frac{\partial \dot{\theta}_2}{\partial \dot{\theta}_1} + (M_{1'\dot{\theta}_{2'}} + M_{2'\dot{\theta}_{2'}})\frac{\partial \dot{\theta}_{2'}}{\partial \dot{\theta}_1}$$

$$\tau_{\dot{\theta}_{1'}} = M_{1'\dot{\theta}_{1'}} + M_{2'\dot{\theta}_{1'}} + (M_{1\dot{\theta}_2} + M_{2\dot{\theta}_2})\frac{\partial \dot{\theta}_2}{\partial \dot{\theta}_{1'}} + (M_{1'\dot{\theta}_{2'}} + M_{2'\dot{\theta}_{2'}})\frac{\partial \dot{\theta}_{2'}}{\partial \dot{\theta}_{1'}}$$

5.5　基于拉格朗日方程的动力学算法

基于拉格朗日方程的操作机动力学算法，是出现较早、应用较普遍的算法。但最初的借助于齐次坐标表达的计算公式计算量较大。当递推的牛顿-欧拉算法出现以后，也出现了递推的拉格朗日算法，有效地降低了计算量。拉格朗日方程(我们使用的是第二类方程)是分析力学中的重要方程，它是在建立系统的动能和势能函数的基础上，直接导出动力学完整形式方程式。

5.5.1　拉格朗日方程

为了方便阅读，下面导出拉格朗日方程。

仿前,由式(5-37)得

$$\delta \boldsymbol{r}_i=\sum_{j=1}^{l}\frac{\partial \boldsymbol{r}_i}{\partial q_j}\delta q_j$$

代入动力学基本方程(5-35),得

$$\sum_{i=1}^{n}(\boldsymbol{F}_i-m_i\ddot{\boldsymbol{r}}_i)\sum_{j=1}^{l}\frac{\partial \boldsymbol{r}_i}{\partial q_j}\delta \dot{q}_j=0$$

即

$$\sum_{i=1}^{n}\sum_{j=1}^{l}\boldsymbol{F}_i\cdot\frac{\partial \boldsymbol{r}_i}{\partial q_j}\delta q_j-\sum_{i=1}^{n}\sum_{j=1}^{l}m_i\ddot{\boldsymbol{r}}_i\cdot\frac{\partial \boldsymbol{r}_i}{\partial q_j}\delta q_j=0 \tag{5-55}$$

令

$$\sum_{i=1}^{n}\sum_{j=1}^{l}\boldsymbol{F}_i\cdot\frac{\partial \boldsymbol{r}_i}{\partial q_j}\delta q_j=\sum_{j=1}^{l}\left[\sum_{i=1}^{n}\left(\boldsymbol{F}_i\cdot\frac{\partial \boldsymbol{r}_i}{\partial q_j}\right)\delta q_j\right]=\sum_{j=1}^{l}\boldsymbol{Q}_j\delta q_j \tag{5-56}$$

$$\sum_{i=1}^{n}\sum_{j=1}^{l}m_i\ddot{\boldsymbol{r}}_i\cdot\frac{\partial \boldsymbol{r}_i}{\partial q_j}\delta q_j=\sum_{j=1}^{l}\left[\sum_{i=1}^{n}\left(m_i\ddot{\boldsymbol{r}}_i\cdot\frac{\partial \boldsymbol{r}_i}{\partial q_j}\right)\delta q_j\right]=\sum_{j=1}^{l}\boldsymbol{F}_j^*\delta q_j \tag{5-57}$$

下面计算 $\boldsymbol{F}_j^*$:

$$\boldsymbol{F}_j^*=\sum_{i=1}^{n}m_i\ddot{\boldsymbol{r}}_i\cdot\frac{\partial \boldsymbol{r}_i}{\partial q_j}=\frac{\mathrm{d}}{\mathrm{d}t}\sum_{i=1}^{n}m_i\left(\dot{\boldsymbol{r}}_i\cdot\frac{\partial \boldsymbol{r}_i}{\partial q_j}\right)-\sum_{i=1}^{n}m_i\left(\dot{\boldsymbol{r}}_i\cdot\frac{\mathrm{d}}{\mathrm{d}t}\frac{\partial \boldsymbol{r}_i}{\partial q_j}\right) \tag{5-58}$$

由于 $\dot{\boldsymbol{r}}_i\cdot\frac{\mathrm{d}\boldsymbol{r}_i}{\mathrm{d}t}$中$\boldsymbol{v}_{io}$ 不是 $\dot{q}_j$ 的函数$\left(\boldsymbol{v}_{io}=\frac{\partial \boldsymbol{r}_i}{\partial t}\right)$,故有

$$\frac{\partial \dot{\boldsymbol{r}}_i}{\partial \dot{q}_j}=\frac{\partial \boldsymbol{r}_i}{\partial q_j} \tag{5-59}$$

再对$\frac{\partial \boldsymbol{r}_i}{\partial q_j}$求导,得

$$\begin{aligned}\frac{\mathrm{d}}{\mathrm{d}t}\frac{\partial \boldsymbol{r}_i}{\partial q_j}&=\sum_{\beta=1}^{l}\left(\frac{\partial^2 \boldsymbol{r}_i}{\partial q_j\partial q_\beta}\dot{q}_\beta\right)+\frac{\partial^2 \boldsymbol{r}_i}{\partial q_j\partial t}\\&=\frac{\partial}{\partial q_j}\left(\sum_{\beta=1}^{l}\frac{\partial \boldsymbol{r}_i}{\partial q_\beta}\dot{q}_\beta+\frac{\partial \boldsymbol{r}_i}{\partial t}\right)\\&=\frac{\partial}{\partial q_j}\left(\frac{\mathrm{d}\boldsymbol{r}_i}{\mathrm{d}t}\right)=\frac{\partial \dot{\boldsymbol{r}}_i}{\partial q_j}\end{aligned} \tag{5-60}$$

式(5-60)表明,$\boldsymbol{r}_i$ 对时间 t 的导数和对广义坐标 q_j 的导数可以对换。利用式(5-59)、式(5-60),式(5-58)变为

$$\boldsymbol{F}_j^*=\frac{\mathrm{d}}{\mathrm{d}t}\sum_{i=1}^{n}m_i\left(\dot{\boldsymbol{r}}_i\cdot\frac{\partial \dot{\boldsymbol{r}}_i}{\partial \dot{q}_j}\right)-\sum_{i=1}^{n}m_i\left(\dot{\boldsymbol{r}}_i\cdot\frac{\partial \dot{\boldsymbol{r}}_i}{\partial q_j}\right) \tag{5-61}$$

式(5-61)右端含有求和号的两项,正好是该力学体系动能对 $\dot{q}_j$ 和 q_j 的偏导数,于是,

$$\boldsymbol{F}_j^*=\frac{\mathrm{d}}{\mathrm{d}t}\frac{\partial T}{\partial \dot{q}_j}-\frac{\partial T}{\partial q_j} \tag{5-62}$$

将式(5-56)、式(5-57)、式(5-62)代入式(5-55),考虑到 δq_i 是独立的,即可得到

$$\frac{\mathrm{d}}{\mathrm{d}t}\left(\frac{\partial T}{\partial \dot{q}_j}\right)-\frac{\partial T}{\partial q_j}=\boldsymbol{Q}_j \tag{5-63}$$

式中，$\dfrac{\partial T}{\partial \dot{q}_j}$是广义动量，它对时间的导数是广义力，即 Q_j 是系统的广义主动力，可以是力也可以是力矩。

式(5-63)称作基本形式的第二类拉格朗日方程。

如果该力学系统是在重力场中，则作用于每一质点的广义主动力可以分作两部分：

$$Q_j = Q_{j1} + Q_{j2} \tag{5-64}$$

其中，Q_{j2} 为重力，它是势能的偏导数，即

$$Q_{j2} = -\frac{\partial U}{\partial q_j}$$

式中的标量函数 U 只与广义坐标 q_j 有关，即只是广义坐标的函数，于是，式(5-63)可改写为

$$\frac{\mathrm{d}}{\mathrm{d}t}\left(\frac{\partial T}{\partial \dot{q}_j}\right) - \frac{\partial L}{\partial q_j} = Q_{j1} \tag{5-65}$$

式中，$L = T - U$，称为拉格朗日函数；T 为系统动能；U 为系统势能；Q_{j1} 是作用在系统上的广义主动力，是相应于 q_j 的。

有时为了便于计算，可以是实际作用力的某些组合(或说是某种函数)，所以当要求解实际的力和力矩时，根据虚功原理，可用下式求得

$$F_i \delta r_i = Q_{j1} \delta q_j = \delta W \tag{5-66}$$

这在例 5-6 中将会遇到。

5.5.2 基于拉格朗日方程的动力学算法

1. 操作机的动能 *T*

操作机的每一构件，可以看作是作一般运动的刚体，其动能由移动和转动两部分动能组成，即

$$T_i = \frac{1}{2} m_i \boldsymbol{v}_{Ci}^{\mathrm{T}} \boldsymbol{v}_{Ci} + \frac{1}{2} \boldsymbol{\omega}_i^{\mathrm{T}} \boldsymbol{I}_i \boldsymbol{\omega}_i \tag{5-67}$$

对整个操作机则有

$$T = \sum_{i=1}^{n} T_i \tag{5-68}$$

在运动分析中，我们知道

$$\dot{\boldsymbol{X}} = \boldsymbol{J} \dot{q}$$

可以得出

$$\begin{bmatrix} \boldsymbol{v}_{Ci} \\ \hline \boldsymbol{\omega}_i \end{bmatrix} = \begin{bmatrix} \boldsymbol{J}_L^i \\ \hline \boldsymbol{J}_A^i \end{bmatrix} \begin{bmatrix} \dot{q}_1 \\ \dot{q}_2 \\ \vdots \\ \dot{q}_n \end{bmatrix} \tag{5-69}$$

式中，$\boldsymbol{J}_L^i = [\boldsymbol{J}_{L1}^i \boldsymbol{J}_{L2}^i \cdots \boldsymbol{J}_{Li}^i 0_{Li+1} \cdots 0_{Ln}]$，$\boldsymbol{J}_A^i = [\boldsymbol{J}_{A1}^i \boldsymbol{J}_{A2}^i \cdots \boldsymbol{J}_{Ai}^i 0_{Ai+1} \cdots 0_{An}]$，是相应 $\boldsymbol{v}_{Ci}$ 和 $\boldsymbol{\omega}_i$ 的雅可比矩阵元素，故当下标大于 i 时，即由 $i+1$ 到 n 时，由于关节变量 q_{i+1} 到 q_n 对杆 L_i 的质

心速度$\boldsymbol{v}_{Ci}$和角速度$\boldsymbol{\omega}_i$不产生作用，取相应的雅可比矩阵元素为0。

将式(5-69)展开，即得

$$\boldsymbol{v}_{Ci}=\boldsymbol{J}_{L1}^{i}\dot{q}_1+\boldsymbol{J}_{L2}^{i}\dot{q}_2+\cdots+\boldsymbol{J}_{Li}^{i}\dot{q}_i$$

$$\boldsymbol{\omega}_i=\boldsymbol{J}_{A1}^{i}\dot{q}_1+\boldsymbol{J}_{A2}^{i}\dot{q}_2+\cdots+\boldsymbol{J}_{Ai}^{i}\dot{q}_i$$

于是动能表达式(5-68)变为

$$T=\frac{1}{2}\sum_{i=1}^{n}(m_i\dot{q}^{\mathrm{T}}\boldsymbol{J}_L^{i\mathrm{T}}\boldsymbol{J}_L^{i}\dot{q}+\dot{q}^{\mathrm{T}}\boldsymbol{J}_A^{i\mathrm{T}}\boldsymbol{I}_i\boldsymbol{J}_A^{i}\dot{q})=\frac{1}{2}\dot{q}^{\mathrm{T}}\boldsymbol{H}\dot{q} \tag{5-70}$$

式中，$\boldsymbol{H}=\sum_{i=1}^{n}(m_i\boldsymbol{J}_L^{i\mathrm{T}}\boldsymbol{J}_L^{i}+\boldsymbol{J}_A^{i\mathrm{T}}\boldsymbol{I}_i\boldsymbol{J}_A^{i})$定义为操作机的总惯量张量，是$n\times n$方阵。

若用H_{ij}表示$\boldsymbol{H}$的i行j列元素，则有

$$T=\frac{1}{2}\sum_{i=1}^{n}\sum_{j=1}^{n}H_{ij}\dot{q}_i\dot{q}_j \tag{5-71}$$

式中，H_{ij}是$q_1q_2\cdots q_n$的函数。

2. 势能U

以基础坐标零点为相对零点，$\boldsymbol{g}$(重力加速度)为3×1列向量，则操作机的总势能是各杆质心向量$\boldsymbol{r}_{0,Ci}$的函数，写成矩阵形式，得

$$\boldsymbol{U}=\sum_{i=1}^{n}m_i\boldsymbol{g}^{\mathrm{T}}\boldsymbol{r}_{o,Ci} \tag{5-72}$$

3. 广义主动力(或称广义力)

操作机的非保守力有关节力矩和末端执行器参考点P_e处的外力$\boldsymbol{F}_{\mathrm{exl}}$。

关节力矩为

$$\boldsymbol{\tau}=[\tau_1\quad\tau_2\quad\cdots\quad\tau_n]^{\mathrm{T}}$$

末端执行器参考点P_e处的外力$\boldsymbol{F}_{\mathrm{exl}}$：

$$\boldsymbol{F}_{\mathrm{exl}}=[F_x\quad F_y\quad F_z\quad M_x\quad M_y\quad M_z]^{\mathrm{T}}$$

$\boldsymbol{F}_{\mathrm{exl}}$，$\boldsymbol{\tau}$对操作机的总虚功为

$$\delta\boldsymbol{W}=\boldsymbol{\tau}^{\mathrm{T}}\delta q+\boldsymbol{F}_{\mathrm{exl}}^{\mathrm{T}}\delta p=(\boldsymbol{\tau}+\boldsymbol{J}^{\mathrm{T}}\boldsymbol{F}_{\mathrm{exl}})^{\mathrm{T}}\delta q \tag{5-73}$$

式中，$\boldsymbol{J}$是相对于末端执行器的雅可比矩阵。

由式(5-64)定义的Q_{i1}(为了便于书写，将Q_{j1}换写成了Q_{i1})，有

$$\delta\boldsymbol{W}_1=\boldsymbol{Q}_1^{\mathrm{T}}\delta\boldsymbol{q} \tag{5-74}$$

对操作机来说，式(5-74)就应是式(5-73)，即

$$\boldsymbol{Q}_1=\boldsymbol{\tau}+\boldsymbol{J}^{\mathrm{T}}\boldsymbol{F}_{\mathrm{exl}}$$

故

$$\boldsymbol{Q}_{11}=\boldsymbol{\tau}_1,\quad \boldsymbol{Q}_{21}=\boldsymbol{\tau}_2$$

4. 操作机的拉格朗日方程

1) 求$\dfrac{\partial L}{\partial\dot{q}_i}$，$\dfrac{\mathrm{d}}{\mathrm{d}t}\dfrac{\partial L}{\partial\dot{q}_i}$

$$\frac{\partial L}{\partial\dot{q}_i}=\frac{\partial T}{\partial\dot{q}_i}=\frac{\partial}{\partial\dot{q}_i}\left(\frac{1}{2}\sum_{i=1}^{n}\sum_{j=1}^{n}H_{ij}\dot{q}_i\dot{q}_j\right)=\sum_{j=1}^{n}H_{ij}\dot{q}_j \tag{5-75}$$

$$\frac{\mathrm{d}}{\mathrm{d}t}\left(\frac{\partial L}{\partial\dot{q}_i}\right)=\frac{\mathrm{d}}{\mathrm{d}t}\left(\sum_{j=1}^{n}H_{ij}\dot{q}_j\right)=\sum_{j=1}^{n}M_{ij}\ddot{q}_j+\sum_{j=1}^{n}\frac{\mathrm{d}H_{ij}}{\mathrm{d}t}\dot{q}_j \tag{5-76}$$

$$\frac{\mathrm{d}H_{ij}}{\mathrm{d}t}=\sum_{k=1}^{n}\frac{\partial H_{ij}}{\partial q_k}\dot{q}_k \tag{5-77}$$

2）求$\dfrac{\partial L}{\partial q_i}=\dfrac{\partial T}{\partial q_i}-\dfrac{\partial U}{\partial q_i}$

$$\frac{\partial T}{\partial q_i}=\frac{\partial}{\partial q_i}\left(\frac{1}{2}\sum_{j=1}^{n}\sum_{k=1}^{n}H_{jk}\dot{q}_j\dot{q}_k\right)=\frac{1}{2}\sum_{j=1}^{n}\sum_{k=1}^{n}\frac{\partial H_{jk}}{\partial q_i}\dot{q}_j\dot{q}_k \tag{5-78}$$

$$\frac{\partial U}{\partial q_i}=\frac{\partial}{\partial q_i}\left(\sum_{j=1}^{n}m_j\boldsymbol{g}^{\mathrm{T}}\boldsymbol{r}_{o,Cj}\right)=\sum_{j=1}^{n}m_j\boldsymbol{g}^{\mathrm{T}}\frac{\partial \boldsymbol{r}_{o,Cj}}{\partial q_i}=\sum_{j=1}^{n}m_j\boldsymbol{g}^{\mathrm{T}}\boldsymbol{J}_{Li}^{j} \tag{5-79}$$

将式(5-75)～式(5 79)代入拉格朗日方程(5-65)，得

$$\sum_{j=1}^{n}H_{ij}\ddot{q}_j+\sum_{j=1}^{n}\sum_{k=1}^{n}h_{ijk}\dot{q}_j\dot{q}_k+G_i=\boldsymbol{Q}_{i1} \tag{5-80}$$

式中，$h_{ijk}=\dfrac{\partial H_{ij}}{\partial q_k}-\dfrac{1}{2}\dfrac{\partial H_{jk}}{\partial q_i}$；$G_i=\sum_{j=1}^{n}m_j\boldsymbol{g}^{\mathrm{T}}\boldsymbol{J}_{Li}^{j}$。

例 5-5 试用拉格朗日算法[式(5-80)]求图 5-2 所示平面二杆操作机动力学方程(该例已作为 5.3.1 节引例进行过计算)。

解 在 5.3.1 节引例中已求出$\boldsymbol{\omega}_1$、$\boldsymbol{v}_{C1}$；$\boldsymbol{\omega}_2$、$\boldsymbol{v}_{C2}$，从而可以写出$\boldsymbol{\omega}$、$\boldsymbol{v}_C$与$\dot{\theta}_1$、$\dot{\theta}_2$的雅可比关系式(5-69)。

$$\begin{bmatrix}\boldsymbol{v}_{C1}\\ \boldsymbol{\omega}_1\end{bmatrix}=\begin{bmatrix}-l_{C1}\mathrm{s}_1 & 0\\ l_{C1}\mathrm{c}_1 & 0\\ 0 & 0\\ 0 & 0\\ 0 & 0\\ 0 & 0\end{bmatrix}\begin{bmatrix}\dot{\theta}_1\\ \dot{\theta}_2\end{bmatrix} \tag{a}$$

于是

$$\boldsymbol{J}_L^1=\begin{bmatrix}-l_{C1}\mathrm{s}_1 & 0\\ l_{C1}\mathrm{c}_1 & 0\\ 0 & 0\end{bmatrix},\quad \boldsymbol{J}_A^1=\begin{bmatrix}0 & 0\\ 0 & 0\\ 1 & 0\end{bmatrix}$$

$$\begin{bmatrix}\boldsymbol{v}_{C2}\\ \boldsymbol{\omega}_2\end{bmatrix}=\begin{bmatrix}-l_1\mathrm{s}_1-l_{C2}\mathrm{s}_{12} & -l_{C2}\mathrm{s}_{12}\\ l_1\mathrm{c}_1+l_{C2}\mathrm{c}_{12} & l_{C2}\mathrm{c}_{12}\\ 0 & 0\\ 0 & 0\\ 0 & 0\\ 1 & 1\end{bmatrix}\begin{bmatrix}\dot{\theta}_1\\ \dot{\theta}_2\end{bmatrix} \tag{b}$$

$$\boldsymbol{J}_L^2=\begin{bmatrix}-l_1\mathrm{s}_1-l_{C2}\mathrm{s}_{12} & -l_{C2}\mathrm{s}_{12}\\ l_1\mathrm{c}_1+l_{C2}\mathrm{c}_{12} & l_{C2}\mathrm{c}_{12}\\ 0 & 0\end{bmatrix}$$

$$\boldsymbol{J}_A^2=\begin{bmatrix}0 & 0\\ 0 & 0\\ 1 & 1\end{bmatrix}$$

$$\boldsymbol{J}_L^{1\mathrm{T}}\boldsymbol{J}_L^1=\begin{bmatrix} l_{C1}^2 & 0\\ 0 & 0\end{bmatrix}$$

$$\boldsymbol{J}_L^{2\mathrm{T}}\boldsymbol{J}_L^2=\begin{bmatrix} l_1^2+l_{C2}^2+2l_1l_{C2}\mathrm{c}_2 & l_{C2}^2+l_1l_{C2}\mathrm{c}_2\\ l_{C2}^2+l_1l_{C2}\mathrm{c}_2 & l_{C2}^2\end{bmatrix}$$

$$\boldsymbol{J}_A^{1\mathrm{T}}I_1\boldsymbol{J}_A^1=\begin{bmatrix} I_1 & 0\\ 0 & 0\end{bmatrix}$$

$$\boldsymbol{J}_A^{2\mathrm{T}}I_2\boldsymbol{J}_A^2=\begin{bmatrix} I_2 & I_2\\ I_2 & I_2\end{bmatrix}$$

$$\begin{aligned} H&=\sum_{j=1}^{2}(m_i\boldsymbol{J}_L^{i\mathrm{T}}\boldsymbol{J}_L^i+\boldsymbol{J}_A^{i\mathrm{T}}I_i\boldsymbol{J}_A^i)\\ &=\begin{bmatrix} m_1l_{C1}^2+I_1+m_2(l_1^2+l_{C2}^2+2l_1l_{C2}\mathrm{c}_2)+I_2 & m_2(l_{C2}^2+l_1l_{C2}\mathrm{c}_2)+I_2\\ m_2(l_{C2}^2+l_1l_{C2}\mathrm{c}_2)+I_2 & m_2l_{C2}^2+I_2\end{bmatrix}\end{aligned}\tag{c}$$

$$\begin{cases} h_{111}=\dfrac{\partial H_{11}}{\partial\theta_1}-\dfrac{1}{2}\dfrac{\partial H_{11}}{\partial\theta_1}=0\\ h_{112}=\dfrac{\partial H_{11}}{\partial\theta_2}-\dfrac{1}{2}\dfrac{\partial H_{12}}{\partial\theta_1}=-m_2 2l_1l_{C2}\mathrm{s}_2\\ h_{121}=\dfrac{\partial H_{12}}{\partial\theta_1}-\dfrac{1}{2}\dfrac{\partial H_{21}}{\partial\theta_1}=0\\ h_{122}=\dfrac{\partial H_{12}}{\partial\theta_2}-\dfrac{1}{2}\dfrac{\partial H_{22}}{\partial\theta_1}=-m_2l_1l_{C2}\mathrm{s}_2\\ h_{211}=\dfrac{\partial H_{21}}{\partial\theta_1}-\dfrac{1}{2}\dfrac{\partial H_{11}}{\partial\theta_2}=m_2l_1l_{C2}\mathrm{s}_2\\ h_{212}=-m_2l_1l_{C2}\mathrm{s}_2+\dfrac{1}{2}m_2l_1l_{C2}\mathrm{s}_2\\ h_{221}=\dfrac{\partial H_{22}}{\partial\theta_1}-\dfrac{1}{2}\dfrac{\partial H_{21}}{\partial\theta_2}=\dfrac{1}{2}m_2l_1l_{C2}\mathrm{s}_2\\ h_{222}=0\end{cases}\tag{d}$$

$$\begin{cases} G_1=g^{\mathrm{T}}(m_1J_{L1}^1+m_2J_{L1}^2)\\ \quad=\begin{bmatrix}0\\ g\end{bmatrix}\begin{bmatrix}-m_1l_{C1}\mathrm{s}_1-m_2(l_1\mathrm{s}_1-l_{C2}\mathrm{s}_{12})\\ m_1l_{C1}\mathrm{c}_1+m_2(l_1\mathrm{c}_1+l_{C2}\mathrm{c}_{12})\end{bmatrix}\\ \quad=m_1gl_{C1}\mathrm{c}_1+m_2g(l_1\mathrm{c}_1+l_{C2}\mathrm{c}_{12})\\ G_2=g^{\mathrm{T}}(m_1J_{L2}^1+m_2J_{L2}^2)=m_2gl_{C2}\mathrm{c}_{12}\end{cases}\tag{e}$$

由以上各式可得

$$\begin{cases}\boldsymbol{\tau}_1=H_{11}\ddot{\theta}_1+H_{12}\ddot{\theta}_2+(h_{112}+h_{121})\dot{\theta}_2\dot{\theta}_1+h_{122}\dot{\theta}_2^2+G_1\\ \boldsymbol{\tau}_2=H_{21}\ddot{\theta}_1+H_{22}\ddot{\theta}_2+h_{211}\dot{\theta}_1^2+G_2\end{cases}\tag{f}$$

解毕。

例 5-6　求如图 5-21 所示第二杆 L_2 间接驱动的二杆操作手的关节力矩$\boldsymbol{\tau}_1$、$\boldsymbol{\tau}_2$。

解　该操作机和前例(图 5-2)的操作手不同点就是第二杆的驱动器不是固定在关节 J_2 处的连杆 L_1 上,而是固定在基坐上,通过链轮等传动装置带动杆 L_2。所以全部运动学计算都和前例相同,只是广义主动力 Q_{i1} 与关节力矩的关系与前例不同。

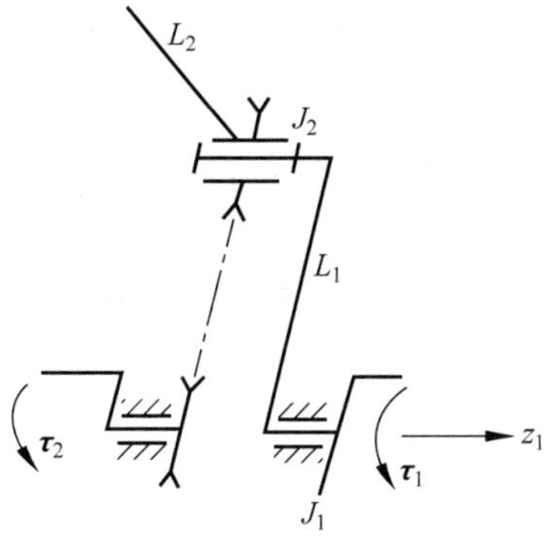

图 5-21　具有间接驱动的二杆操作机

这时两关节驱动力矩的虚功为

$$
\begin{aligned}
\delta \boldsymbol{W}_\tau &= \boldsymbol{\tau}_1 \delta\theta_1 + \boldsymbol{\tau}_2(\delta\theta_1 + \delta\theta_2) \\
&= (\boldsymbol{\tau}_1 + \boldsymbol{\tau}_2)\delta\theta_1 + \boldsymbol{\tau}_2 \delta\theta_2 \qquad \text{(a)}
\end{aligned}
$$

拉格朗日方程中定义的 Q_{i1} 所做的虚功之和则是

$$\delta \boldsymbol{W}_1 = Q_{11}\delta\theta_1 + Q_{21}\delta\theta_2 \qquad \text{(b)}$$

可见

$$Q_{11} = \boldsymbol{\tau}_1 + \boldsymbol{\tau}_2, \quad Q_{21} = \boldsymbol{\tau}_2 \qquad \text{(c)}$$

所以只需将前例的结果修改为

$$\boldsymbol{\tau}_1 + \boldsymbol{\tau}_2 = H_{11}\ddot{\theta}_1 + H_{12}\ddot{\theta}_2 + (h_{112} + h_{121})\dot{\theta}_1\dot{\theta}_2 + h_{122}\dot{\theta}_2^2 + G_1$$

$$\boldsymbol{\tau}_2 = H_{21}\ddot{\theta}_1 + H_{22}\ddot{\theta}_2 + h_{211}\dot{\theta}_1^2 + G_2$$

$$
\begin{cases}
\boldsymbol{\tau}_1 = (H_{11} - H_{21})\ddot{\theta}_1 + (H_{12} - H_{22})\ddot{\theta}_2 - h_{211}\dot{\theta}_1^2 + \\
\qquad h_{122}\dot{\theta}_2^2 + (h_{112} + h_{121})\dot{\theta}_1\dot{\theta}_2 + G_1 - G_2 \\
\boldsymbol{\tau}_2 = H_{21}\ddot{\theta}_1 + H_{22}\ddot{\theta}_2 + h_{211}\dot{\theta}_1^2 + G_2
\end{cases} \qquad \text{(d)}
$$

解毕。

5.6　动力学算法间的关系

本章研究了三种动力学算法,当然还存在其他很多算法。前文说过,只要有一种动力学方法,就至少可以找到一种操作机的动力学算法。人们之所以努力地去寻找各种算法,其目的就在于找出一种具有最快计算速度的算法,以满足实时计算的需要。

这里的三种算法,前两种是以递推形式给出的,后一种则是以完整形式(或称闭合形式)给出的。经过机器人学界同行的研究发现,所有动力学算法都是等价的,只要把它们用统一的数学工具(如向量法)写成完整形式的动力学公式,都完全相同。即使用各自不同的计算方法,对于同一操作机进行动力学计算,其结果如果以符号形式表示,也完全相同。例如,用牛顿-欧拉方程法和拉格朗日方程法对平面两杆操作机进行的计算,得到的最终驱动力矩方程完全一样。下面再用递推的凯恩方程法,对该操作机(图 5-2)进行计算。

例 5-7　用凯恩方程法计算图 5-2 所示的平面二杆操作机的驱动力矩。

解　(1) 设坐标系(图 5-2)。

(2) 利用式(5-53a)~式(5-53j)计算角速度、速度、加速度、偏速度等。

$i=1$

$$\boldsymbol{\omega}_1^1=\boldsymbol{R}_0^1\boldsymbol{\omega}_0^0+\dot{\theta}_1\boldsymbol{k}_1^1=\begin{bmatrix}0 & 0 & \dot{\theta}_1\end{bmatrix}^{\mathrm{T}}$$

$$\dot{\boldsymbol{\omega}}_1^1=\boldsymbol{R}_0^1\dot{\boldsymbol{\omega}}_0^0+(\boldsymbol{R}_0^1\boldsymbol{\omega}_0^0\times\dot{\theta}_1\boldsymbol{k}_1^1+\ddot{\theta}_1\boldsymbol{k}_1^1)=\begin{bmatrix}0 & 0 & \ddot{\theta}_1\end{bmatrix}^{\mathrm{T}}$$

$$\dot{\boldsymbol{v}}_{C1}^1=\dot{\boldsymbol{v}}_1^1+\dot{\boldsymbol{\omega}}_1^1\times\boldsymbol{l}_{C1}^1+\boldsymbol{\omega}_1^1\times(\boldsymbol{\omega}_1^1\times\boldsymbol{l}_{C1}^1)=\begin{bmatrix}g\,\mathrm{s}_1\\ g\,\mathrm{c}_1\\ 0\end{bmatrix}+\begin{bmatrix}-l_{C1}(\dot{\theta}_1)^2\\ l_{C1}\ddot{\theta}_1\\ 0\end{bmatrix}$$

$$\boldsymbol{\omega}_{1,1}^1=\boldsymbol{k}_1^1=[0\quad 0\quad 1]^{\mathrm{T}}$$

$$\boldsymbol{\omega}_{1,2}^1=[0\quad 0\quad 0],\quad i<j$$

$$\boldsymbol{v}_{C1,1}^1=\boldsymbol{v}_{1,1}^1+\boldsymbol{\omega}_{1,1}^1\times\boldsymbol{l}_{C1}^1=[0\quad l_{C1}\quad 0]^{\mathrm{T}}$$

$$\boldsymbol{v}_{C1,2}^1=\boldsymbol{v}_{1,2}^1+\boldsymbol{\omega}_{1,2}^1\times\boldsymbol{l}_{C1}^1=[0\quad 0\quad 0]^{\mathrm{T}}$$

$$\mathbf{N}_1^1=\boldsymbol{I}_1\dot{\boldsymbol{\omega}}_1^1+\boldsymbol{\omega}_1^1\times\boldsymbol{I}_1\boldsymbol{\omega}_1^1=\begin{bmatrix}0 & 0 & I_1\ddot{\theta}_1\end{bmatrix}^{\mathrm{T}}$$

$i=2$

$$\boldsymbol{\omega}_1^1=\begin{bmatrix}0 & 0 & \dot{\theta}_1+\dot{\theta}_2\end{bmatrix}^{\mathrm{T}}$$

$$\dot{\boldsymbol{\omega}}_1^1=\begin{bmatrix}0 & 0 & \ddot{\theta}_1+\ddot{\theta}_{21}\end{bmatrix}^{\mathrm{T}}$$

$$\dot{\boldsymbol{v}}_{C2}^2=\begin{bmatrix}-l_1\mathrm{c}_2(\dot{\theta}_1)^2+l_1\mathrm{s}_2\ddot{\theta}_1\\ l_1\mathrm{s}_2(\dot{\theta}_1)^2+l_1\mathrm{c}_2\ddot{\theta}_1\\ 0\end{bmatrix}+\begin{bmatrix}-l_{C2}(\dot{\theta}_1+\dot{\theta}_2)^2\\ l_{C2}(\ddot{\theta}_1+\ddot{\theta}_2)\\ 0\end{bmatrix}+\begin{bmatrix}g\,\mathrm{s}_{12}\\ g\,\mathrm{c}_{12}\\ 0\end{bmatrix}$$

$$\boldsymbol{\omega}_{2,1}^2=[0\quad 0\quad 1]^{\mathrm{T}},\quad \boldsymbol{\omega}_{2,2}^2=[0\quad 0\quad 1]^{\mathrm{T}}$$

$$\boldsymbol{v}_{C2,1}^2=\begin{bmatrix}l_1\mathrm{s}_2\\ l_1\mathrm{c}_2+l_{C2}\\ 0\end{bmatrix},\quad \boldsymbol{v}_{C2,2}^2=\begin{bmatrix}0\\ l_{C2}\\ 0\end{bmatrix}$$

$$\mathbf{N}_2^2=\begin{bmatrix}0 & 0 & I_1(\ddot{\theta}_1+\ddot{\theta}_2)\end{bmatrix}^{\mathrm{T}}$$

(3) 计算 $M_{1,1}$,$M_{1,2}$;$M_{2,1}$,$M_{2,2}$。

$$M_{1,1}=m_1\dot{\boldsymbol{v}}_{C1}^1\cdot\boldsymbol{v}_{C1,1}^1+\mathbf{N}_1^1\cdot\boldsymbol{\omega}_{1,1}^1=m_1\boldsymbol{l}_{C1}^2\ddot{\theta}_1+I_1\ddot{\theta}_1+m_1g\boldsymbol{l}_{C1}\mathrm{c}_1$$

$$M_{1,2}=m_1\dot{\boldsymbol{v}}_{C1}^1\cdot\boldsymbol{v}_{C1,2}^1+\mathbf{N}_1^1\cdot\boldsymbol{\omega}_{1,2}^1=0$$

$$M_{2,1}=m_2[l_1^2\ddot{\theta}_1-2l_1l_{C2}\mathrm{s}_2\dot{\theta}_1\dot{\theta}_2-l_1l_{C2}\mathrm{s}_2(\dot{\theta}_2)^2+gl_1\mathrm{c}_1+2l_1l_{C2}\mathrm{c}_2\ddot{\theta}_1+$$

$$l_1l_{C2}\mathrm{c}_2\ddot{\theta}_2+l_{C2}^2\ddot{\theta}_1+l_{C2}^2\ddot{\theta}_2+gl_{C12}]+I_2(\ddot{\theta}_1+\ddot{\theta}_2)$$

$$M_{2,2}=m_2[l_1l_{C2}\mathrm{s}_2(\dot{\theta}_1)^2+l_1l_{C2}\mathrm{c}_2\ddot{\theta}_1+l_{C2}^2\times(\ddot{\theta}_1+\ddot{\theta}_2)+gl_{C2}\mathrm{c}_{12}]+I_2(\ddot{\theta}_1+\ddot{\theta}_2)$$

（4）计算驱动力矩$\boldsymbol{\tau}_1$、$\boldsymbol{\tau}_2$。

$$\boldsymbol{\tau}_1 = M_{1,1} + M_{2,1} = H_{11}\ddot{\theta}_1 + H_{12}\ddot{\theta}_2 + h_{112}\dot{\theta}_1\dot{\theta}_2 + h_{122}(\dot{\theta}_2)^2 + G_1 \tag{a}$$

$$\boldsymbol{\tau}_2 = M_{1,2} + M_{2,2} = H_{21}\ddot{\theta}_1 + H_{22}\ddot{\theta}_2 + (h_{212} + h_{221})\dot{\theta}_1\dot{\theta}_2 + h_{211}(\dot{\theta}_1)^2 + G_2 \tag{b}$$

其中，

$$H_{ij} = \begin{bmatrix} m_1 l_{C1}^2 + I_1 + m_2(l_1 + l_{C2}^2 + 2l_1 l_{C2}\mathrm{c}_2) + I_2 & m_2(l_{C2}^2 + l_1 l_{C2}\mathrm{c}_2) + I_2 \\ m_2(l_{C2}^2 + l_1 l_{C2}\mathrm{c}_2) + I_2 & m_2 l_{C2}^2 + I_2 \end{bmatrix} \tag{c}$$

$$\begin{cases} h_{112} = -m_2 2l_1 l_{C2}\mathrm{s}_2 \\ h_{122} = -m_2 l_1 l_{C2}\mathrm{s}_2 \\ h_{211} = m_2 l_1 l_{C2}\mathrm{s}_2 \\ h_{212} = h_{221} = -m_2 l_1 l_{C2}\mathrm{s}_2 \end{cases} \tag{d}$$

$$\begin{cases} G_1 = m_1 g l_{C1}\mathrm{c}_1 + m_2 g(l_1\mathrm{c}_1 + l_{C2}\mathrm{c}_{12}) \\ G_2 = m_2 g l_{C2}\mathrm{c}_{12} \end{cases} \tag{e}$$

可以看出，经整理后的计算结果（式(a)～(d)）也具有式(5-8)的典型形式，而且与另两种结果完全相同。

事实上，这三种算法所依据的动力学方程的后两种都是由动力学普遍方程导出，而动力学普遍方程又是在牛顿方程的基础上应用达伦贝尔原理和虚功原理导出的，所以就原理而论，它们是等价的。再自完整形式的操作机动力学算式来看，也有学者已证明它们具有等同的公式。

虽受篇幅限制，本书未作这方面的证明，但用实例（例5-3的引例和例5-5以及例5-7）说明了它们对同一操作机的计算结果完全一样。这就是说，虽然现在出现的动力学算法形式繁多，但它们都是等价的，即出于同一力学原理，可导出相同的完整形式的动力学算式，对同一操作机，可得到相同的完整形式的计算结果。所以，动力学分析的关键不在于寻找基于不同力学方程的方法，而在于根据不同的要求，用不同的数学公式得出计算量最少的算法。根据分析，利用完整形式的动力学公式，特别是它的数符形式，可以得到最少的计算量。这是因为，完整方程是最终的也是最简的结果，它去除了所有的中间运算。

完整形式的动力学方程，不仅计算量少，而且物理意义明显，是控制分析和综合的最佳形式。然而对于多自由度的操作机，若用手工寻求完整形式的动力学方程式，要花费大量的时间和精力，所以人们提出了一种用计算机进行辅助推导的方法，而且在计算机上得以实现。

最后还要指出，牛顿-欧拉法和凯恩法也可写成与拉格朗日法相同形式的求解完整方程的计算系数法，而拉格朗日方程法，也可给出递推形式。

习　题

5-1　求一匀质的、坐标原点建立在其质心的刚性圆柱体的惯量张量。

5-2　求习题5-2图所示坐标系中长方体的惯量张量。已知长方体密度均匀，其大小为ρ。

5-3　求习题 5-2 中所示刚体的惯量张量。已知，坐标系原点在刚体的质心。

5-4　在习题 5-4 图中，RP 操作臂连杆的惯量张量为

$$\boldsymbol{I}_1=\begin{bmatrix} I_{xx1} & 0 & 0 \\ 0 & I_{yy1} & 0 \\ 0 & 0 & I_{zz1} \end{bmatrix},\quad \boldsymbol{I}_2=\begin{bmatrix} I_{xx2} & 0 & 0 \\ 0 & I_{yy2} & 0 \\ 0 & 0 & I_{zz2} \end{bmatrix}$$

总质量为 m_1 和 m_2。从图中可知，连杆 1 的质心与关节 1 的轴线相距 l_1，连杆 2 的质心与关节 1 的轴线距离为变量 d_2。用拉格朗日动力学方法求此操作臂的动力学方程。

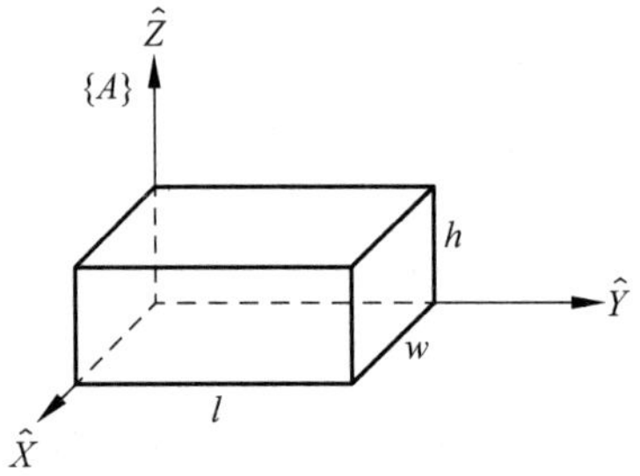

习题 5-2 图　均匀密度的刚体

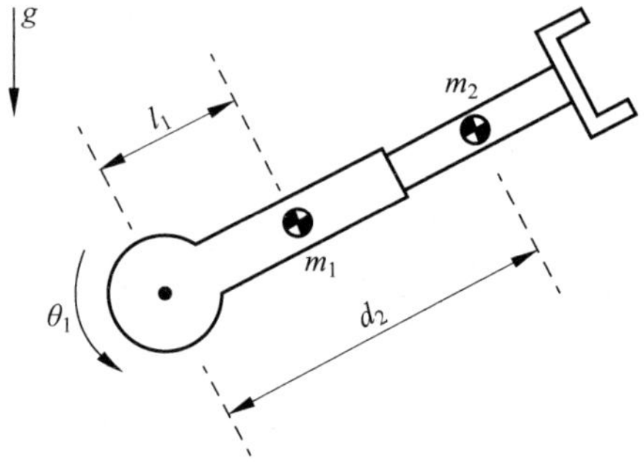

习题 5-4 图　RP 操作臂

5-5　如习题 5-5 图所示单自由度操作臂的总质量为 $m=1$，质心为

$$\boldsymbol{P}_C=\begin{bmatrix} 2 \\ 0 \\ 0 \end{bmatrix}$$

惯量张量为

$$\boldsymbol{I}_1=\begin{bmatrix} 1 & 0 & 0 \\ 0 & 2 & 0 \\ 0 & 0 & 2 \end{bmatrix}$$

从静止 $t=0$ 开始，关节角 θ_1(rad)按照如下时间函数运动：

$$\theta_1=bt+ct^2$$

作为时间 t 的函数，求在坐标系{1}下，连杆的角加速度和质心的线加速度。

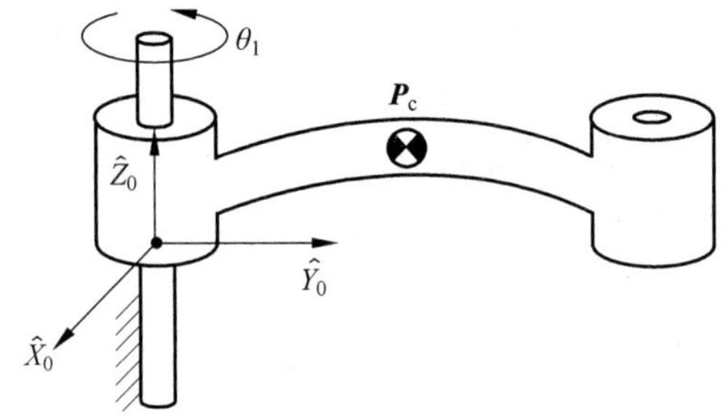

习题 5-5 图　单杆"操作臂"

5-6 有个单连杆机器手,其惯量矩阵为

$$\boldsymbol{I}=\begin{bmatrix} I_{xx1} & 0 & 0 \\ 0 & I_{yy1} & 0 \\ 0 & 0 & I_{zz1} \end{bmatrix}$$

假设这正好是连杆本身的惯量。如果电动机电枢的转动惯量为 $\boldsymbol{I}_m$,减速齿轮的传动比为 100,那么,从电动机轴来看,传动系统的总惯量应为多大?

第 6 章

机器人轨迹规划

轨迹规划是根据作业要求，关于末端执行器在工作流程中位姿变化的路径、取向以及它们的变化速度和加速度的人为设定。它是运动学反解（位姿反解，速度、加速度反解）的实际应用。它的实现取决于操作机动力学特性、控制方案和机器人语言。

实践证明，轨迹规划又反过来影响机器人的动力学性能。比如，当关节变量的加速度在规划时呈突变，将会产生刚性冲击，如果操作机固有频率较低，它将表现为低频振动。这一现象在加速度呈矩形突加规律变化而且具有较大值时尤为显著。经常看到的机器人起动和停止时的手部抖动，加速度突变是其重要原因。由于轨迹规划是机器人学的一个重要而且十分复杂的问题。所以，在本章中，只讨论作业规划和基于关节坐标空间和直角（笛卡儿）坐标空间的两类空间的简单运动学规划方法。

6.1 作业规划

作业规划是轨迹规划的基础，它把一个完整的作业分成若干个运动来实现。下面，以某耐火材料厂的取砖码垛作业，即把压砖机台上的砖坯取出，码在干燥车台架上的规定位置的作业为例加以讨论。图 6-1 表示了该作业的工作环境。

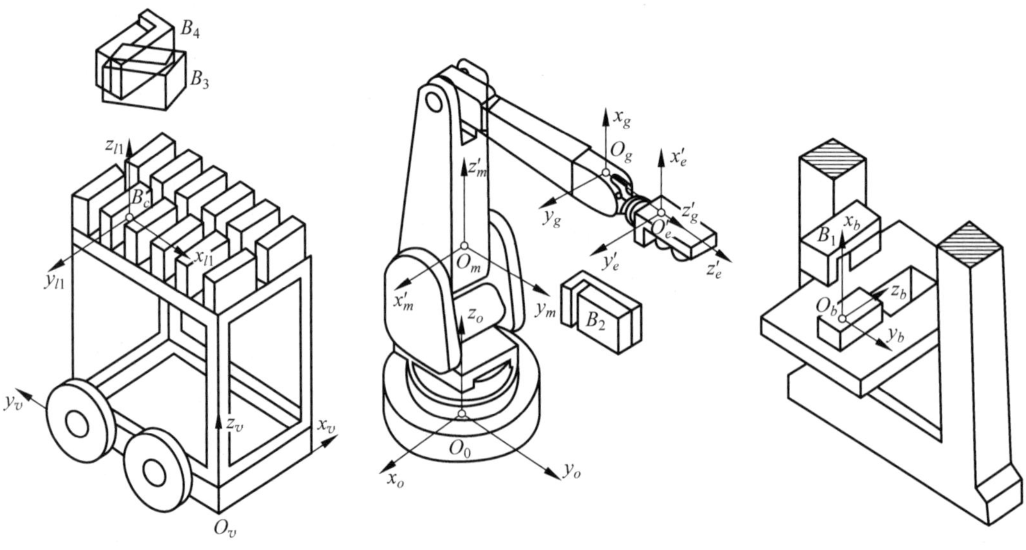

图 6-1 作业环境中设立坐标系

6.1.1 设立坐标系，制定作业表

在作业环境中设立如下坐标系(图 6-1)：

图中，S_0 为参考坐标系，设在操作机的机座处，原点为 O_0；S_m 为操作机基础坐标系，位于操作机的“腰”上，原点为 O_m；S_b 为砖坯坐标系，位于砖的中心，原点为 O_b；S_6 为操作机末杆(杆 6)的坐标系，位于后三关节的轴线交点上，原点为 O_6；S_e 为末端执行器(这里是真空夹持器)，位于夹持器的一端的中点，原点为 O_e；S_v 为干燥车坐标系，位于干燥车的右前角，原点为 O_v；S_{ti} 为码砖砖位坐标系，由 S_{t0} 开始，每一个应码砖的位置都有一个坐标系…S_{ti}…S_{tn}。

这些坐标系之间的关系，可由变换表示，即

$$T_m^0 \Rightarrow S_m;\ T_b^0 \Rightarrow S_b;\ T_6^m \Rightarrow S_6$$

$$T_e^6 \Rightarrow S_e;\ T_v^0 \Rightarrow S_v;\ T_{ti}^v \Rightarrow S_{ti}$$

注意：上面的变化是对不同坐标系进行的，只有相应于 S_m、S_b、S_v 的变化是相对于参考坐标系进行的。

可以看出，在作业进行中，T_6^m 是时时都在变化的。S_{ti} 在一个作业周期(即取、码一块砖坯)内是不变的，但不同的作业周期却不相同，这里只讨论 $S_{ti}=S_{t1}$ 这一个周期的情况。为了书写方便，取为 S_t，即 $T_{ti}^v \Rightarrow T_t^v$。

根据作业过程，拟出如图 6-2 所示的作业表。

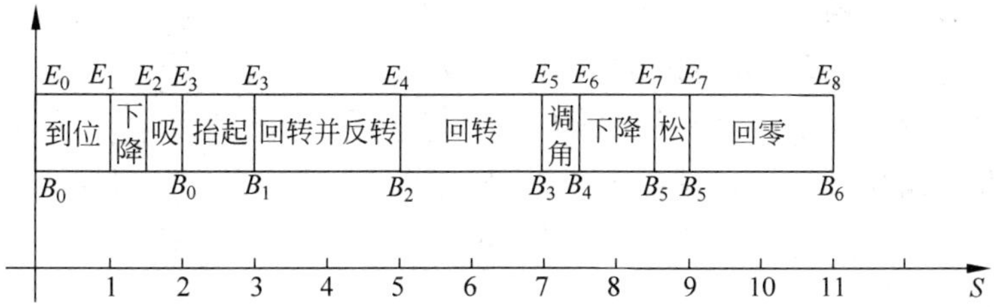

图 6-2 作业表

该作业表表示，E_0 是真空夹持器的零位，亦即操作机处于开始位形状态。作业开始，夹持器由 E_0 位置以最近路径移到砖坯上方的 E_1 位置。由作业表可以看出，这一移动需要 1.0s。到 E_1 后即垂直下降(需 0.5s)到砖坯上方 E_2，使夹持器的吸盘轻压在砖坯上表面上(图 6-1 中未画出)。用 0.5s 的时间将砖坯吸牢后，即上抬到 E_3(需 1.0s)。这时砖坯也由 B_0 位置抬到 B_1 位置。下面的作业描述将用砖坐标系的位置符号 B_i。再往后，操作机机身回转，手腕也随之翻转。使砖坯转 90°，达到过渡位置 B_2(相应的夹持器处于 E_4 位置)，再继续回转到干燥车上方相应于 S_{t1} 铅垂方向 B_3 位置(夹持器处于 E_5)。由 B_1 到 B_2 再到 B_3 共用 0.4s。然后调整砖坯角度，使成为码排姿态，即 B_4 位置(相应的时 E_6)，又用 0.5s。再下降(1.0s)到 B_5 位置(相应的时 E_7)，在 B_5 位置砖坐标系 S_b 正好与码排要求位置坐标系 S_{t1} 重合，这就意味砖坯放到这一作业循环的给定位置。由作业表可以看出，完成这一作业循环共用时间为 11.0s。

按照上述作业循环，写出相应于各工作位置的位子矩阵线图：

E_0 爪处于低位　$T_m^0 \rightarrow T_{\beta0}^m \rightarrow T_e^\beta \rightarrow \circ \leftarrow T_{e0}^b \leftarrow T_b^0$

E_1 爪移到砖坯上方　$T_m^0 \rightarrow T_{\beta1}^m \rightarrow T_e^\beta \rightarrow \circ \leftarrow T_{e1}^b \leftarrow T_b^0$

E_2 爪下降到砖坯上方　$T_m^0 \rightarrow T_{\beta2}^m \rightarrow T_e^\beta \rightarrow \circ \leftarrow T_{e2}^b \leftarrow T_b^0$

B_2^1 吸砖

B_1 爪+砖抬起　$T_m^0 \rightarrow T_{\beta3}^m \rightarrow T_e^\beta \rightarrow [T_{e2}^b]^{-1} \rightarrow \circ \leftarrow T_{b2}^b \leftarrow T_b^0$

B_2 爪+砖转到$B_2(E_4)$　$T_m^0 \rightarrow T_{\beta4}^m \rightarrow T_e^\beta \rightarrow [T_{e2}^b]^{-1} \rightarrow \circ \leftarrow T_{b2}^b \leftarrow T_b^0$

B_3 爪+砖到车上方$B_3(E_5)$　$T_m^0 \rightarrow T_{\beta5}^m \rightarrow T_e^\beta \rightarrow [T_{e2}^b]^{-1} \rightarrow \circ \leftarrow T_{b3}^{f1} \leftarrow T_{f1}^v \leftarrow T_v^0$

B_4 爪+砖调角度$B_4(E_5)$　$T_m^0 \rightarrow T_{\beta6}^m \rightarrow T_e^\beta \rightarrow [T_{e2}^b]^{-1} \rightarrow \circ \leftarrow T_{b4}^{f1} \leftarrow T_{f1}^v \leftarrow T_v^0$

B_5 爪+砖到码放位$B_5(E_7)$　$T_m^0 \rightarrow T_{\beta7}^m \rightarrow T_e^\beta \rightarrow [T_{e2}^b]^{-1} \rightarrow \circ \leftarrow T_{f1}^v \leftarrow T_v^0$

E_5^1 松夹

E_0 退回到零位　$T_m^0 \rightarrow T_{\beta0}^m \rightarrow T_e^\beta \rightarrow \circ \leftarrow T_{e0}^b \leftarrow T_b^0$

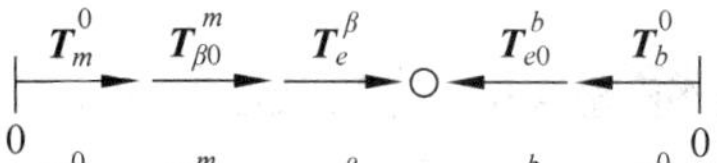

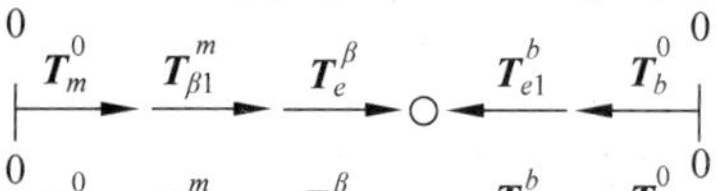

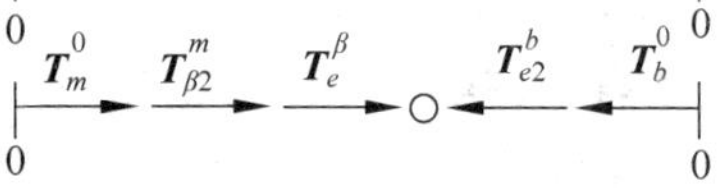

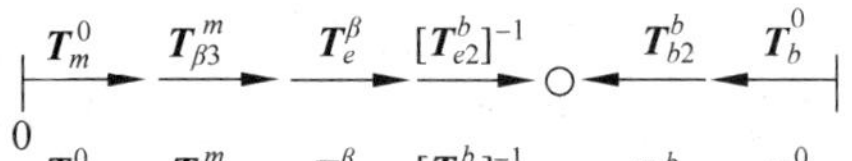

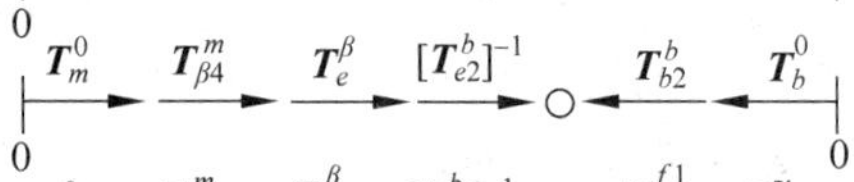

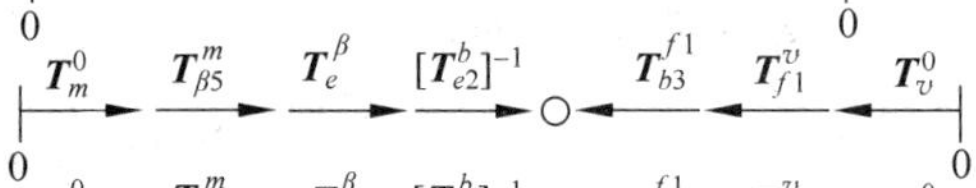

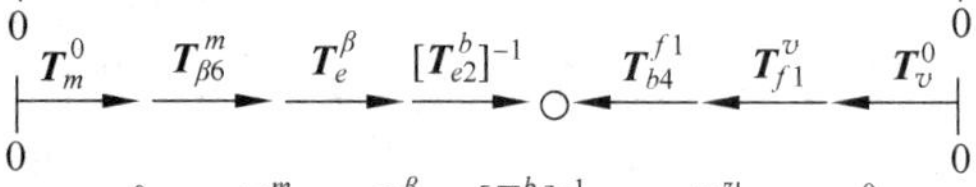

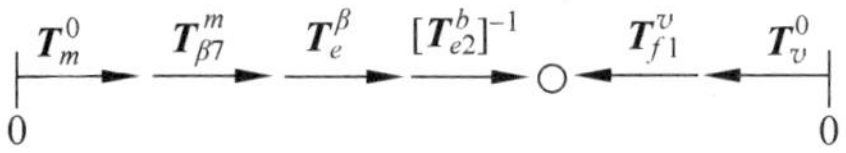

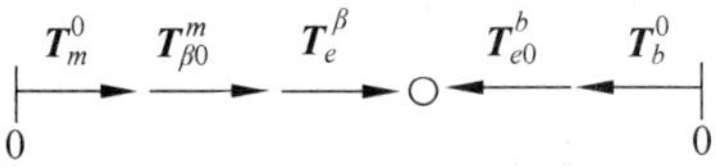

由线图及前面的分析可知,砖坯由 B_0 位置到 B_1 位置,路径必须是垂直向上的,而且砖坯为了不和压砖机碰撞,姿态必须保持不变。称这种对路径和姿态在运动的每个瞬间都有要求的运动为连续路径运动,记作 CP 运动。在一个循环中作 CP 运动的还有 B_4 到 B_5 段。

由 B_2 到 B_3,由 B_3 到 B_4 以及由 $E_7(B_5)$ 操作机退回到 E_0 的几段路径,只在两端点对真空夹持器的位置和姿态有严格要求,而在中间过程,对位置和姿态均无一定的要求,称作点到点运动,记作 PTP 运动。

6.1.2　建立位姿矩阵(运动)方程,求末端变换矩阵

由前面的讨论可知,在描述作业进程的各位姿矩阵中,T_{6i}^m 是相应于不同位置 E_i(或 B_i)的变换矩阵,而 T_m^0、T_b^0、T_v^0、T_{t1}^v 和 T_e^6(都是由作业环境配置和机械结构确定的常数矩阵,可用图解计算方法预先设定(也可以各种测量方法测出)。如果再给出一系列相应于中间位置的变换矩阵(即各中间点的位姿要求),如 $T_{e1}^b \cdots T_{6i}^b \cdots T_{t1}^{f1} \cdots$,就可利用矩阵线图,列出矩阵方程,求出 T_{6i}^m。再进行位姿反解,求出相应的关节变量 θ_i(或 d_i),即可进行位置控制。

中间位姿矩阵的给出有两种方法,一种是人为设定法,这样就可以离线计算,进行离线编程。另一方法为示教法,把夹持器驱动到各相应的中间位置,令机器人的控制计算机记录下相应的关节变量值,并计算出相应的位姿矩阵。但在实际上,利用示教法,只要记录出相应的关节变量,即可通过机器人的示教再现程序进行内部计算。从而实现位置控制。

求 T_{6i}^m 的方法如下。

对 E_1 点，由位姿变换线图，得

$$\boldsymbol{T}_m^0\boldsymbol{T}_{61}^m\boldsymbol{T}_e^6=\boldsymbol{T}_b^0\boldsymbol{T}_{e1}^b$$

所以

$$\boldsymbol{T}_{61}^m=[\boldsymbol{T}_m^0]^{-1}\boldsymbol{T}_b^0\boldsymbol{T}_{e1}^b[\boldsymbol{T}_e^6]^{-1} \tag{6-1}$$

再如对 B_3 点：

$$\boldsymbol{T}_m^0\boldsymbol{T}_{65}^m\boldsymbol{T}_e^6[\boldsymbol{T}_{e2}^b]^{-1}=\boldsymbol{T}_v^0\boldsymbol{T}_{t1}^v\boldsymbol{T}_{b3}^{t1}$$

所以

$$\boldsymbol{T}_{65}^m=[\boldsymbol{T}_m^0]^{-1}\boldsymbol{T}_v^0\boldsymbol{T}_{t1}^v\boldsymbol{T}_{b3}^{t1}\boldsymbol{T}_{e2}^b[\boldsymbol{T}_e^6]^{-1} \tag{6-2}$$

$$\cdots$$

上述变换方程[式(6-1)、式(6-2)]可以一般化地简记为

$$\boldsymbol{T}_{6i}^m=\boldsymbol{T}_\omega^m\boldsymbol{T}_{P_i}^\omega\boldsymbol{T}_e^{P_0}\boldsymbol{T}_6^e \tag{6-3}$$

式中，$\boldsymbol{T}_\omega^m$ 是作业台架坐标系 S_ω 与操作机基础坐标系 S_m 之间的变换，通常为常量，只有操作机跟踪某一目标必须机座移动时才是变量，对于式(6-1)所示的一段作业，$\boldsymbol{T}_\omega^m=[\boldsymbol{T}_m^0]^{-1}$，$S_\omega\equiv S_0$，因为这时要取的砖坯就在以参考系 S_0 确定的压砖机上；对于式(6-2)所示的一段作业，$\boldsymbol{T}_\omega^m=[\boldsymbol{T}_m^0]^{-1}\boldsymbol{T}_v^0$，$S_\omega\equiv S_v$，即作业台架是与 S_v 固联的坐标系；

$\boldsymbol{T}_{P_i}^\omega$ 是作业的目标坐标系 S_{P_i} 与台架坐标系之间的变换，对式(6-1)和式(6-2)所示的两段作业，分别是 $\boldsymbol{T}_b^0$ 和 $\boldsymbol{T}_{t1}^v$。

$\boldsymbol{T}_e^{P0}$ 是末端执行器坐标系 S_e 与工件坐标系 S_{P_0} 之间的变换，对式(6-1)和式(6-2)，分别是 $\boldsymbol{T}_{e0}^b$ 和 $\boldsymbol{T}_{e2}^b$。$\boldsymbol{T}_6^b$ 表示 S_e 与 S_{P_0} 是重合的。

$\boldsymbol{T}_6^e$ 是操作机末杆坐标系 S_6 与末端执行器坐标系 S_e 之间的变换。

现用变换的向量图表示式(6-3)所示的变换方程式，见图 6-3。

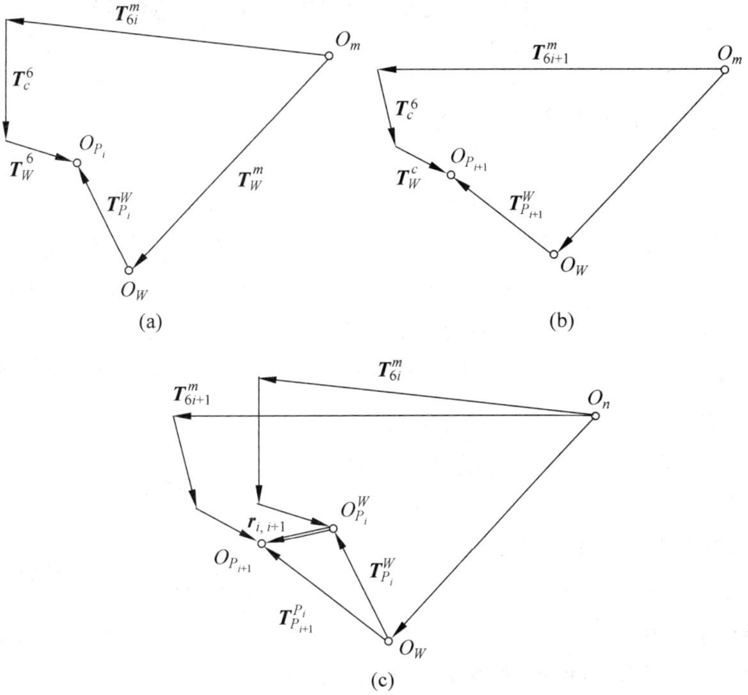

图 6-3　向量图

图 6-3(a)表示目标点为 P_i(相应坐标系 S_{P_i} 的位姿)的变换方程向量图。图 6-3(b)是下一个目标点 P_{i+1}(相应坐标系 $S_{P_{i+1}}$ 的位姿)的变换方程向量图。图 6-3(c)为两图的合成。由图 6-3(c)可以看出目标点由 P_i 位姿到 P_{i+1} 位置时,相应的操作机末杆对基础的变换由 $\boldsymbol{T}_{P_i}^m$ 变到 $\boldsymbol{T}_{P_{i+1}}^m$,而工件相应的位姿变化则是 $\boldsymbol{T}_{i,i+1}$(即由 S_{P_i} 到 $S_{P_{i+1}}$ 的向量)。

为简便计,使 S_e 和 S_b 重合,则 $\boldsymbol{T}_e^{P_0}=[\boldsymbol{I}]$。

若再令相应于向量 $\boldsymbol{r}_{i,i+1}$ 的变换 $\boldsymbol{T}_{P_{i+1}}^{P_i}(t)$和操作机末杆相对于基础的变换 $\boldsymbol{T}_6^m(P)$分别是时间 t 和位置 P 的变量。在 $t=t_i$ 时,$\boldsymbol{T}_{P_{i+1}}^{P_i}(t_i)=[\boldsymbol{I}]$;在 $t=t_{i+1}$ 时,$\boldsymbol{T}_{P_{i+1}}^{P_i}(t_{i+1})=\boldsymbol{T}_{P_{i+1}}^{P_i}$,则式(6-3)可以写成

$$\boldsymbol{T}_6^m(P)=\boldsymbol{T}_\omega^m\boldsymbol{T}_{P_i}^\omega\boldsymbol{T}_{P_{i+1}}^{P_i}(t_i)\boldsymbol{T}_e^{P_0}\boldsymbol{T}_6^e \tag{6-4}$$

或 $\boldsymbol{T}_e^{P_0}=[\boldsymbol{I}]$时

$$\boldsymbol{T}_6^m(P)=\boldsymbol{T}_\omega^m\boldsymbol{T}_{P_i}^\omega\boldsymbol{T}_{P_{i+1}}^{P_i}(t_i)\boldsymbol{T}_b^e \tag{6-5}$$

对 $t=t_i$ 和 $t=t_{i+1}$ 分别有

$$\boldsymbol{T}_{6i}^m=\boldsymbol{T}_\omega^m\boldsymbol{T}_{P_i}^\omega\boldsymbol{T}_b^e,\quad t=t_i \tag{6-6}$$

$$\boldsymbol{T}_{6i+1}^m=\boldsymbol{T}_\omega^m\boldsymbol{T}_{P_i}^\omega\boldsymbol{T}_{P_{i+1}}^{P_i}\boldsymbol{T}_b^e,\quad t=t_{i+1} \tag{6-7}$$

上面的式子清楚地表示出 $\boldsymbol{T}_6^m(P)$与 $\boldsymbol{T}_{P_{i+1}}^{P_i}(t)$都是时间的函数。前者是通过位置 P 隐函时间 t。作业规划的任务,就是要给定 $\boldsymbol{T}_6^m(P)$。轨迹规划的任务,则是要给定 $\boldsymbol{T}_{P_{i+1}}^{P_i}(t)$。为了一般化,下面将用 $\boldsymbol{T}_n^m$ 代替 $\boldsymbol{T}_6^m$,用 $\boldsymbol{T}_n^e$ 代替 $\boldsymbol{T}_6^e$。

6.2 关节坐标空间的轨迹规划

6.2.1 两点间的 PTP 规划

由于操作机末端执行器的运动是由关节变量直接确定的,所以如能在关节坐标空间进行轨迹规划,既省时间又可避免雅可比矩阵奇异时所形成的速度失控。但因关节空间和直角坐标空间的几何元素不是线性关系,所以关节变量呈线性变化时,在直角坐标空间参考点的运动轨迹并不形成直线。所以只有那些无路径要求的作业,才能在关节空间直接进行规划。由于 PTP 运动是只考虑端点位姿不考虑过程中的位姿要求,即由 P_i 到 P_{i+1}(图 6-4)可由 $\boldsymbol{T}_{P_{i+1}}^{P_i}$(Ⅰ)或 $\boldsymbol{T}_{P_{i+1}}^{P_i}$(Ⅱ)或 $\boldsymbol{T}_{P_{i+1}}^{P_i}$(Ⅲ)…达到。

所以在关节坐标空间进行轨迹规划是非常方便的。这时,只要求相应的关节变量 q_i 到 q_{i+1} 按某一方便的运动规律变化即可满足作业要求。下面分两种情况进行讨论。

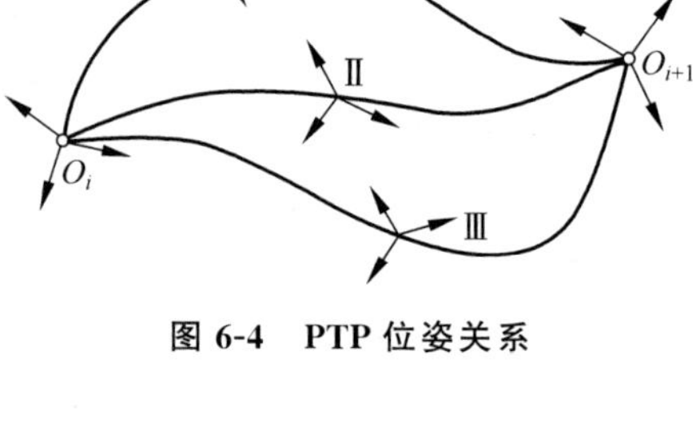

图 6-4 PTP 位姿关系

1. 抛物线-直线分段方案

设已给出点 A 和 B 的位姿矩阵 $\boldsymbol{T}_{nA}^m$,$\boldsymbol{T}_{nB}^m$,进行位姿反解,即可求出相应的关节变量 q_A 和 q_B

(对于旋转关节即 $\theta_{A1},\theta_{A2},\cdots;\theta_{B1},\theta_{B2},\cdots$)。采用各关节同时等加速、等速、等减速运动直到停止。关节变量的速度、加速度、位移线图如图 6-5 所示。可以看出,任一关节变量的位移线图都是由抛物线(AA_r)、直线(A_rB_l)和抛物线(B_lB)三段组成的。

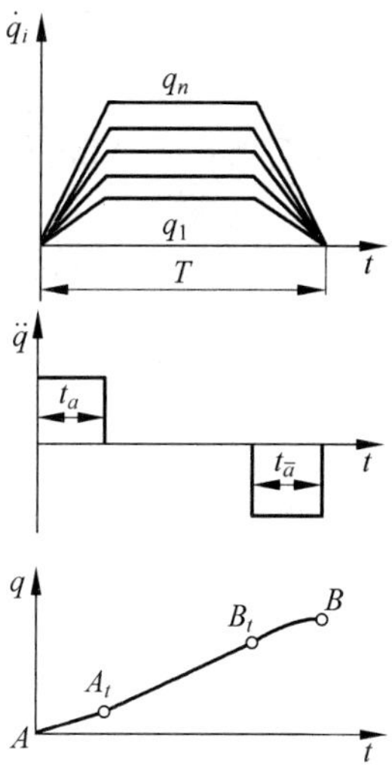

图 6-5　运动线图

设 T 为由 A 到 B 的总运动时间,t_a 为加速时间,$t_{\bar{a}}$ 为减速时间,且取 $t_a=t_{\bar{a}}$。$t_v=T-2t_a$ 为等速运动时间,取 $t_v=Kt_a$。两点之间的位移为 q_{AB_i}。当 q_{AB_i} 为已知,即 $q_{AB_i}=q_{B_i}-q_{A_i}$,K、T 也人为设定之后,则有

$$\begin{cases} t_a=T/(2+K) \\ \ddot{q}_i=q_{AB_i}/t_a^2(1+K) \\ \dot{q}_i=\ddot{q}_i t_a \end{cases} \tag{6-8}$$

即可得到

$$\begin{aligned} &加速段:q_{AA_{ri}}=\frac{1}{2}\ddot{q}_i t^2,\quad 0<t\leqslant t_a \\ &等速段:q_{A_rB_i}=\ddot{q}_i t_a t,\quad t_a<t\leqslant T-t_a \\ &减速段:q_{B_lB_i}=\ddot{q}_i\left(t_a-\frac{1}{2}t\right)t,\quad T-t_a<t\leqslant T \end{aligned} \tag{6-9}$$

2. 多项式规划方案

为了简化书写,在符号中将去掉 i。

每一端,对于关节变量来说,都有三个要求,即 $q,\dot{q},\ddot{q}$。所以须用五次多项式进行规划,即

$$q(t)=a_0+a_1t+a_2t^2+a_3t^3+a_4t^4+a_5t^5 \tag{6-10}$$

为了简化求解,用 $h=t/T$ 相对(无量纲)时间代替上式中的时间变量 t。这时 $t=0$ 时 $h=0$,$t=T$ 时 $h=1$,于是得到

$$\begin{cases} q(h)=a_0+a_1hT+a_2h^2T^2+a_3h^3T^3+a_4h^4T^4+a_5h^5T^5 \\ \dot{q}(h)=a_1T+2a_2T^2h+3a_3T^3h^2+4a_4T^4h^3+5a_5T^5h^4 \\ \ddot{q}(h)=2a_2T^2+6a_3T^3h+12a_4T^4h^2+20a_5T^5h^3 \end{cases} \tag{6-11}$$

对于边界条件:

$$\begin{aligned} &q(0)=q_A;\quad q(1)=q_B \\ &\dot{q}(0)=0;\quad \dot{q}(1)=0 \\ &\ddot{q}(0)=\ddot{q};\quad \ddot{q}(1)=-\ddot{q} \end{aligned}$$

可得

$$\begin{aligned} &q_A=a_0 \\ &0=a_1T \\ &\ddot{q}=2a_2T^2 \\ &q_B=a_0+a_1T+a_2T^2+a_3T^3+a_4T^4+a_5T^5 \end{aligned}$$

$$0=a_1T+2a_2T^2+3a_3T^3+4a_4T^4+5a_5T^5$$

$$-\ddot{q}=2a_2T^2+6a_3T^3+12a_4T^4+20a_5T^5$$

将上六式联立解，得

$$\begin{cases} a_0=q_A \\ a_1=0 \\ a_2=\ddot{q}/(2T^2) \\ a_3=[10(q_B-q_A)-2\ddot{q}]/T^3 \\ a_4=-5[3(q_B-q_A)-1/2\ddot{q}]/T^4 \\ a_5=[6(q_B-q_A)-\ddot{q}]/T^5 \end{cases} \tag{6-12}$$

于是得到

$$q(h)=q_A+\frac{\ddot{q}}{2}h+(10q_{AB}-2\ddot{q})h^3-5\left(3q_{AB}-\frac{1}{2}\ddot{q}\right)h^4+(6q_{AB}-\ddot{q})h^5,\quad 0\leqslant h\leqslant 1 \tag{6-13}$$

式中，$q_{AB}=q_B-q_A$。

6.2.2 多点间的 PTP 规划

1. 抛物线-直线组合方案

仿两点间的抛物线-直线组合方案，对多点间的 PTP 运动，也可采用这种规划方案，如图 6-6 所示。

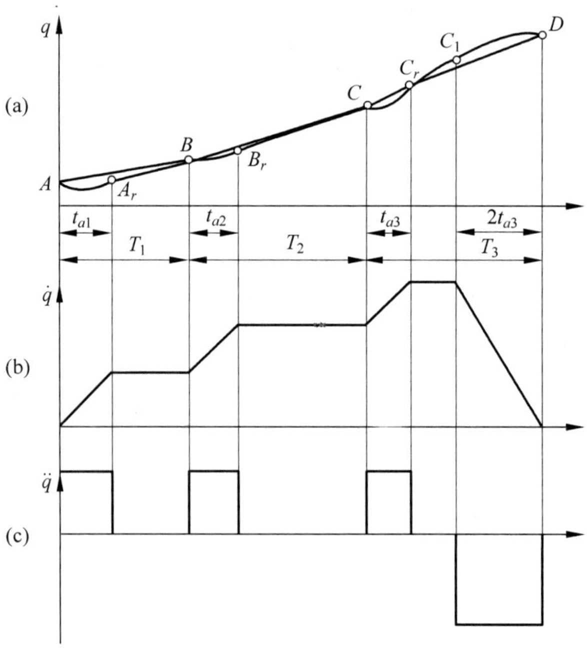

图 6-6 运动线图

由图 6-6(a)可以看出,由 A 点经 B 点、C 点到 D 点的路径是由四段抛物线和三段直线组合而成的,相应的速度和加(减)速度以及运动时间、路径长度分别表示在表 6-1 内。末段减速时间较长,目的在于减少到位时由于刹车所引起的振动。

表 6-1 参数表

区段	加速时间	减速时间	等速时间系数	总运动时间	路径长度
AB	t_{a1}	0	K_1	T_1	$q_B - q_A = q_{AB}$
BC	t_{a2}	0	K_2	T_2	$q_C - q_B = q_{BC}$
CD	t_{a3}	$2t_{a3}$	K_3	T_3	$q_D - q_C = q_{CD}$

对于 AB 段(初始段):

$$\begin{cases} t_{a1} = T_1/(1+K_1) \\ \ddot{q}_1 = q_{AB}/t_{a1}^2(1+K_1) \\ \dot{q}_1 = \ddot{q}_1 t_{a1} \end{cases} \tag{6-14}$$

$$AA_r: q_1 = 1/2\ddot{q}_1 t_1^2, \quad 0 < t_1 \leqslant t_{a1} \tag{6-15}$$

$$A_rB: q_1 = \ddot{q}_1 t_{a1} t_1, \quad t_{a1} < t_1 \leqslant T_1 \tag{6-16}$$

对于 BC 段(中间段):

$$\begin{cases} t_{a2} = T_2/(1+K_1) \\ \ddot{q}_2 = (q_{BC} - \dot{q}_1 T_2)/t_{a2}^2(1+K_2) \\ q_2 = \ddot{q}_2 t_{a2} + \dot{q}_1 \end{cases} \tag{6-17}$$

$$BB_r: q_2 = (\dot{q}_1 + 1/2\ddot{q}_2 t_2)t_2, \quad 0 < t_2 \leqslant t_{a2} \tag{6-18}$$

$$B_rC: q_2 = (\dot{q}_1 + \ddot{q}_2 t_{a2})t_2, \quad t_{a2} < t_2 \leqslant T_2 \tag{6-19}$$

对于 CD 段(末段):

$$\begin{cases} t_{a3} = T_3/(3+K_3) \\ \ddot{q}_3 = (q_{CD} - \dot{q}_2 T_3)/t_{a3}^2(1+K_3) \\ q_3 = \ddot{q}_3 t_{a3} + \dot{q}_2 \end{cases} \tag{6-20}$$

$$CC_r: q_3 = (\dot{q}_2 + 1/2\ddot{q}_2 t_3)t_3, \quad 0 < t_3 \leqslant t_{a3} \tag{6-21}$$

$$C_rC_l: q_3 = (\dot{q}_2 + \ddot{q}_3 t_{a3})t_3, \quad t_{a3} < t_3 \leqslant T_3 - 2t_{a3} \tag{6-22}$$

$$C_lD: q_3 = (\dot{q}_2 + \ddot{q}_3 t_{a3})t_3 - 1/2\ddot{q}_3 t_3, \quad T_3 - 2t_{a3} < t_3 \leqslant T_3 \tag{6-23}$$

由前面的加速度公式可知

$$\ddot{q}_i = [(q_i - q_{i-1}) - \dot{q}_{i-1} T_i] \Big/ \frac{(\alpha + K_i)^2}{T_i^2(1+K_i)} \tag{6-24}$$

式中,对于起始和中间段 $\alpha = 1$,对于末段 $\alpha = 3$。

为了限制 $\ddot{q}_i$ 在某一容许的范围内,可加大 T_i,或减小 K_i。

这种规划方案,公式简单,加速度容易控制,易于编程。但加速度是突加的,高速时容易产生冲击跃动。且在各点间点附近,轨迹有“超调”现象。

2. 四次曲线过渡方案

Paul 提出了多点 PTP 规划中的四次曲线过渡方案，如图 6-7 所示。

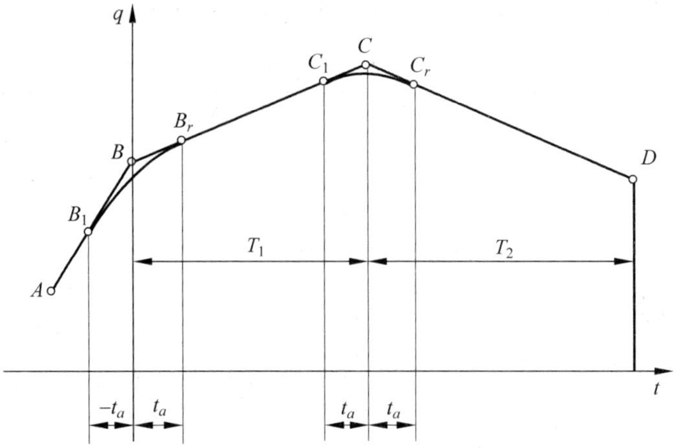

图 6-7　四次曲线过渡方案

设某关节变量 q（为了便于书写，略去下角标 i）有四个给定值，即 q_A、q_B、q_C、q_D，即在 q-t 图上该路径可由四段直线表示。在这些直线之间，为了避免速度突变，可用四次曲线过渡。众所周知，为了保证两端点（如 B_l，B_r）的两组六个约束条件（路径、速度、加速度连续），通常需要五次多项式，但由于把曲线选取在 B 点对称位置，即由 B_l 到 B 的时间 t_{al} 和由 B 到 B_r 的时间 t_{ar} 与 q 轴对称，即 $|t_{al}|=t_{ar}=t_a$，所以只用四次曲线就可以了。

取 $q(t)=a_0+a_1t+a_2t^2+a_3t^3+a_4t^4$，$h=\dfrac{t_a+t}{2t_a}$，当 $t=-t_a$ 时，$h=0$，当 $t=t_a$ 时，$h=1$。

六个约束条件如下：

(1) 对于位置 B_l，有 $h=0$，于是

$$q(0)=q_{B_l}=q_B+\Delta B_l,\quad \dot{q}(0)=-\frac{\Delta B_l}{t_a},\quad \ddot{q}(0)=0$$

(2) 对于位置 B_r，有 $h=1$，于是

$$q(1)=q_{B_r}=\frac{\Delta C}{T_1}t_a+q_B,\quad \dot{q}(1)=-\frac{\Delta C}{T_1},\quad \ddot{q}(1)=0$$

最后得到

$$\begin{cases} q(h)=\left[\left(\Delta C\dfrac{t_a}{T_1}+\Delta B_l\right)(2-h)h^2-2\Delta B_l\right]h+q_B+\Delta B_l \\ \dot{q}(h)=\left[\left(\Delta C\dfrac{t_a}{T_1}+\Delta B_l\right)(1.5-h)h^2-\Delta B_l\right]\dfrac{1}{t_a} \\ \ddot{q}(h)=\left(\Delta C\dfrac{t_a}{T_1}+\Delta B_l\right)(1-h)3h/t_a^2 \end{cases} \tag{6-25}$$

在 BC 段的直线方程式是

$$\begin{cases} q(h)=\Delta Ch+q_B \\ \dot{q}(h)=\Delta C/T_1 \\ \ddot{q}(h)=0 \\ h=t/T_1 \end{cases} \tag{6-26}$$

在上两式中，$\Delta B_l = q_B - q_{B_t}$，$\Delta C = q_C - q_B$。

上述两式是通式，在编不同位置（如 C）的程序时，只需进行参数置换就可以了。如对 C，只需将上两式中：

$$q_B := q_C, \quad q_C := q_D, \quad q_{B_t} := q_{C_t}$$

$$\Delta B_t := \Delta C_t, \quad \Delta C := \Delta D, \quad \boldsymbol{T}_1 := \boldsymbol{T}_2$$

但在使用这种规划方案时，路径并未真地通过中间点 B，为了一定通过 B，可在 B 点的左右另加两点 B_1、B_2，使 B 点正好落在 B_1B_2 直线上。这时再按上述公式规划，即可求得过点 B 的路径，如图 6-8 所示。

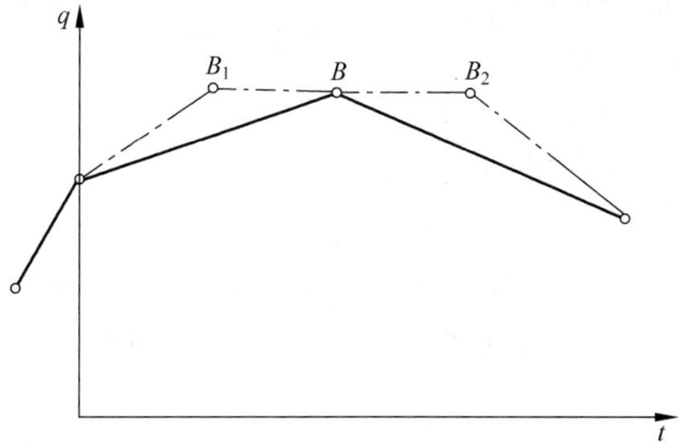

图 6-8 过中间点 B 方案

3. 五次多项式规划方案

这种方案的基本想法是每一段两点之间的路径都可用五次多项式代替曲线－直线规划，即用式(6-10)进行规划，但六个约束条件是

$$q(0) = q_0; \quad \dot{q}(0) = \dot{q}_0; \quad \ddot{q}(0) = \ddot{q}_0$$

$$q(1) = q_1; \quad \dot{q}(1) = \dot{q}_1; \quad \ddot{q}(0) = \ddot{q}_1$$

重写式(6-11)为

$$\begin{cases} q(h) = a_0 + a_1 hT + a_2 h^2 T^2 + a_3 h^3 T^3 + a_4 h^4 T^4 + a_5 h^5 T^5 \\ \dot{q}(h) = a_1 T + 2a_2 T^2 h + 3a_3 T^3 h^2 + 4a_4 T^4 h^3 + 5a_5 T^5 h^4 \\ \ddot{q}(h) = 2a_2 T^2 + 6a_3 T^3 h + 12a_4 T^4 h^2 + 20a_5 T^5 h^3 \end{cases}$$

式中，$h = t/T$。

$$\begin{cases} a_0 = q_0 \\ a_1 = \dot{q}_0 / T \\ a_2 = \ddot{q}_0 / 2T^2 \\ a_3 = \left[10(q_1 - q_0) - 6\dot{q}_0 - 4\dot{q}_1 - \ddot{q}_0 + \dfrac{1}{2}(\ddot{q}_1 - \ddot{q}_0)\right] \Big/ T^3 \\ a_4 = [-15(q_1 - q_0) + 8\dot{q}_0 + 7\dot{q}_1 + 1.5\ddot{q}_0 - \ddot{q}_1] / T^4 \\ a_5 = \left[6(q_1 - q_0) - 3\dot{q}_0 - 3\dot{q}_1 - \ddot{q}_0 + \dfrac{1}{2}(\ddot{q}_1 - \ddot{q}_0)\right] \Big/ T^5 \end{cases} \tag{6-27}$$

对于第一段：

$$\begin{cases} a_0 = q_0 \\ a_1 = a_2 = 0 \\ a_3 = [10(q_1 - q_0) - 4\dot{q}_1 + 0.5\ddot{q}_1]/T^3 \\ a_4 = [-15(q_1 - q_0) + 7\dot{q}_1 - \ddot{q}_1]/T^4 \\ a_5 = [6(q_1 - q_0) - 3\dot{q}_1 + 0.5\ddot{q}_1]/T^5 \end{cases} \tag{6-28}$$

相应的约束条件：

$$q(0) = q_0,\quad \dot{q}(0) = \ddot{q}(0) = 0,\quad q(1) = q_1,\quad \dot{q}(1) = \dot{q}_1,\quad \ddot{q}(1) = \ddot{q}_1$$

对于末段，约束条件：

$$q(0) = q_0,\quad \dot{q}(0) = \dot{q}_0,\quad \ddot{q}(0) = \ddot{q}_0,\quad q(1) = q_1,\quad \dot{q}(1) = \ddot{q}(1) = 0$$

相应的公式可由这些约束条件求得。

以上所讨论的都是在关节坐标空间进行的轨迹规划，因为加速度 $\ddot{q}$ 突变，故都有刚性冲击，严重时即可产生振动。这里所说的直线，只是说它是关节变量 q 的线性函数，并不意味着直角坐标中的路径是直线。但这种规划是直角坐标系中的轨迹规划的基础。

6.3 直角坐标空间规划

在关节坐标空间，不能给出三维几何图像的规范表达式，所以它只适用于 PTP 作业的轨迹规划，如果对于那些路径、姿态两者的瞬时变化规律有严格要求的作业，如连续弧焊作业，就必须在直角坐标空间（即笛卡儿坐标空间）进行轨迹规划，然后再分成有限多个点，逐点地返回到关节空间，得出需要控制的关节量，再进行关节变量的控制。但这时要特别注意奇异位形，否则将引起速度过大而失控。

在直角坐标空间进行规划，必须解决两个问题：

(1) 如何给出路径和姿态变化规律；

(2) 如何用关节变量变化规律来实现直角坐标空间的具体规划。

下面介绍两种方法。

6.3.1 连续路径规划的直接法

如前所述，在关节空间无法使用关节变量写出路径要求的自然直线、圆或其他曲线方程，所以在关节空间只能进行 PTP 规划。连续路径（CP）规划，由于必须先给出自然形式的直线、圆以及其他期望的曲线方程，所以只能在直角坐标空间才能进行规划。但又由于机器人的真实运动发生在关节坐标空间，所以还必须把直角空间规划，分成有限个离散点，用运动学逆解，回归到关节空间，才能进行控制。所以在两相邻点之间的路径，仍然不是严格的数学方程要求下的路径，而是由关节坐标空间所决定的一段近似路径。

设路径的最一般情况是由参数方程给出的一段空间曲线（平面曲线和直线式它的简化

形式)，即

$$\begin{cases} x = x(t) \\ y = y(t) \\ z = z(t) \end{cases} \tag{6-29}$$

式中，t 为时间参数。

为了便于控制，最好用弧长参数给出曲线段参数方程，考虑到起点 A 相应于 s_A，则

$$\begin{cases} x = x(s_A) + x(s) \\ y = y(s_A) + y(s) \\ z = z(s_A) + z(s) \end{cases} \tag{6-30}$$

式中，s 为曲线的弧长参数。

利用弧长方程

$$s = \int_{t_0}^{t} \sqrt{(x'(t))^2 + (y'(t))^2 + (z'(t))^2}\,\mathrm{d}t \tag{6-31}$$

解出 $t=t(s)$，代入式(6-29)，即可得到方程(6-30)。

对于等速运动路径段，若时间间隔为 T，可取 $\Delta s = \dfrac{s}{T}$ 作为控制参数。

若路径段包括加速、等速和减速运动，通常取加(减)速速率相同、时间相等，今以 t_a 表示加(减)速时间间隔，可取 $\Delta s = \dfrac{s}{T - t_a}$。利用采样周期时间 Δt 作路径控制段 Δs 相对应的时间，由于 Δt 很小(毫秒级)，可令

$$v_{P_i} = \Delta s / \Delta t \quad (\Delta t = t_{i+1} - t_i) \tag{6-32}$$

式中，v_{P_i} 为相应于中间点 P_i 处的速度。

同理可得

$$a_{P_i} = \Delta v_{P_i} / \Delta t \ (\Delta v_{P_i} = v_{P_{i+1}} - v_{P_i}) \tag{6-33}$$

式中，a_{P_i} 为相应于中间点 P_i 处的加速度。

对于等加速、等速和等减速段，路径长度和速度、加(减)速度的关系是：

$$s = \frac{1}{2}at^2, \quad 0 \leqslant t \leqslant t_a \tag{6-34}$$

$$s_v = vt + \frac{1}{2}at_a^2, \quad 0 \leqslant t \leqslant T - 2t_a \tag{6-35}$$

$$s = \frac{1}{2}at^2 + s_v, \quad 0 \leqslant t \leqslant t_a \tag{6-36}$$

对于不同时刻，对应地将上三式分别代入式(6-30)，即可求得相应的任一中间点 P_t 的坐标：

$$\begin{cases} x_{P_i} = x(s_A) + x(s_i) \\ y_{P_i} = y(s_A) + x(s_i) \\ z_{P_i} = z(s_A) + x(s_i) \end{cases} \tag{6-37}$$

基于同样的理由，可得 P_i 点处的速度和加速度。

令

$$v_{P_i}=(v_{x_i},v_{y_i},v_{z_i})$$

则

$$\begin{cases} v_{x_i}=\dfrac{x(s_{i+1})-x(s_i)}{\Delta t} \\ v_{y_i}=\dfrac{y(s_{i+1})-y(s_i)}{\Delta t} \\ v_{z_i}=\dfrac{z(s_{i+1})-z(s_i)}{\Delta t} \end{cases} \tag{6-38}$$

令

$$a_{P_i}=(a_{x_i},a_{y_i},a_{z_i})$$

则

$$\begin{cases} a_{x_i}=\dfrac{(v_x)_{i+1}-(v_x)_i}{\Delta t} \\ a_{y_i}=\dfrac{(v_y)_{i+1}-(v_y)_i}{\Delta t} \\ a_{z_i}=\dfrac{(v_z)_{i+1}-(v_z)_i}{\Delta t} \end{cases} \tag{6-39}$$

对于姿势，设路径段的起点 A 和终点 B 处的位姿矩阵(相应于参考坐标系)为已知：

$$\boldsymbol{T}_A=\begin{bmatrix} n_{A_x} & o_{A_x} & a_{A_x} & p_{A_x} \\ n_{A_y} & o_{A_y} & a_{A_y} & p_{A_y} \\ n_{A_z} & o_{A_z} & a_{A_z} & p_{A_z} \\ 0 & 0 & 0 & 1 \end{bmatrix} \tag{6-40}$$

$$\boldsymbol{T}_B=\begin{bmatrix} n_{B_x} & o_{B_x} & a_{B_x} & p_{B_x} \\ n_{B_y} & o_{B_y} & a_{B_y} & p_{B_y} \\ n_{B_z} & o_{B_z} & a_{B_z} & p_{B_z} \\ 0 & 0 & 0 & 1 \end{bmatrix} \tag{6-41}$$

利用式(2-36)～式(2-39)即可求出相应于参考坐标系的滚转角 φ(绕 z_0)、俯仰角 θ(绕 y_0)和偏转角 ψ(绕 x_0)。相应起点 A 和终点 B，分别有

$$A: \varphi_A, \theta_A, \psi_A$$

$$B: \varphi_B, \theta_B, \psi_B$$

总路径段的角度变化则是

$$\varphi_{AB}=\varphi_B-\varphi_A, \quad \theta_{AB}=\theta_B-\theta_A, \quad \psi_{AB}=\psi_B-\psi_A$$

为了书写方便，令

$$\gamma=(\gamma_x,\gamma_y,\gamma_z)$$

$$\gamma_x=\varphi_{AB}, \quad \gamma_y=\theta_{AB}, \quad \gamma_z=\psi_{AB}$$

仿式(6-30)，得

$$\begin{cases} \gamma_x=\gamma_x(s_A)+\gamma_x(s) \\ \gamma_y=\gamma_y(s_A)+\gamma_y(s) \\ \gamma_z=\gamma_z(s_A)+\gamma_z(s) \end{cases} \tag{6-42}$$

当 s 由式(6-34)至式(6-36)求出之后，相应地代入式(6-42)，即可得到相应于 P_i 点的 $\gamma_{xP_i}, \gamma_{yP_i}, \gamma_{zP_i}$。

与 $s=s_i$ 相应有 $t=t_i$，在 P_i 处：

$$\Delta t = t_{i+1} - t_i$$

$$\Delta\gamma = \gamma_{i+1} - \gamma_i$$

于是得到

$$\omega_{P_i} = \Delta\gamma / \Delta t \tag{6-43}$$

$$\varepsilon_{P_i} = (\omega_{i+1} - \omega_i)/\Delta t \tag{6-44}$$

至此，得到了在CP轨迹中的任一点 P_i 处的六个控制量(分别由式(6-37)～式(6-39)和式(6-42)～式(6-44)求出)，从而解决了本节开头提出的在直角坐标空间进行规划的第一个问题，即给出路径和姿态变化规律。

下面转入第二个问题，即用关节变量表示这一变化规律。

将用式(6-42)求得的 $\gamma_{xP_i} \Rightarrow \psi, \gamma_{yP_i} \Rightarrow \theta, \gamma_{zP_i} \Rightarrow \varphi$ 代入式(2-35)，可以得到

$$\boldsymbol{R}_{P_i} = [n_i \quad o_i \quad a_i] \tag{6-45}$$

由式(6-37)，再取 $P_{xi} = x_{P_i}, P_{yi} = y_{P_i}, P_{zi} = z_{P_i}$。即可得到相应于 P_i 点得位姿矩阵：

$$\boldsymbol{T}_{P_i} = \begin{bmatrix} n_{P_{ix}} & o_{P_{ix}} & a_{P_{ix}} & p_{P_{ix}} \\ n_{P_{iy}} & o_{P_{iy}} & a_{P_{iy}} & p_{P_{iy}} \\ n_{P_{iz}} & o_{P_{iz}} & a_{P_{iz}} & p_{P_{iz}} \\ 0 & 0 & 0 & 1 \end{bmatrix} \tag{6-46}$$

利用第3章介绍的位姿逆解方法，即可求得相应的关节变量：

$$q_{P_i} = (q_{P_i})_1, (q_{P_i})_2, \cdots, (q_{P_i})_n \tag{6-47}$$

利用雅可比矩阵的逆，可得关节速率

$$[\dot{q}_{P_i}] = [\boldsymbol{J}_{P_i}]^{-1} \begin{bmatrix} v_{P_i} \\ \hline \omega_{P_i} \end{bmatrix} \tag{6-48}$$

式中，v_{P_i} 和 ω_{P_i} 即由式(6-38)和式(6-43)求得相应于 P_i 处的线速度和角速度。

由于雅可比矩阵求逆很繁琐、计算量很大，通常在实用上可取

$$[\dot{q}_{P_i}] = ([q_{P_{i+1}}] - [q_{P_i}])/\Delta t \tag{6-49}$$

对于 $[\ddot{q}_{P_i}]$，同样可取

$$[\ddot{q}_{P_i}] = ([\dot{q}_{P_{i+1}}] - [\dot{q}_{P_i}])/\Delta t \tag{6-50}$$

到这里就全部完成了直角坐标系或称笛卡儿坐标系中两点之间的连续路径(CP)规划。

对于多点CP规划，由于给出的式(6-29)是通式，稍加改造，考虑路径中过渡段的拟合条件，即可同样地表示多点连续路径曲线。上面所有的分析，都可以继续使用。

6.3.2　连续路径规划的驱动变换法

Paul提出在直角坐标空间两点之间进行轨迹规划时引入驱动变换的方法，先引述如下：

设操作机要把末端执行器由 P_1 移动到 P_2，使用式(6-5)，则可写出

$$\boldsymbol{T}_n^m(P)=\boldsymbol{T}_\omega^m\boldsymbol{T}_{P_1}^\omega\boldsymbol{T}_{P_2}^{P_1}(t)\boldsymbol{T}_n^e \tag{6-51}$$

式中，$\boldsymbol{T}_{P_2}^{P_1}(t)$称为驱动变换(drive transform)。

设由 P_1 到 P_2 需时间为 T，与6.2节的分析相同，取相对时间参量 $h=t/T$。为了强调驱动变换，记作 $\boldsymbol{D}(h)$。于是式(6-51)可改写为

$$\boldsymbol{T}_n^m=\boldsymbol{T}_\omega^m\boldsymbol{T}_{P_1}^\omega\boldsymbol{D}(h)\boldsymbol{T}_n^e \tag{6-52}$$

当 $h=0$ 时，$\boldsymbol{D}(0)=[\boldsymbol{I}]$，于是可得

$$\boldsymbol{T}_n^m=\boldsymbol{T}_\omega^m\boldsymbol{T}_{P_1}^\omega\boldsymbol{T}_n^e$$

当 $h=1$ 时(即 $t=T$)，$\boldsymbol{D}(1)=\boldsymbol{T}_{P_2}^{P_1}$，则得

$$\boldsymbol{T}_n^m=\boldsymbol{T}_\omega^m\boldsymbol{T}_{P_1}^\omega\boldsymbol{D}(1)\boldsymbol{T}_n^e$$

$$\boldsymbol{T}_n^m=\boldsymbol{T}_\omega^m\boldsymbol{T}_{P_1}^\omega\boldsymbol{T}_{P_2}^{P_1}\boldsymbol{T}_n^e$$

$$\boldsymbol{T}_n^m=\boldsymbol{T}_\omega^m\boldsymbol{T}_{P_2}^\omega\boldsymbol{T}_n^e$$

所以

$$\boldsymbol{D}(1)=[\boldsymbol{T}_{P_1}^\omega]^{-1}\boldsymbol{T}_{P_2}^\omega \tag{6-53}$$

设

$$\boldsymbol{T}_{P_1}^\omega=\begin{bmatrix} n_{P_{1x}}^\omega & o_{P_{1x}}^\omega & a_{P_{1x}}^\omega & p_{P_{1x}}^\omega \\ n_{P_{1y}}^\omega & o_{P_{1y}}^\omega & a_{P_{1y}}^\omega & p_{P_{1y}}^\omega \\ n_{P_{1z}}^\omega & o_{P_{1z}}^\omega & a_{P_{1z}}^\omega & p_{P_{1z}}^\omega \\ 0 & 0 & 0 & 1 \end{bmatrix} \tag{6-54}$$

$$\boldsymbol{T}_{P_2}^\omega=\begin{bmatrix} n_{P_{2x}}^\omega & o_{P_{2x}}^\omega & a_{P_{2x}}^\omega & p_{P_{2x}}^\omega \\ n_{P_{2y}}^\omega & o_{P_{2y}}^\omega & a_{P_{2y}}^\omega & p_{P_{2y}}^\omega \\ n_{P_{2z}}^\omega & o_{P_{2z}}^\omega & a_{P_{2z}}^\omega & p_{P_{2z}}^\omega \\ 0 & 0 & 0 & 1 \end{bmatrix} \tag{6-55}$$

则得

$$[\boldsymbol{T}_{P_1}^\omega]^{-1}=\begin{bmatrix} n_{P_{1x}}^\omega & n_{P_{1y}}^\omega & n_{P_{1z}}^\omega & -n_{P_1}^\omega\cdot p_{P_1}^\omega \\ o_{P_{1x}}^\omega & o_{P_{1y}}^\omega & o_{P_{1z}}^\omega & -o_{P_1}^\omega\cdot p_{P_1}^\omega \\ a_{P_{1x}}^\omega & a_{P_{1y}}^\omega & a_{P_{1z}}^\omega & -a_{P_1}^\omega\cdot p_{P_1}^\omega \\ 0 & 0 & 0 & 1 \end{bmatrix} \tag{6-56}$$

和

$$\boldsymbol{D}(1)=\begin{bmatrix} n_{P_1}^\omega\cdot n_{P_2}^\omega & n_{P_1}^\omega\cdot O_{P_2}^\omega & n_{P_1}^\omega\cdot a_{P_2}^\omega & n_{P_1}^\omega\cdot(p_{P_2}^\omega-p_{P_1}^\omega) \\ o_{P_1}^\omega\cdot n_{P_2}^\omega & o_{P_1}^\omega\cdot O_{P_2}^\omega & o_{P_1}^\omega\cdot a_{P_2}^\omega & O_{P_1}^\omega\cdot(p_{P_2}^\omega-p_{P_1}^\omega) \\ a_{P_1}^\omega\cdot n_{P_2}^\omega & a_{P_1}^\omega\cdot o_{P_2}^\omega & a_{P_1}^\omega\cdot a_{P_2}^\omega & a_{P_1}^\omega\cdot(p_{P_2}^\omega-p_{P_1}^\omega) \\ 0 & 0 & 0 & 1 \end{bmatrix} \tag{6-57}$$

可以认为，驱动变换 $\boldsymbol{D}(h)$是由三个变换组成的，即由 P_1 变到 P_2，是经过一个平移、两

个顺序旋转得到的。移动变换为

$$\mathrm{Trans}(hr)=\begin{bmatrix}1&0&0&hr_x\\0&1&0&hr_y\\0&0&1&hr_z\\0&0&0&1\end{bmatrix}\tag{6-58}$$

另两个旋转变换可以这样考虑：

第一个是 S_{P_1} 移到 P_2（即移动 r）后，再绕某轴 ω 旋转 $h\theta$ 角度，把向量 $\boldsymbol{a}_1$（即沿 z_1 的单位向量）转到与 $\boldsymbol{a}_2$ 重合。把这一旋转变换记为 $\mathrm{Rot}(\omega,h\theta)$。然后再进行第二个旋转变换。这一旋转变换是：绕 $a_2\equiv a_1$（即 z_1）旋转 φ 使其他两轴 n_1、o_1 和 n_2、o_2 重合，第二个旋转变换记作 $\mathrm{Rot}(a,h\varphi)$。

下面求这两个旋转变换：

对于 $\mathrm{Rot}(\omega,h\theta)$，设 $\boldsymbol{\omega}$ 为 y_1 绕 z_1 转 ψ 而得到在 z_1 轴上的单位向量，这时有

$$\boldsymbol{\omega}=(-\mathrm{s}\psi\quad \mathrm{c}\psi\quad 0)=(\omega_x\quad \omega_y\quad \omega_z)$$

将 $\omega_x=-\mathrm{s}\psi,\omega_y=\mathrm{c}\psi,\omega_z=0$ 和 $h\theta$ 代入式(2-25)，得

$$\mathrm{Rot}(\boldsymbol{\omega},h\theta)=\begin{bmatrix}\mathrm{s}^2\psi v(h\theta)+\mathrm{c}(h\theta) & -\mathrm{s}\psi\mathrm{c}\psi v(h\theta) & \mathrm{c}\psi\mathrm{s}(h\theta) & 0\\ -\mathrm{s}\psi\mathrm{c}\psi v(h\theta) & \mathrm{c}^2\psi v(h\theta)+\mathrm{c}(h\theta) & \mathrm{s}\psi\mathrm{s}(h\theta) & 0\\ -\mathrm{c}\psi\mathrm{s}(h\theta) & -\mathrm{s}\psi\mathrm{s}(h\theta) & \mathrm{c}(h\theta) & 0\\ 0&0&0&1\end{bmatrix}\tag{6-59}$$

对于 $\mathrm{Rot}(\boldsymbol{a},h\varphi)$，则得

$$\mathrm{Rot}(\boldsymbol{a},h\varphi)=\begin{bmatrix}\mathrm{c}(h\varphi)&-\mathrm{s}(h\varphi)&0&0\\ \mathrm{s}(h\varphi)&\mathrm{c}(h\varphi)&0&0\\0&0&1&0\\0&0&0&1\end{bmatrix}\tag{6-60}$$

这样，就求得了驱动变换

$$\begin{aligned}\boldsymbol{D}(h)&=\mathrm{Trans}(hr)\mathrm{Rot}(\boldsymbol{\omega},h\theta)\mathrm{Rot}(\boldsymbol{a},h\varphi)\\ &=\begin{bmatrix}* & -\mathrm{s}(h\varphi)[\mathrm{s}^2\psi v(h\theta)+\mathrm{c}(h\theta)]+\mathrm{c}(h\theta)[-\mathrm{s}\psi\mathrm{c}\psi v(h\theta)] & \mathrm{c}\psi\mathrm{s}(h\theta) & hr_x\\ * & -\mathrm{s}(h\theta)[-\mathrm{s}\psi\mathrm{c}\psi v(h\theta)]+\mathrm{c}(h\theta)[\mathrm{c}^2\psi v(h\theta)+\mathrm{c}(h\theta)] & \mathrm{s}\psi\mathrm{s}(h\theta) & hr_y\\ * & -\mathrm{s}(h\varphi)[-\mathrm{c}\psi\mathrm{s}(h\theta)]+\mathrm{c}(h\varphi)[-\mathrm{s}\psi\mathrm{s}(h\theta)] & \mathrm{c}(h\theta) & hr_z\\ 0&0&0&1\end{bmatrix}\end{aligned}\tag{6-61}$$

式中第一列可用第二列和第三列所组成的列向量通过叉积求得，故未写出，以 * 代之。

下面求式中的 $r_x,r_y,r_z,\varphi,\theta,\psi$ 与 P_1、P_2 点相对应得位姿矩阵元素之间的关系。

由于

$$\boldsymbol{D}(1)=\mathrm{Trans}(\boldsymbol{r})\mathrm{Rot}(\boldsymbol{\omega},\theta)\mathrm{Rot}(\boldsymbol{a},\varphi)\tag{6-62}$$

故得

$$\boldsymbol{D}(1)\mathrm{Rot}^{-1}(\boldsymbol{a},\varphi)\mathrm{Rot}^{-1}(\boldsymbol{\omega},\theta)=\begin{bmatrix}1&0&0&r_x\\0&1&0&r_y\\0&0&1&r_z\\0&0&0&1\end{bmatrix}\tag{6-63}$$

将式(6-57)也右乘 $\mathrm{Rot}^{-1}(\boldsymbol{a},\varphi)\mathrm{Rot}^{-1}(\boldsymbol{\omega},\theta)$，得

$$\boldsymbol{D}(1)\mathrm{Rot}^{-1}(\boldsymbol{a},\varphi)\mathrm{Rot}^{-1}(\boldsymbol{\omega},\theta)=\begin{bmatrix}1 & 0 & 0 & n_{P_1}^{\omega}\cdot(p_{P_2}^{\omega}-p_{P_1}^{\omega})\\0 & 1 & 0 & o_{P_1}^{\omega}\cdot(p_{P_2}^{\omega}-p_{P_1}^{\omega})\\0 & 0 & 1 & a_{P_1}^{\omega}\cdot(p_{P_2}^{\omega}-p_{P_1}^{\omega})\\0 & 0 & 0 & 1\end{bmatrix}\tag{6-64}$$

令式(6-62)等于式(6-63)，即对应元素相等，得

$$\begin{cases}r_x=n_{P_1}^{\omega}\cdot(p_{P_2}^{\omega}-p_{P_1}^{\omega})\\r_y=o_{P_1}^{\omega}\cdot(p_{P_2}^{\omega}-p_{P_1}^{\omega})\\r_z=a_{P_1}^{\omega}\cdot(p_{P_2}^{\omega}-p_{P_1}^{\omega})\end{cases}\tag{6-65}$$

利用式(6-62)可得

$$\mathrm{Rot}(\boldsymbol{\omega},\theta)=[\mathrm{Trans}(\boldsymbol{r})]^{-1}\boldsymbol{D}(1)[\mathrm{Rot}(\boldsymbol{a},\varphi)]^{-1}\tag{6-66}$$

$$\mathrm{Rot}(\boldsymbol{a},\varphi)=[\mathrm{Rot}(\boldsymbol{\omega},\theta)]^{-1}[\mathrm{Trans}(\boldsymbol{r})]^{-1}\boldsymbol{D}(1)\tag{6-67}$$

令式(6-66)和式(6-67)分别与 $h=1$ 时式(6-59)和式(6-60)相等，即可求出

$$\begin{cases}\tan\psi=o_{P_1}^{\omega}\cdot a_{P_2}^{\omega}/n_{P_1}^{\omega}\cdot a_{P_2}^{\omega}, & -\pi\leqslant\psi\leqslant\pi\\\tan\theta=(n_{P_1}^{\omega}\cdot a_{P_2}^{\omega})^2+(o_{P_1}^{\omega}\cdot a_{P_2}^{\omega})^2/a_{P_1}^{\omega}\cdot a_{P_2}^{\omega}, & 0\leqslant\theta\leqslant\pi\\\tan\varphi=\dfrac{-\mathrm{s}\psi\mathrm{c}\psi v\theta(n_{P_1}^{\omega}\cdot o_{P_2}^{\omega})+(\mathrm{c}^2\psi v\theta+\mathrm{c}\theta)(o_{P_1}^{\omega}\cdot n_{P_2}^{\omega})-\mathrm{s}\psi\mathrm{s}\theta(a_{P_1}^{\omega}\cdot n_{P_2}^{\omega})}{-\mathrm{s}\psi\mathrm{c}\psi v\theta(n_{P_1}^{\omega}\cdot o_{P_2}^{\omega})+(\mathrm{c}^2\psi v\theta+\mathrm{c}\theta)(o_{P_1}^{\omega}\cdot n_{P_2}^{\omega})-\mathrm{s}\psi\mathrm{s}\theta(a_{P_1}^{\omega}\cdot o_{P_2}^{\omega})}, & -\pi\leqslant\varphi\leqslant\pi\end{cases}\tag{6-68}$$

至此就完全求出了 $\boldsymbol{D}(h)$ 中得所有元素。由于 $\boldsymbol{D}(h)$ 包括有 h，如果 h 与 t 呈线性变化，就表示由 P_1 到 P_2 点的直线轨迹，而且是以常线速度和角速度变化的。作为轨迹规划，到此并没有结束。还要把它们按运动学反解公式，用与前面直接法相仿的办法，求出相应的 $[q_{P_i}]$、$[\dot{q}_{P_i}]$、$[\ddot{q}_{P_i}]$，才最后完成轨迹规划。从而为位置、速度、加速度控制提供数学公式。

习　　题

6-1　一个六关节机器人沿着一条三次曲线通过两个中间点并停止在目标点，需要计算几个不同的三次曲线？描述这些三次曲线需要存储多少个系数？

6-2　一个具有旋转关节的单杆机器人，处于静止状态时，$\theta=15°$。期望在 3s 内平滑地运动关节角至 $\theta=75°$。求出满足该运动的一个三次多项式的系数，并且使操作臂在目标位置为静止状态。画出关节的位置、速度和加速度随时间变化的函数曲线。

6-3　一个单连杆转动关节机器人静止在关节角 $\theta=-5°$ 处。希望在 4s 内平滑地将关节转动到 $\theta=80°$ 停止位置。求出完成该运动并且使操作臂在目标位置为静止状态的一个三次曲线的系数。求出带抛物线过渡的线性插值的各个系数。画出关节的位置、速度和加速度随时间变化的函数曲线。

6-4 一个单连杆转动关节机器人静止在关节角 $\theta=-5°$处。希望在4s内平滑地将关节转动到 $\theta=80°$并平滑地停止。求出带有抛物线拟合的曲线轨迹的相应参数。画出关节的位置、速度和加速度随时间变化的函数曲线。

6-5 平面机械手的两连杆长度均为1m，要求从初始位置$(x_0,y_0)=(1.96,0.50)$移至终止位置$(x_f,y_f)=(1.00,0.75)$。初始位置和终止位置的速度和加速度均为0，试求每一关节的三次多项式的系数。可把关节轨迹分成几段路径来求解。

参考文献

[1] 马香峰.机器人机构学[M].北京：机械工业出版社，1991.

[2] 蔡自兴.机器人学[M].2版.北京：清华大学出版社，2009.

[3] J C John.机器人导论[M].负超，等译.北京：机械工业出版社，2006.

[4] 郭彤颖，安冬.机器人学及其智能控制[M].北京：人民邮电出版社，2014

[5] 宋伟刚.机器人学：运动学、动力学与控制[M].北京：科学出版社，2007.

[6] Siciliano B，Khatib O. Springer handbook of robotics[M]. Berlin Heidelberg：Springer-Verlag，2016.

[7] Asada H，Slotine J J E. Robot Analysis and Control[M]. New York：John Wiley & Sons，1986.

[8] Darrell M W. The Future of Work：Robots，AI，and Automation[M]. Robert Hallsource：Brookings Institution Press，2018.

[9] Shimon Y N. Handbook of Industrial Robotics[M]. New York：John Wiley & Sons，1985.

[10] Rembold U. Robot Technology and Applications[M]. Boca Raton：CRC Press，2020.

[11] 机器人技术与应用编辑部.国际机器人联合会2020年全球工业机器人统计数据[J].机器人技术与应用，2020，(5)：47-48.

[12] 王田苗，陶永.我国工业机器人技术现状与产业化发展战略[J].机械工程学报，2014，50(9)：1-13.

[13] 计时鸣，黄希欢.工业机器人技术的发展与应用综述[J].机电工程，2015，32(1)：1-13.

[14] 国际机器人联合会年度报告-全球机器人2019[J].智能机器人，2019，(5)：15-17.

[15] 谭明，王硕.机器人技术研究进展[J].自动化学报，2013，39(7)：963-972.

[16] 骆敏舟，方健，赵红海.工业机器人的技术发展及其应用[J].机械制造与自动化，2015，44(1)：1-4.

[17] 牧野洋，谢存禧，郑时雄.空间机构及机器人机构学[M].北京：机械工业出版社，1987.

[18] 王庭树.机器人运动学与动力学[M].西安：西安电子科技大学出版社，1990.

[19] 马香峰，虞洪述，吴荣寰.确定共轭曲面的方法及其应用[M].北京：机械工业出版社，1989.

[20] 彭航.6-DOF串联机器人运动学算法研究及其控制系统实现[D].合肥：合肥工业大学，2016.

[21] 徐向荣，马香峰.机器人运动轨迹规划分析与算法[J].机器人，1988，6：18-24.

[22] 马香峰，徐向荣，李德高.基于凯恩方程的机器人动力学递推算法[J].北京钢铁学院学报，1988，10(2)：198-208.

[23] Chang L M，Sang H Q，Xu L P. Kinematic analysis based on screw theory of a 3-DOF cable-driven surgical instrument[J]. Applied Mechanics & Materials，2014，490-491：375-378.

[24] 高艺，马国庆，于正林，等.一种六自由度工业机器人运动学分析及三维可视化仿真[J].中国机械工程，2016，27(13)：1726-1731.

[25] Liu H S，Zhang Y，Zhu S Q. Novel inverse kinematic approaches for robot manipulators with Pieper-Criterion based geometry[J]. International Journal of Control，Automation and Systems. 2015，13(5)：1242-1250.

[26] Liu Q，Yang D G，Hao W D，et al. Research on kinematic modeling and analysis methods of UR robot[C]//IEEE Information Technology and Mechatronics Engineering Conference. Chongqing，China：IEEE，2018：159-164.

[27] 刘晓刚，陶凤荣.几何的6R串联型焊接机器人运动学逆解算法[J].机械设计与制造，2015(2)：29-31.

[28] 卢喆，郑松.基于几何法和旋量理论的6自由度机器人逆解算法[J].机械传动，2017，41(6)：111-114.

[29] 张栩曼，张中哲，王燕波，等.基于空间六自由度机械臂的逆运动学数值解法[J].导弹与航天运载技术，2016(3)：81-84.

[30] 郭吉昌，朱志明，王鑫，等. 全位置焊接机器人逆运动学数值求解及轨迹规划方法[J]. 清华大学学报(自然科学版)，2018，58(3)：292-297.

[31] 孙昌国，马香峰. 机器人操作机惯性参数的计算[J]. 机器人，1990，12(2)：19-24.

[32] Chen Q C，Zhu S Q，Zhang X Q. Improved inverse kinematics algorithm using screw theory for a Six-DOF robot manipulator[J]. International Journal of Advanced Robotic Systems，2015，12：1-9.

[33] Zhao R B，Shi Z P，Guan Y，et al. Inverse kinematic solution of 6R robot manipulators based on screw theory and the Paden-Kahan subproblem[J]. International Journal of Advanced Robotic Systems，2018，15(6)：250-253.

[34] Liao Z W，Jiang G D，Zhao F，et al. A novel solution of inverse kinematic for 6R robot manipulator with offset joint based on screw theory[J]. International Journal of Advanced Robotic Systems，2020，17(3)：1-12.

[35] 孙昌国. 含闭链机构的机器人操作手动力学研究[D]. 北京：北京科技大学，1988.

[36] 陈辛. 机械臂的动力学研究[D]. 哈尔滨：哈尔滨工程大学，2007.

[37] Lavalle S M，Kuffner J J. Randomized kinodynamic planning[J]. The International Journal of Robotics Research，2001，20(5)：378-400.

[38] 郭勇，赖广. 工业机器人关节空间轨迹规划及优化研究综述[J]. 机械传动，2020，44(2)：154-165.

[39] 李黎，尚俊云，冯艳丽，等. 关节型工业机器人轨迹规划研究综述[J]. 计算机工程与应用，2018，54(5)：36-50.

[40] 徐海黎，解祥荣，庄健，等. 工业机器人的最优时间与最优能量轨迹规划[J]. 机械工程学报，2010，46(9)：19-25.

[41] Bazaz S A，Tondu B. On-line computing of a robotic manipulator joint trajectory with velocity and acceleration constraints[C]//IEEE Internation Symposium on Assembly and Task Planning，Pittsburgh，1997：1-6.

[42] Reclik D，Kost G G. A roational b-spline curves in robot collision-free movement planning[J]. Journal of Automation Moblie Robitics and Intelligent Systems，2008，2(3)：38-42.

[43] Porawagama C D，Munasinghe S R. Reduced jerk joint space trajectory planning method using 5-3-5 spline for robot manipulators[C]//IEEE International Conference on Information and Automation for Sustainability，Colombo，2015.

[44] 李东洁，邱江艳，尤波. 一种机器人轨迹规划的优化算法[J]. 电机与控制学报，2009，13(1)：123-127.

[45] Boryga M，Crabos A. Planning of manipulator motion trajectory with high-degree polynomials use[J]. Mechanism and Machine Theory，2009，44(7)：1400-1419.

[46] Xu Z，Wei S，Wang N，et al. Trajectory planning with bezier curve in cartesian space for industrial gluing robot[C]//Springer International Conference on Intelligent Robotics and Applications，Guangzhou，2014，146-154.

[47] Ramabalan S，Saravanan R，Balamurugan C. Multi-objective dynamic optimal trajectory planning of robot manipulators in the presence of obstacles[J]. The International Journal of Advanced Manufacturing Technology，2009，41(5-6)：580-594.

[48] Gasparetto A，Zanotto V. Optimal trajectory planning for industrial robots[J]. Advancesin Engineering Software，2010，41(4)：548-556.

[49] Zhan X F. Optimal pose trajectory planning for robot manipulator[J]. Mechanism and Machine Theory，2002，37(10)：1063-1086.

[50] Zhang Q，Yuan M. Robot trajectory planning method based on genetic chaos optimization algorithm[C]//IEEE International Conference on Advanced Robotics，Hongkong，2017：602-607.

[51] Gao M，Ding P，Yang Y. Time-optimal trajectory planning of industrial robots based on particle

swarm optimization[C]//IEEE International Conference on Instrumentation and Measurement, Computer, Communication and Control, Qinhuangdao, 2015: 1934-1939.

[52] Jin X, Kang J, Zhang J. Trajectory planning of six-dof robot based on a hybrid optimization algorithm [C]//IEEE Computational Intelligence and Design, Hangzhou, 2016, 2: 148-151.

[53] Liu X, Qiu X, Zeng Q, et al. Time-energy optimal trajectory planning for collaborative welding robot with multiple manipulators[J]. Procedia Manufacturing, 2020, 43: 527-534.

[54] Huang J, Hu P, Wu K, et al. Optimal time-jerk trajectory planning for industrial robots [J]. Mechanism and Machine Theory, 2018, 121: 530-544.

[55] 王君，陈智龙，杨智勇，等. 基于改进 DE 算法的工业机器人时间最优轨迹规划[J]. 组合机床与自动化加工技术，2018，532(6): 42-46.

[56] 王晓波. 六自由度工业机器人的轨迹规划与虚拟技术研究[D]. 秦皇岛: 燕山大学，2018.

[57] 南永博. 六自由度搬运机器人运动轨迹规划及仿真分析[D]. 西安: 陕西理工大学，2018.

[58] Chen L. A computer numerical controlled system with nurbus interpolator [C]//IEEE World Congress Computer Science and Information Engineering, Los Angeles, 2009, 07: 216-219.

[59] Guo F Y, Cai H, Gong Y, et al. An improved D-H convention for establishing a link coordinate system[C]//IEEE International Conference on Robotics and Biomimetics. Dali, China: IEEE, 2019: 1465-1470.

[60] Wang H, Wang H, Huang J H, et al. Smooth point-to-point trajectory planning for industrial robots with kinematical constraints based on high-order polynomial curve[J]. Mechanism and Machine Theory, 2019, 139: 284-293.

[61] Liu X H, Peng J Q, Si L, et al. A novel approach for NURBS interpolation through the integration of acc-jerk-continuous-based control method and look-ahead algorithm [J]. International Journal of Advanced Manufacturing Technology, 2017, 88: 961-969.

[62] Fang Y, Hu J, Liu W H, et al. Smooth and time-optimal S-curve trajectory planning for automated robots and machines[J]. Mechanism and Machine Theory, 2019, 137: 127-153.

[63] Kong M X, Ji C, Chen Z S, et al. Application of orientation interpolation of robot using unit quaternion[C]//IEEE International Conference on Information and Automation. Yinchuan, China: IEEE, 2013: 384-389.

[64] Liu Y, Xie Z W, Gu Y K, et al. Trajectory planning of robot manipulators based on unit quaternion [C]//IEEE International Conference on Advanced Intelligent Mechatronics. Munich, Germany: IEEE, 2017: 1249-1254.

[65] 齐志刚，黄攀峰，刘正雄，等. 空间冗余机械臂路径规划方法研究[J]. 自动化学报，2019，45(6): 1103-1110.

[66] Zhang H J, Wang Y K, Zheng J, et al. Path planning of industrial robot based on improved RRT algorithm in complex environments[J]. IEEE Access, 2018, 6: 53296-53306.

[67] Cao X M, Zou X J, Jia C Y, et al. RRT-based path planning for an intelligent litchi-picking manipulator[J]. Computers and Electronics in Agriculture, 2019, 156: 105-118.

[68] 黄文炳，孙富春，刘华平. 考虑冗余机械臂末端运动特性的规划方法[J]. 清华大学学报(自然科学版)，2014，54(12): 1544-1548.

[69] Xie Y E, Zhang Z D, Wu X D, et al. Obstacle avoidance and path planning for multi-joint manipulator in a space robot[J]. IEEE Access, 2020, 8: 3511-3526.

[70] Wang X Y, Ding Y M. Method for workspace calculation of 6R serial manipulator based on surface enveloping and overlaying[J]. Journal of Shanghai Jiaotong University (Science), 2010, 15(5): 556-562.

[71] Peidró A, Reinoso S, Gil A, et al. An improved Monte Carlo method based on Gaussian growth to

calculate the workspace of robots[J]. Engineering Applications of Artificial Intelligence，2017，64：197-207.

[72] Yao J J，Sun X J，Zhang S Q，et al. Monte Carlo method for searching functional workspace of an underwater manipulator[C]//Chinese Control And Decision Conference. Shenyang，China：IEEE，2018：6431-6435.

[73] Biagiotti L，Melchiorri C. Trajectory planning for automatic machines and robots[M]. Berlin Heidelberg：Springer-Verlag，2008.

[74] 陈国良，黄心汉，王敏. 机械手圆周运动的轨迹规划与实现[J]. 华中科技大学学报(自然科学版)，2005(11)：69-72.

[75] 任秉银，梁兆东，孔民秀. 机械手空间圆弧位姿轨迹规划算法的实现[J]. 哈尔滨工业大学学报，2012，44(7)：27-31.

[76] 王斌锐，王涛，李正刚，等. 多路径段平滑过渡的自适应前瞻位姿插补算法[J]. 控制与决策，2019，34(6)：1211-1218.

[77] 谢龙. 冗余机械臂动态避障规划[D]. 杭州：浙江大学，2018.

[78] Niu X J，Wang T. C2-continuous orientation trajectory planning for robot based on spline quaternion curve[J]. Assembly Automation，2018，38(3)：282-290.